Zellteilung und Strahlung

Von

Dr. med. **T. Reiter** und Dr.-Ing. **D. Gábor**

Mit 212 Textbildern und 3 Tafeln

**Sonderheft
der Wissenschaftlichen Veröffentlichungen
aus dem Siemens-Konzern**

Herausgegeben von der

Zentralstelle für wissenschaftlich-technische Forschungsarbeiten
des Siemens-Konzerns

Berlin
Verlag von Julius Springer
1928

ISBN 978-3-642-50522-5   ISBN 978-3-642-50832-5 (eBook)
DOI 10.1007/978-3-642-50832-5

Vorwort.

Das vorliegende Heft erscheint als Sonderheft, da es — entgegen unserer sonstigen Gepflogenheit — eine einzige Abhandlung enthält, die nur bei einer kleinen Anzahl unserer regelmäßigen Leser Interesse finden dürfte, darüber hinaus aber von einem weiteren Kreise von Biologen vielleicht gern gelesen wird.

Die im Jahre 1924 von den Herren Dr. med. T. Reiter und Dr. Ing. D. Gábor begonnenen Versuche, die sich zunächst auf die Nachprüfung und Erweiterung der Arbeiten von A. Gurwitsch über „mitogenetische Strahlen“ erstreckten, hatten von Anfang an unser größtes Interesse, da zu vermuten war, daß neue Erkenntnisse über die Strahlenwirkung auf die Zellteilung sich auch für die seit vielen Jahren innerhalb des Siemens-Konzerns gepflegte Strahlenforschung fruchtbar erweisen dürften.

Die anfangs in der Charité zu Berlin vorgenommenen Untersuchungen wurden auf Veranlassung des Herrn Dr. G. Großmann, Direktor der Siemens-Reiniger-Veifa Gesellschaft für medizinische Technik m. b. H., seit 1926 in dem unter der Leitung des Herrn Dr. K. W. Haußer stehenden physikalischen Laboratorium des Wernerwerkes M mit erweiterten Hilfsmitteln fortgesetzt. Wenn diese Arbeiten auch noch keineswegs als abgeschlossen betrachtet werden können, so schien es uns doch angezeigt, über den Stand der Erkenntnisse auf dem interessanten und anscheinend noch vielversprechenden Gebiet, soweit die Beobachtungen als gesichert betrachtet werden können, zu berichten.

Wir übergeben hiermit die Abhandlung über „Zellteilung und Strahlung“ in der Ausführlichkeit, wie sie zur Nachprüfung der einzelnen Phasen der Versuche notwendig ist, der Öffentlichkeit und wünschen den Herren Verfassern weiteren Erfolg auf dem beschrittenen Wege.

Berlin-Siemensstadt, August 1928.

Dr. Robert Fellinger.

Zellteilung und Strahlung.

Von Dr. med. **T. Reiter** und Dr.-Ing. **D. Gábor**.

Mit 212 Textbildern und 3 Tafeln.

Mitteilung aus dem physikalischen Laboratorium des Wernerwerkes M
der Siemens & Halske A.-G. zu Siemensstadt.

Eingegangen am 10. Juli 1928.

Inhaltsübersicht.

Einleitung.

In vorliegender Arbeit werden die Resultate von Untersuchungen zum erstenmal ausführlich niedergelegt, die wir in den letzten $3^1/_2$ Jahren ausgeführt haben, angeregt durch die Veröffentlichungen A. G u r w i t s c h s über die von ihm entdeckte biologische Strahlung und ihrem Einfluß auf die Zellteilung.

Wir zögerten lange mit dieser Veröffentlichung, weil sich das Bild des hier behandelten Gegenstandes, wie es sich uns auf Grund immer neuer Versuchsreihen darbot, ständig wechselte.

Dies hat sich auch heute noch nicht geändert. Es liegt uns ferne unsere heutigen Anschauungen als endgültig anzusehen. Wir hoffen aber, daß unsere Versuchsergebnisse sich als gesichert erweisen werden, unabhängig von unserer Deutung. Wir geben auch unsere Anschauungen wieder, einmal, weil sie ein einigermaßen geschlossenes Bild der Erscheinungen ergeben, vor allem aber, weil sie uns die Richtung unserer Versuche vorgeschrieben haben. Wir nehmen an, daß unsere Deutung sich auch für weitere Untersuchungen als fruchtbar erweisen wird.

Ganz gesichert scheint uns dagegen auf jeden Fall die Existenz der Strahlen, bewiesen durch das Vorhandensein einer unzweifelhaft feststellbaren Wirkung.

Nun ist gerade die Existenz dieser Wirkung in der letzten Zeit Gegenstand einer heftigen Diskussion geworden, und diese Diskussion veranlaßt uns, mit unseren Ergebnissen in aller Ausführlichkeit hervorzutreten.

Das ganze Problem, so eng es auch mit den Grundfragen der Biologie und mit allen ihren Theorien verknüpft ist, bleibt letzten Endes ein rein experimentelles. Nur die Ergebnisse der Experimente und ihre möglichst vorurteilsfreie Deutung können uns weiterbringen.

Wir glauben, daß unsere Versuche gerade von diesem Gesichtspunkte aus geeignet sind, die Diskussion und die Weiterarbeit in dieser Frage zu fördern, indem sie einen neuen Weg zum Verständnis des Effektes weisen.

Alexander G u r w i t s c h, der Entdecker dieses fundamentalen Effektes, behandelt diese Frage stets aus dem Gesichtspunkte seiner theoretischen Anschauungen über die Zellteilung. Er suchte in den Strahlen zielbewußt den von außen kommenden „Verwirklichungsfaktor", der zu einer Anzahl binnenzelliger Faktoren hinzukommen muß, um die Zellteilung hervorzurufen. Als Ausdruck der Zellteilungstätigkeit sah er nur die Mitosenzahl an und er hat die Indikatorwurzeln nur unter diesem Gesichtspunkt untersucht. Tatsächlich ist eine Wirkung dieser Art auch vorhanden.

Doch bildet diese Wirkung nach unseren Untersuchungen nur einen Teil des Gesamteffektes, der sich als ein viel komplizierterer erwies. Man wird nicht damit auskommen, in den Strahlen den „Verwirklichungsfaktor" zu sehen, denn der von ihnen ausgelöste Effekt greift in den Ablauf der ganzen Zellteilungen einer Wachstumszone auch an anderen Punkten ein.

Wir sagten hier bewußt Wachstumszone und nicht Zelle, weil es sich herausgestellt hat, daß der gefundene Effekt sich nicht allein aus der unmittelbaren Zusammenwirkung zwischen Strahlung und der sich teilenden einzelnen Zelle ergibt. Es handelt sich vielmehr um eine Gesamtreaktion zwischen Wurzel und Strahlung, wie wir sie im folgenden ausführlich auseinandersetzen.

Doch gerade die Art dieser Reaktion macht sie uns, nach geeigneten Gesichtspunkten betrachtet, sehr viel leichter erkennbar, so daß wir hoffen können, daß die Verständigung über den Grundeffekt, die Vorbedingung für jedes Weiterarbeiten auf diesem Gebiet, durch unsere Resultate und Versuchsmethoden erleichtert wird. Dies gab den Ausschlag für die Vornahme dieser Veröffentlichung in aller Ausführlichkeit.

Um zu einer Darstellung der Beeinflussung der Zellteilungsvorgänge zu gelangen, die sich in der Wurzel unter der Wirkung der Strahlung abspielen, war zunächst Klarheit über den zeitlichen Ablauf des normalen, geordneten, pflanzlichen Teilungswachstums erforderlich. Da wir keine für unsere Zwecke geeignete Darstellung finden konnten, haben wir versucht eine solche selber zu entwickeln, die wir ebenfalls mitteilen und zur Diskussion stellen. Wir sind uns dessen bewußt, daß zur einwandfreien Begründung unserer Anschauungen über das normale Wachstum und über die Beeinflussung des Wachstums durch die Induktion ein weit größeres Versuchsmaterial erforderlich wäre, als das, was uns gegenwärtig zur Verfügung steht.

Aus den Versuchen, die zur Nachprüfung der von Gurwitsch aufgeworfenen Fragen dienten, entwickelten sich Untersuchungen, die gleichzeitig im Zusammenhang mitgeteilt werden. Es wurden an Stelle der „biologischen" Strahlenquellen künstliche Lichtquellen zur Untersuchung herangezogen und damit ein natürlicher Übergang zu den Problemen der Lichtbiologie gefunden.

Die Resultate, die sich aus diesen Untersuchungen ergeben hatten, gaben (wenn auch mit einem gewissen Gedankensprung), die Anregung zur lichttherapeutischen Verwendung. Versuche therapeutischer Richtung werden von uns seit geraumer Zeit eifrig verfolgt und haben, wie wir glauben sagen zu dürfen, schon zu schönen Ergebnissen geführt. In dieser Publikation fanden sie jedoch im Interesse der Einheitlichkeit der Darstellung keinen Platz.

Es ist uns eine angenehme Pflicht, der Firma Siemens & Halske für ihre weitgehende Unterstützung bei Ausführung eines wesentlichen Teiles dieser Untersuchungen zu danken.

Zu besonders großem Danke sind wir den Herren G. Grossmann und K. W. Haußer verbunden, die uns von Anfang an mit nie nachlassendem Interesse, mit wertvollen Ratschlägen und stets bereiter Hilfe beistanden.

Herrn R. Fellinger danken wir für seine freundliche Unterstützung bei der Drucklegung.

I. Die Untersuchungen von Alexander Gurwitsch über „mitogenetische Strahlen".

Den Ausgang unserer Untersuchungen bildeten die Versuche von Alexander Gurwitsch und seiner Mitarbeiter[1]) (L. Gurwitsch, Baron, Frank, Rawin, Rusinoff, Salkind, Sorin) über „mitogenetische Strahlen"[2]).

Durch Untersuchungen über die Verteilung von Zellteilungen in wachsenden Organismen, auf die wir hier nicht näher eingehen können, ist Gurwitsch zur Annahme gelangt, daß bei der Entstehung von Zellteilung im Organismus eine Strahlung oder, wie er es nannte, ein oszillatorischer Vorgang unbekannter Natur wirksam sein muß. Er suchte daraufhin die Existenz dieser Strahlung durch Experimente nachzuweisen. Zunächst nahm er als Versuchsobjekt die Hornhaut eines Frosches. Versetzt man der Hornhaut durch feine Verbrennung eine kleinere runde Wunde, so entstehen um die Wunde herum nach einer bestimmten Zeit Mitosen. Die Verteilung dieser Mitosen ist symmetrisch. Eine zweite längliche Wunde in einer bestimmten zeitlichen Folge nach der ersten Wunde angebracht veränderte die Verteilung der durch die erste Wunde entstandenen Mitosen derartig, daß hinter der zweiten Wunde weniger Mitosen zu finden waren. Dies deutete Gurwitsch als Schattenwirkung der zweiten Wunde auf die von der ersten Wunde ausgehenden hypothetischen Strahlen. Dieser Effekt, der auch anders gedeutet werden kann, wird auch von Gurwitsch neuerdings nicht als für die Existenz der Strahlen beweiskräftig betrachtet.

Danach unternahm er einen zweiten Versuch, den wir den Gurwitschschen Grundversuch nennen wollen, der den Beweis für die Existenz der „mitogenetischen Strahlen" erbrachte und auch den Weg zu ihrer Erforschung eröffnete.

Als Versuchsobjekt in diesen Versuchen dienten ihm die Wurzeln von Küchenzwiebeln (Allium Cepa). Diese zeigen ein außerordentlich regelmäßiges Wachstum, das sie für Versuche besonders geeignet macht. Das Wachstum der Wurzel setzt sich aus zwei Elementen zusammen, aus der Bildung neuer Zellen durch Zellteilung (Teilungswachstum) und aus der Vergrößerung der Zellen (Streckungswachstum). Teilungswachstum findet im wesentlichen nur im distalen Ende der Wurzel statt, in der gelblich gefärbten Wachstumszone, deren Länge je nach der Jahreszeit und dem Alter der Wurzel 1 bis 5 mm beträgt. Zerlegt man die

---

[1]) Im folgenden werden wir die Arbeiten aus dem Gurwitschschen Kreise der Einfachheit halber stets mit „Gurwitsch" oder abgekürzt mit „G" anführen.

[2]) Anmerkung bei der Korrektur: Wir setzen den von ihrem Entdecker Gurwitsch benutzten provisorischen Namen „mitogenetische Strahlen" stets zwischen Anführungszeichen, da unserer Ansicht nach in der Bezeichnung „mitosenerzeugend" eine vielleicht zu eng gefaßte Ansicht über die Bedeutung und Wirkung der Strahlen zum Ausdruck kommt. Wir werden in Zukunft statt dessen für die Strahlung, soweit sie von biologischen Objekten emittiert wird, den Namen „Gurwitschstrahlung" benutzen. Sofern eine Strahlung von gleichem Erfolg durch normale Lichtquellen emittiert wird, ist sie durch die übliche Angabe der Wellenlänge ausreichend gekennzeichnet.

Wachstumszone in mikroskopische Längsschnitte, so findet man in jedem eine Anzahl in Teilung befindlicher Zellen. Ihre relative Zahl, d. h. das Verhältnis ihrer Zahl zur Gesamtzahl der im mikroskopischen Schnitt enthaltenen Zellen, wechselt. Ihre Verteilung jedoch ist eine axialsymmetrische, d. h. es sind auf beiden Seiten annähernd gleich viele vorhanden. Selbstredend ist dies eine statistische Regelmäßigkeit und ist folgendermaßen zu verstehen: Halbiert man irgendeinen mikroskopischen Längsschnitt, so findet man eine annähernd gleiche Anzahl von Zellen des gleichen Stadiums in beiden Hälften. Der Unterschied hat den Charakter einer zufälligen Schwankung, d. h. er wird prozentual um so kleiner, je größer die Zellenzahl ist, also je mehr Schnitte man betrachtet. Bei sorgfältiger Beachtung der Zählungskriterien ist diese Schwankung sehr klein. Sie beträgt durchschnittlich etwa 5—10 % bei Schnitten von 10—15 μ Dicke und gleicht sich in den nacheinanderfolgenden Serienschnitten stets aus.

Eine einseitige Beeinflussung des Wachstums muß sich also sofort in einer Störung der Axialsymmetrie erkennbar machen. Findet man einen positiven Ausschlag von mehr als etwa 20 % in mehreren aufeinanderfolgenden Schnitten nach der gleichen Seite hin, dann kann man daraus auf eine Beeinflussung von außen schließen.

Mit der Zwiebelwurzel als Indikator versuchte nun Gurwitsch die Strahlen nachzuweisen. Er nahm an, daß ein Teil der Strahlung, die in einem wachsenden Organismus entsteht, unter Umständen aus diesem austreten und Zellteilungen in einem zweiten wachstumsfähigen Organismus veranlassen kann. Treffen diese Strahlen quer auf die als Indikator dienende Zwiebelwurzel auf, so könnte sich ihre Wirkung in einer Störung der Symmetrie der Zellverteilung äußern. Gurwitsch betrachtete als Voraussetzung für das Zustandekommen dieser Wirkung, daß die Strahlen einerseits in der Zwiebelwurzel so stark absorbiert werden müßten, daß zwischen zugewendeter und abgewendeter Seite in der absorbierten Strahlenmenge ein wesentlicher Unterschied besteht, und zwar in der Weise, daß die zugewendete Hälfte bedeutend mehr Strahlen erhält als die abgewendete Hälfte. Andererseits glaubte er, voraussetzen zu müssen, daß die Strahlen in dem Dermatogen (Plerom) nicht zu stark absorbiert werden dürfen.

Gurwitsch führte seinen Grundversuch folgendermaßen aus: Er fixierte die Indikatorwurzel mitsamt der Zwiebel in lotrechter Lage. Eine zweite Zwiebeln wurde so fixiert, daß eine Wurzel derselben in wagerechter Lage auf die Wachstumszone der Indikatorwurzel gerichtet war. Die genaue Lage der beiden Wurzeln wurde mit dem Mikroskop kontrolliert. Zwischen der Spitze der „induzierenden" Wurzel und der „induzierten" Wurzel lag ein Zwischenraum von einigen Millimetern bis zu 2 bis 3 Zentimetern. Gurwitsch nannte diesen Versuch Induktionsversuch. In dieser Lage blieben die Wurzeln bis zu $1^{1}/_{2}$ bis 2 Stunden. Sie mußten während dieser Zeit durch eine kapillare Wasserschicht an der Oberfläche vor dem Vertrocknen bewahrt bleiben. Nach dem Versuch wurde die zugewendete Seite der induzierten Wurzel mit einem Zeichen versehen; dann wurde sie fixiert, präpariert und in mikroskopische Serienschnitte (Längsschnitte) zerlegt. In diesen Schnitten wurde die Anzahl der Zellen im Teilungsstadium im ganzen Meristem gezählt, und es ergab sich, daß insbesondere in den medianen Schnitten auf der zugewendeten Seite in mehreren Schnitten hintereinander mehr Mitosen vorhanden waren als auf der abgewendeten Seite. Der Ausschlag — d. h. der prozentuale Überschuß von Mitosen — auf der zugewendeten Seite betrug maximal etwa 50 %.

Gurwitsch betrachtete diesen Effekt mit Recht als einen Beweis für die Existenz der von ihm präsumierten Strahlen, die er „mitogenetische" Strahlen nannte. Zunächst suchte er nach der Herkunft der Strahlen, welche in diesem Versuch wirksam waren. Durch verschiedene Versuche wurde er zur Annahme geführt, daß die „mitogenetischen" Strahlen von der Zwiebelsohle ausgehen, d. h. von dem Teil der Zwiebel, aus dem die Wurzeln herauswachsen. Diese Annahme trifft zwar nicht zu und wurde auch von Gurwitsch fallen gelassen, sie führte aber zu einer zweiten wichtigen Entdeckung. Es zeigte sich nämlich, daß die Zwiebelsohle, zu Brei zerrieben, ebenfalls Strahlen emittiert und auf die Zwiebelwurzel den Induktionseffekt ausübt.

Zwiebelsohlenbrei erwies sich als eine stärkere und bequemere Strahlenquelle als die zuerst benutzte Zwiebelwurzel und wurde in der Folge von Gurwitsch als Strahlenquelle recht häufig verwendet. Die Induktionsversuche mit Zwiebelsohlenbrei führte Gurwitsch in der Weise aus, daß der zerriebene Sohlenbrei in ein Glasröhrchen gefüllt wurde, das in ähnlicher Weise wie die induzierende Wurzel im Grundversuch auf die induzierte Wurzel eingestellt wurde.

Gurwitsch konnte auch bei tierischen embryonalen Organismen eine Emission der „mitogenetischen" Strahlen nachweisen, und zwar bei jungen Kaulquappen. Diese wurden lebend in Glasröhrchen eingesogen, mit dem Kopfende auf die induzierte Zwiebelwurzel gerichtet und in dieser Lage fixiert. Dabei konnte ebenfalls ein positiver Effekt festgestellt werden. Hierdurch war ein Beweis für die Universalität der mitogenetischen Strahlung geliefert, es lag sehr nahe, anzunehmen, daß es sich im gesamten Pflanzen- und Tierreich um dieselbe Strahlung handelt. Auch ein Brei aus Köpfen junger Kaulquappen hergestellt erwies sich als wirksam.

Weiterhin konnte Gurwitschs Mitarbeiter Baron auch bei Hefekulturen „mitogenetische" Strahlen nachweisen. Außerdem hatte er Hefekulturen als Rezeptor für „mitogenetische" Strahlen verwandt, wobei die Induktion sowohl mittels einer Wurzelspitze als auch durch andere Kulturen ausgeübt wurde. Gezählt wurde die prozentuale Anzahl der Sprossen auf der beeinflußten Stelle und auf davon weit entfernt liegenden Stellen derselben Kultur. Der positive Effekt mit Hefe würde bedeuten, daß die Strahlung nicht nur mitotisch sich teilenden, sondern auch amitotisch wachsenden Zellen eigentümlich ist.

Wir wollen noch einige von Gurwitschs Resultaten aufzählen: Durch Narkose der Sohle der induzierten Zwiebel mittels Chloralhydrat konnte die Strahlenemission aufgehoben werden. Den Ursprung der mitogenetischen Strahlen vermutete Gurwitsch naturgemäß in chemischen Vorgängen. In Analogie zu Untersuchungen von Dubois über Leuchtorgane lebender Organismen, der aus diesen zwei Fraktionen die durch mäßige Erhitzung auf 60° zerstörbare Luziferase und das durch Hitze nicht zerstörbare Luziferin gewonnen hatte, suchte er nach ähnlichen Körpern bei der Strahlungsreaktion im Zwiebelsohlenbrei, wobei er tatsächlich ähnliche Gesetzmäßigkeiten finden konnte. Zwiebelsohlenbrei, 24 Stunden bei Zimmertemperatur aufgehoben, ist inaktiv, kann aber dadurch wieder aktiviert werden, daß ein zur gleichen Zeit bereiteter Brei, welcher durch Erhitzung auf 60° inaktiviert wurde, zugemischt wird. Den durch Hitze zerstörbaren Bestandteil nannte Gurwitsch Mitotin, den hitzebeständigen Bestandteil Mitotase.

Im Laufe unserer eigenen Untersuchungen, die sich nunmehr auf einen Zeitraum von $3^1/_2$ Jahren erstrecken, erschien eine Anzahl weiterer Veröffentlichungen Gurwitschs und seiner Mitarbeiter. In diesen wurde der Kreis der strahlenden

Substanzen erweitert und die Organe, die für die Strahlungserzeugung verantwortlich sind, näher lokalisiert. Zunächst wurde bei Pflanzenkeimlingen die Stelle, aus der die Strahlung austritt, genau festgestellt. Bei Kaulquappen wurde das Gehirn bzw. seine früheren Stadien, die Medullarplatte, als strahlend festgestellt. Das Gehirn älterer Kaulquappen sowie erwachsener Frösche und anderer Tiere soll hingegen nicht strahlen und die Fähigkeit der Strahlenemission erst nach Hinzufügung von Peroxydase erlangen. Daraus und aus ähnlichen Befunden wird darauf geschlossen, daß die Reaktion, die die Strahlung aussendet, eine oxydationsähnliche wäre. Auch die Leber wird sowohl in situ wie auch in Form von Organenbrei auf ihre Strahlung hin untersucht und negativ befunden. Bei erwachsenen Organismen strahlt nur das Blut. Neuerdings wurde auch eine Emission der Strahlen durch bösartige Tumoren nachgewiesen.

Auf die Folgerung, die Gurwitsch aus diesen Versuchen über die Bedeutung der Strahlen für die verschiedensten Probleme der Zellteilung und der damit zusammenhängenden biologischen Fragen zog, können wir hier nicht eingehen, sondern verweisen auf seine Veröffentlichungen.

Seit Entdeckung der „mitogenetischen" Strahlen hat Gurwitsch zahlreiche Versuche ausgeführt, um ihre physikalische Natur zu erforschen. Er nahm dabei von vornherein an, daß die Strahlung sowohl aus der Zwiebelwurzel wie auch aus dem Kaulquappenkopf in einem engen Strahlenbündel, also nahezu parallel gerichtet, austritt. Er und seine Mitarbeiter (Rawin) fanden bald, daß Bergkristall die Strahlen nicht merklich absorbiert, sie fanden dagegen eine beträchtliche Absorption in Glaslamellen schon bei etwa 0,1 mm Dicke. Gelatine absorbierte die Strahlen total schon in dünnsten Schichten. An sauber geschliffenen Glasplatten fand er eine diffuse Reflexion. Mit Hilfe eines 30 μ breiten optischen Spaltes, aus dünnen Glaslamellen zusammengestellt, suchte er vergeblich die Beugung der Strahlen nachzuweisen. Ein dünnes, vollkommen durchsichtiges Zwiebelhäutchen ergab einen diffusen Durchtritt, erwies sich also als trübes Medium. Aus diesen Befunden zog Gurwitsch die Folgerung, daß die „mitogenetischen" Strahlen kurzwellige ultraviolette Strahlen von etwa 190 bis 230 mμ sein müssen. Zur Stützung dieser Annahme versuchte er mit künstlichem Licht der gleichen Wellenlänge die Zwiebelwurzel zu beeinflussen. Er machte dies mit einer Aluminiumfunkenstrecke, deren Licht in einem kleinen Quarzspektrographen zerlegt wurde. In diesem wurde die Zwiebelwurzel der entsprechenden Wellenlänge ausgesetzt. Gurwitsch fand schon nach einer 1minutigen Expositionszeit einen positiven Effekt, während eine photographische Platte an derselben Stelle erst nach 250mal längerer Zeit eine merkliche Schwärzung zeigte. Nach Gurwitsch würde das bedeuten, daß die Zwiebelwurzel etwa 250mal empfindlicher für die Strahlen ist als die photographische Platte. Damit würden auch die negativen photographischen Ergebnisse nach Gurwitsch ihre Erklärung finden.

Wir haben die wesentlichsten, bisher veröffentlichten Resultate Gurwitschs und seiner Mitarbeiter in aller Kürze angeführt, ohne dabei auf Einzelheiten einzugehen und ohne zu ihnen irgendwie kritisch Stellung zu nehmen. Darauf möchten wir im Zusammenhang mit unseren eigenen Untersuchungen zurückkommen, die in vielen wesentlichen Punkten zu abweichenden Ergebnissen geführt haben. Das Wesentlichste der Gurwitschschen Entdeckung aber, die Existenz der Strahlung bestimmter biologischer Objekte und die Wirkung dieser Strahlung auf die Zellteilung steht nach unseren Versuchen außer allem Zweifel.

In der Zwischenzeit sind auch einige Nachprüfungen der Gurwitschschen Resultate veröffentlicht worden. Sie ergaben teilweise Bestätigung, teilweise Ablehnung dieser, ohne daß man über den Grundversuch (Induktion von Wurzel auf Wurzel) hinausgegangen wäre. Auf ihre Kritik wollen wir am Schlusse der Arbeit zurückkommen.

II. Unsere eigenen Versuchsergebnisse.

Unsere Arbeiten begannen im Mai 1925 im Pathologischen Institut der Charité. Sie hatten zunächst das Ziel, die so überraschenden Versuchsergebnisse Gurwitschs, die Induktion von Zellteilungen auf Entfernung nachzuprüfen. Dabei unterlief uns ein Mißverständnis bezüglich der Gurwitschschen Zählmethodik, das für die ganze weitere Entwicklung unserer Arbeit von bestimmender Bedeutung wurde. Gurwitsch gab in seinen ersten Arbeiten, die uns damals vorlagen, als Auswertung des Versuches zwei Zahlenreihen an, wobei bemerkt wurde, daß die Schnitte in der angenommenen Strahlenrichtung geführt wurden und die obere Zahl sich auf die zugewendete, die untere auf die abgewendete Hälfte dieser Schnitte bezieht. Wir nahmen nun an, daß diese Schnitte Querschnitte bedeuten. Die mitgeteilten Zahlenreihen erklärten wir uns so, daß die ganze Wachstumszone von Gurwitsch in Serienquerschnitte zerlegt wurde, daß aber in der Mitteilung nur das Auszählungsergebnis der Schnitte in der Umgebung des Ausschlagsbereiches enthalten war.

Wir haben unsere Versuche von Anfang an nach der Methode der Querschnitte ausgewertet. Diese Methode hat sich, wie wir noch später sehen werden, für die Erkennung der Induktionswirkung als vorzüglich geeignet erwiesen. Sie stimmt aber mit der Gurwitschschen Methode der Auswertung nicht überein. Gurwitsch hat im Gegensatz dazu, die Wurzel in Längsschnitte, die parallel der Strahlenrichtung und der Wurzelachse geführt wurden, zerlegt und das gesamte Meristem abgezählt, wobei ein Ausschlag sich hauptsächlich in den mittleren Schnitten ergab. Nun zeigen aber unsere Untersuchungen, daß die Ausschlagszone auch in der Längsrichtung der Wurzel eng begrenzt ist und sich meistens nur auf eine Länge von etwa 0,2—0,3 mm erstreckt. Wir glauben daher, daß man die Induktionswirkung nach der Querschnittsmethode viel leichter erkennen kann, weil man jeweils nur die am stärksten beeinflußten Stellen mit den gegenüberliegenden vergleicht und nicht den großen Ballast an nicht beeinflußten Schnitten mitschleift und dadurch die Größe des Ausschlages künstlich verkleinert. Daß man hierbei auch die seitlichen Teile der Querschnitte mitzählt, in denen nach Gurwitsch kein Ausschlag vorhanden ist, fällt kaum ins Gewicht. Weiterhin ergibt diese Methode die Möglichkeit, die Art der Wirkung näher zu ergründen, indem man die Zählung über und unter der beeinflußten Zone ausdehnt und durch Interpolierung die Abweichung gegenüber dem Normalen genau feststellen kann.

Zunächst wurde in einer großen Anzahl von Querschnitten die Verteilung der Zellkerne in bestimmten Stadien auf beiden Seiten einer Medianlinie studiert. Dabei ergab sich, daß die Zahl dieser Bildungen zu beiden Seiten einer beliebig gezogenen Medianlinie weitgehende Übereinstimmung zeigt. Dies gilt für jedes Stadium der Teilungs- und Wachstumsperiode der Zelle, also sowohl für die mitotischen Figuren wie auch für reife Zellen und auch für die Zellen, die sich bereits in Rückbildung (beginnendem Streckungswachstum) befinden. Selbstverständlich gilt sie auch für die Summe aller dieser Stadien. Dieses Ergebnis konnte man schon aus dem geradlinigen Wuchs der Wurzel folgern.

Darüber hinaus ergab sich aber aus diesen ersten Zählungen, daß die Schwankungen auch in dünnen Schnitten so klein sind, daß sie eine bei biologischen Versuchsmethoden ungewöhnliche Genauigkeit gestatten. Faßt man irgendein Kernstadium ins Auge, so findet man prozentual um so geringere Unterschiede der Kernzahlen im betrachteten Stadium zwischen beiden Schnitthälften, je größer die Gesamtzahl der Kerne im betrachteten Querschnitt ist. Bei der Gesamtzahl von etwa 100 beträgt der mittlere Ausschlag etwa 10%. Es kommen wohl gelegentlich auch größere Schwankungen vor, jedoch erstrecken sich dieselben höchstens auf 1 bis 2 Schnitte und werden in den nachfolgenden Schnitten durch einen entgegengesetzten Ausschlag kompensiert. Dieser Ausschlag, der als zufälliger (nichtsystematischer) Versuchsfehler bezeichnet werden kann, setzt sich aus folgenden Komponenten zusammen: 1. Ungleiche Dicke (Keilförmigkeit) des Schnittes. 2. Fehler, der durch die ungenaue Legung des halbierenden Durchmessers entsteht. 3. Zufälligkeiten in der örtlichen Verteilung der Zellkerne in kleinen Raumgebieten. Daraus folgt, daß man aus einem Ausschlag von über 30% der sich in mindestens 5 nacheinander folgenden Schnitten nach der gleichen Seite hin wiederholt, mit ausreichender Sicherheit auf eine äußere Beeinflussung des Wachstums schließen kann (vgl. die Versuchsprotokolle S. 97).

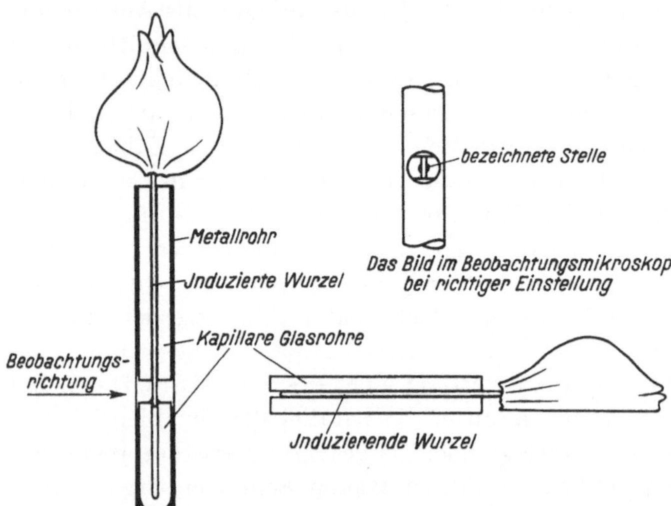

Bild 1. Versuchsanordnung für den Gurwitschschen Grundversuch. (Induktion von Zwiebelwurzel auf Zwiebelwurzel über eine Luftstrecke.)

Darauf schritten wir mit unserer auf S. 42 genauer beschriebenen Apparatur zur Wiederholung des Gurwitschschen Grundversuches (Bild 1). Wir erhielten schon in unseren ersten Versuchen wie auch in unseren späteren Wiederholungen eindeutig positive Ergebnisse. Dabei zeigte sich schon in den ersten Versuchen eine sehr bedeutungsvolle Abweichung von dem Erwarteten in der Art des Effektes. Bei der Betrachtung des Bildes 2 sieht man das ohne weiteres. Nicht nur die Zahl der Mitosen ist auf der zugewendeten Seite vermehrt, sondern auch die der sog. reifen Kerne, d. h. der Kerne, die groß, mit Kernfarbstoffen stark färbbar, beinahe die ganze Zelle ausfüllen und offenbar zu den sich noch im Teilungszyklus befindlichen Zellen gehören, aber zur Zeit der Fixierung sich nicht im Mitosenstadium befanden. Voraussetzung für die Erkennung dieser Wirkung ist, daß die Induktion nicht im unteren Teil des Meristems vorgenommen wird, weil da die Mitosen und reife Kerne etwa 90—100% aller Zellen ausmachen. Im proximalen Teil des Meristems, in der Übergangszone, ist dagegen neben den eben beschriebenen reifen Kernen und Mitosen ein mehr oder weniger großer Prozentsatz von Zellen vorhanden, die sich schon im Streckungswachstum befinden und einen relativ kleinen, geschrumpften Kern haben. Diese erscheinen in Querschnitten von 10—15 μ Dicke, da ihre Länge ein Mehrfaches hiervon beträgt, zum Teil ganz leer.

Bei den induzierten Querschnitten fällt der Unterschied zwischen zu- und abgewendeter Seite an vollen und leeren Zellen auch bei geringerer Vergrößerung ohne weiteres auf (s. Bild 2). Selbstverständlich könnte dieser Unterschied auch in Längsschnitten, genaue Bezeichnung der induzierten Stelle vorausgesetzt, durch Zählung ermittelt werden, da die Anzahl der in einem bestimmten kleinen Gebiet berücksichtigten Kerne die gleiche bleibt, wenn man die Wurzel längs oder quer schneidet. Der praktische Vorteil der Querschnittsmethode besteht einerseits in der Augenfälligkeit des Effektes, der die oberflächliche Entscheidung, ob ein positives oder negatives Resultat vorliegt, ohne weiteres gestattet; andererseits darin, daß die Stelle der

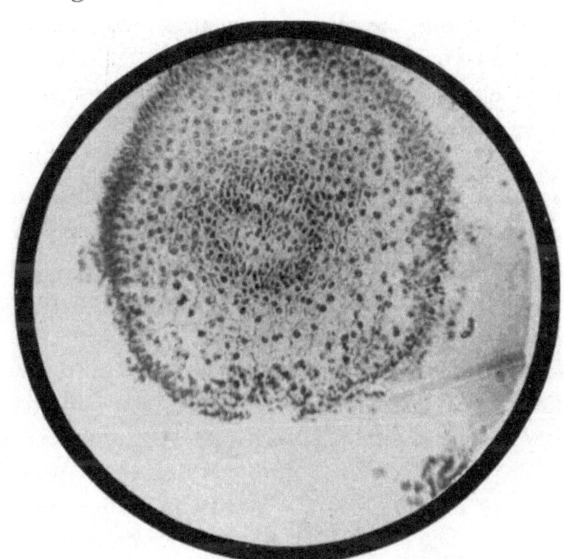

Bild 2. Mikrophotogramm eines beeinflußten Wurzelquerschnittes. Oben ist die zugewendete, unten die abgewendete Seite. Man sieht in der zugewendeten Hälfte weit mehr reife Kerne als in der abgewendeten. Sehr starker Ausschlag.

Induktion mit großer Genauigkeit festgestellt werden kann. Die genaue zahlenmäßige Feststellung und Auswertung des Effektes erfolgt aber mit Hilfe möglichst großer Vergrößerung mit der in Abschnitt 3 beschriebenen Apparatur.

Dieser Effekt, d. h. eine Umstoßung des Gleichgewichtes auch in bezug auf die reifen Kerne zwischen zu- und abgewendeter Seite, ergab sich bisher in über 200 Versuchen, steht also für uns vollkommen fest. Ihre Bedeutung für die Rolle der „mitogenetischen" Strahlen im Induktionseffekt soll im Abschnitt 4 näher diskutiert werden.

Man kann an zwei Schwesterwurzeln zwei Induktionsversuche ausführen in der Weise, daß im einen Fall der proximale Teil, im zweiten der distale Teil der

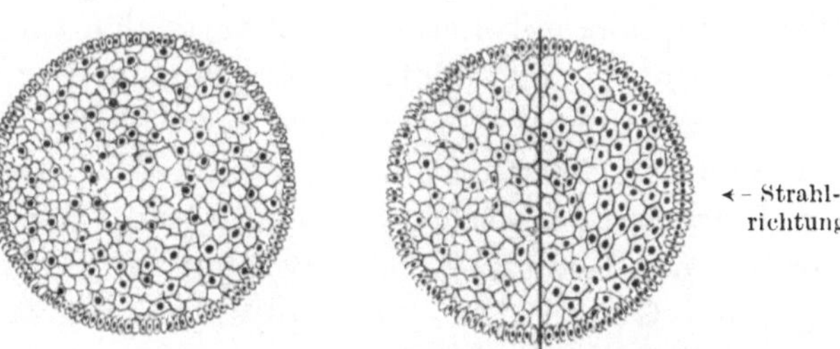

Bild 3. Schema eines normalen, unbeeinflußten und eines induzierten Wurzelquerschnittes. Der eingezeichnete Durchmesser (Medianlinie) trennt den induzierten Querschnitt in zugewendete und abgewendete Hälfte.

Übergangszone von den Strahlen getroffen wird. Wenn man nun in der ersten Wurzel reife Kerne und Mitosen, in der zweiten Wurzel aber nur die mitotischen Figuren zählt (von der frühesten Prophase bis zur spätesten Telophase), so erhält man zwar im zweiten Fall einen stärkeren prozentualen Ausschlag, dagegen hat man im ersten Fall, abgesehen von der Bequemlichkeit der Zählung, auch noch den Vorteil der durch die größeren Zahlen bedingten erhöhten Sicherheit (Versuch 156).

Eine weitere wesentliche Vereinfachung in der Versuchsmethode konnte durchgeführt werden, als wir erkannten, daß der Induktionsversuch auch gelingt, wenn die induzierte Zwiebelwurzel von der Zwiebel abgetrennt wird. Wenn für genügende Befeuchtung der Wurzel gesorgt wird, können mit der überlebenden Wurzel Induktionsversuche bis zu etwa 1,5 Stunden Dauer ausgeführt werden. Für längere Versuche ist es zweckmäßig, ein kleines Stückchen der Zwiebelsohle im Zusammenhang mit der Wurzel zu belassen.

Dieses Resultat wurde in einer der letzten Veröffentlichungen auch von Gurwitsch bestätigt, der feststellen konnte, daß bis zu etwa 3 Stunden nach der Abtrennung der Wurzel von der Zwiebel die normalen Verhältnisse aufrecht erhalten bleiben und auch der Induktionseffekt nach seiner Methode festgestellt werden kann.

Wir bestätigten die Emission der „mitogenetischen Strahlen" durch Zwiebelsohlenbrei, welchen wir zunächst — wie Gurwitsch — in einem Glasröhrchen von 1—1,5 mm Durchmesser als nahezu punktförmige Strahlenquelle verwendeten. Wir konnten dabei den Luftabstand, der bei unseren Wiederholungen des Gurwitschschen Grundversuchs etwa 10—15 mm betrug, bis auf etwa 40 mm vergrößern, bei gut erkennbarem Ausschlag. Das Fleisch der Zwiebellagen ergab keine Emission.

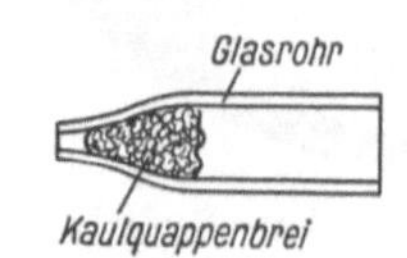

Bild 4. Anordnung für die Induktion von Kaulquappenbrei auf Zwiebelwurzel.

Dieser Zwiebelsohlenbrei wurde dabei mit einer von der Gurwitschschen abweichenden Methode hergestellt. Gurwitsch stellt ihn so her, daß er die Zwiebelsohle zunächst in einem Mörser ganz fein zerreibt, dann mit etwas Wasser verdünnt und diese trübe Flüssigkeit in die Glasröhre aufsaugt. Wir dagegen haben die Sohle mit einer Raspel zerrieben und diesen Brei ohne viel Flüssigkeitszusatz als eine stark konsistente Masse verwendet. Diese Methode hat den Vorteil, daß der konsistente Brei ohne weiteres auch in einen geschlitzten Spalt gestopft werden kann und daß durch sie die Zellstruktur weniger leidet als durch erstere.

Weiterhin konnte mit unserer ersten Apparatur die Beobachtung Gurwitschs über Induktion mit tierischen embryonalen Organismen auf die Zwiebelwurzel bestätigt werden. Wir fanden eine Emission von Strahlen bei jungen Kaulquappen (bis zu etwa 1,5 cm Länge), und zwar erhielten wir mit diesem Objekt den in Bild 2 dargestellten Effekt, der zu den stärksten bisher überhaupt beobachteten gehört. Um festzustellen, welche Teile der Kaulquappe Strahlung aussenden, untersuchten wir Brei aus Köpfen, Bauchteilen und Schwänzen. Wir fanden — in Übereinstimmung mit Gurwitsch — eine Strahlung des Kopfbreies, konnten dagegen bei den übrigen Teilen keinen Effekt nachweisen. Ältere Kaulquappen von etwa 2—3 cm Länge haben keinen Ausschlag geliefert.

Es erhebt sich die naheliegende Frage, ob die Strahlenemission eine Eigenheit bestimmter embryonaler Körperteile ist oder ob sie auch vielleicht irgendwelchen ausgewachsenen Geweben oder Organen zukommt. Man könnte versucht sein, hierbei besonders an das Zentralnervensystem zu denken. Daraufhin wurden alle Gewebearten und Organe (Bindegewebe, Muskelgewebe, Fettgewebe, Nervengewebe, Haut, Gehirn, Herz, Schilddrüse, Keimdrüsen usw.) eines erwachsenen Laubfrosches im Induktionsversuch geprüft. Bei keinem von diesen konnte ein Ausschlag nachgewiesen werden. Diese unsere Beobachtungen decken sich vollkommen mit den Angaben Gurwitschs.

Die Feststellung, daß sowohl bei tierischen wie bei pflanzlichen Organismen im embryonalen mitotischen Wachstum eine Strahlung beobachtet werden kann, führte zur Frage nach dem Verhalten des blastomatösen Wachstums. Von vornherein mußten hierbei zwei Gruppen unterschieden werden: die gutartigen und die bösartigen Geschwülste. Bei beiden Gruppen haben wir, mit der Zwiebelwurzel als Indikator, die Emission ,,mitogenetischer Strahlen" untersucht. Als Vertreter[1]) der bösartigen Tumoren haben wir Carcinome und Sarkome untersucht, und zwar sowohl frisch entnommenes Operationsmaterial (Mammacarcinom, Oberschenkelsarkom) wie auch experimentelle Tiertumoren (Jensensches Rattensarkom). Als Vertreter der gutartigen Tumoren haben wir Myome untersucht. Das frische Material, möglichst bald nach der Entnahme, spätestens etwa 20 Minuten danach, wurde fein zerkleinert und ohne Flüssigkeitszugabe in die Versuchsapparatur eingeführt.

Es ergab sich hierbei bei allen untersuchten bösartigen Tumoren ein stark positiver Effekt im Zwiebelversuch[2]). Bösartige Tumoren emittieren also in hohem Maße ,,mitogenetische Strahlen". Bei den gutartigen Tumoren konnte ein solcher Effekt ebensowenig festgestellt werden wie bei den normalen ausgewachsenen Geweben und Organen.

In der Regel wurde der Versuch etwa 10 Min. nach der Entnahme begonnen und dauerte 30 Min. bis 2 Stunden. Der Zwiebelversuch lieferte aber bei Rattensarkom auch noch einen positiven Effekt, wenn der Versuch erst 20 Min. nach der Entnahme begonnen wurde. Da — wie später ausführlicher dargelegt werden soll — eine mindestens 10 minutige Bestrahlung notwendig ist, um einen positiven Effekt zu erzielen, so müssen wir folgern, daß die Emission mindestens 30 Min. nach der Exstirpation noch erfolgte[3]).

Bereits Gurwitsch hat in zahlreichen Versuchen die Wirkung der Narkose auf die Emission der mitogenetischen Strahlen untersucht. Zur Narkose verwandte er ausschließlich 0,5—1 proz. Lösungen von Chloralhydrat. Er fand, daß im Grundversuch der Effekt unterblieb, wenn er die Sohle narkotisierte, und abgeschwächt wurde, wenn er nur die induzierende Wurzel narkotisierte. Schnitt er aber die Spitze der narkotisierten Wurzel ab, so erhielt er einen kräftigen Ausschlag, der nach seinen Angaben sogar kräftiger und breiter war, als wenn er die Wurzelspitze abtrennte, aber die Wurzel nicht narkotisierte. Wir teilen diese Angaben der Vollständigkeit halber mit, wollen aber bemerken, daß es nach unseren Erfahrungen nicht zulässig ist, aus der Größe des Ausschlages unmittelbar auf die Intensität der Strahlung zu schließen. Wir werden auch näher ausführen, daß die Breite des Ausschlages ohne weiteres keinen Schluß auf die Breite des Strahlenbündels zuläßt.

In unseren Versuchen verwendeten wir eine 1 proz. wässerige Lösung von Chloralhydrat als Narkotikum und untersuchten die Strahlenemission, wie auch die Strahlenperzeption unter seinem Einfluß. Wir fanden im Gegensatz zu Gurwitsch, daß die Narkose der induzierenden Wurzel im Grundversuch genügt, um die Strahlenemission aufzuheben. Die Narkose der induzierten Wurzel hemmte das Perzeptions-

---

[1]) Das Operationsmaterial wurde uns in liebenswürdiger Weise von der Chirurgischen Klinik und der Frauenklinik der Charité zur Verfügung gestellt, wofür hier bestens gedankt sei.

[2]) Die Zahl der mit bösartigen Tumoren unternommenen Versuche beträgt 8.

[3]) Wir wollen bemerken, daß nach den neueren Forschungen über überlebende Blastomgewebe nach so langen Zeiten und unter Umständen wie sie bei unseren Versuchen vorlagen, an den Tumoren bereits keine Milchsäuregärung nachweisbar ist, da diese nach der Entnahme sehr viel schneller abfällt.

vermögen, wie vorauszusehen war. Die Narkose von Zwiebelsohlenbrei hob dessen Induktionsvermögen ebenfalls vollkommen auf, in Übereinstimmung mit G. Salkind.

Schon in unseren ersten Versuchen fiel uns die geringe Breite des Ausschlagbereiches auf. Selbst bei sehr starken Effekten erstreckte sich der positive Ausschlag nur auf etwa 20—40 Schnitte von 10 μ Dicke, d. h. auf eine Länge von 0,2 bis 0,4 mm. Gurwitsch fand in seinen Versuchen den Ausschlag in den mittleren Längsschnitten von insgesamt etwa 0,2 mm Breite, eine analoge Erscheinung. Er erklärte dieses Ergebnis durch die Annahme, daß die „mitogenetischen" Strahlen sowohl die Zwiebelwurzel wie auch den Kaulquappenkopf und (u. a.) die Keimblätter von Helianthus in einem engen Strahlenbündel von der Breite des Ausschlages,

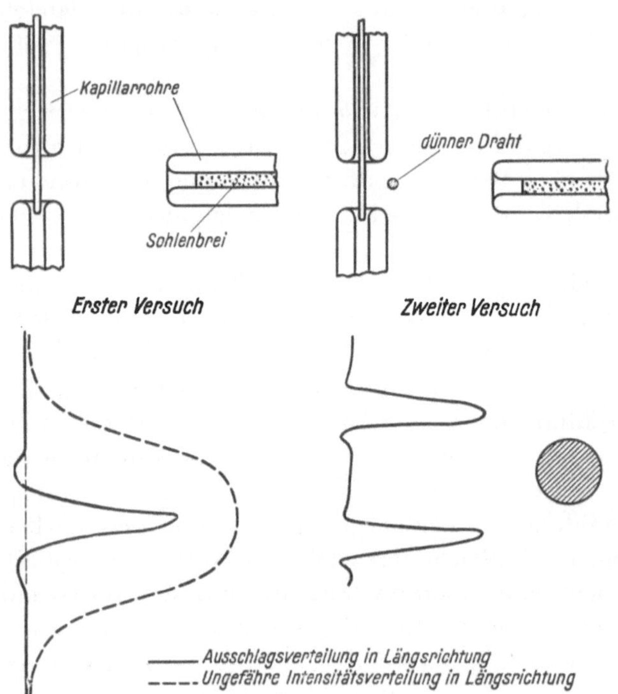

Bild 5. Anordnung zum Nachweis des Konzentrationseffektes. Ein Draht, der die normale Ausschlagszone beschattet, läßt zwei Ausschläge über und unter der Beschattungszone auftreten.

nahezu parallel gerichtet verlassen. Mochten wir dies auch für die angeführten Lebewesen als Strahlenquellen vorläufig gelten lassen, so erschien es uns doch als unmöglich, einen solchen Effekt auch bei Zwiebelsohlenbrei und Kaulquappenbrei anzunehmen. Es blieb daher nichts anderes übrig, als die von Gurwitsch stillschweigend gemachte Annahme fallen zu lassen, daß die „mitogenetischen" Strahlen überall, wo sie auf die Zwiebelwurzel auftreffen, einen Ausschlag hervorrufen. Wir mußten also annehmen, daß die Ausschlagbreite bedeutend kleiner ist als die Breite des Strahlenbündels. Dieser Effekt liegt also offenbar in der induzierten Wurzel. Wir nennen ihn den Konzentrationseffekt. Um unsere Annahme zu beweisen, mußten wir nur nachweisen, daß auch da Strahlen auf die Indikatorwurzel auftreffen, wo der Ausschlag aufhört. Diesen Beweis führten wir in folgenden Versuchen (s. Bild 5 und die Versuchsprotokolle 37 und 45): Als Strahlenquelle verwendeten wir Zwiebelsohlenbrei in einem Glasröhrchen von 1,2 mm lichter Weite, das bis auf die letzten 2 mm vor der Mündung mit dem Brei gefüllt war. Der Induktionsversuch aus 5 mm Entfernung ergab eine Ausschlagzone von etwa 0,3 mm. Nun hätte aber das Strahlenbündel mindestens eine Breite von 1,2 mm (gleich dem Durchmesser des induzierenden Röhrchens) haben müssen. Daß es tatsächlich breiter war als 0,3 mm ergab sich auch sofort in folgendem Versuch: Wir änderten nichts an der gegenseitigen Lage von induzierter Wurzel und induzierendem Röhrchen, setzten aber an die Stelle, an welcher der Ausschlag zu erwarten war, einen Draht von 0,65 mm Stärke quer vor die induzierte Wurzel. Das Ergebnis war: Zwei kräftige Ausschläge durch eine ausschlagfreie Zone von ca. 0,65 mm getrennt. Die Ausschläge lagen somit an Stellen, an welchen wir ohne die Wirkung des Schattens des vorgesetzten Drahtes (welcher ja von den Strahlen nur wegnehmen konnte keinesfalls zusetzen) keinen Ausschlag erhalten hätten. Auch sehr zahlreiche spätere Versuche beweisen unzweifelhaft den Konzentrationseffekt.

Wir machten ferner schon bei den ersten Versuchen eine weitere Wahrnehmung.

Wie schon erläutert, zählten wir bei unseren Versuchen die durch Größe und starke Färbbarkeit ausgezeichneten reifen Kerne und mitotische Figuren. In der unbeeinflußten Wurzel nimmt deren Zahl je Schnitt in dem Bereich, in welchem wir gewöhnlich die induzierte Stelle wählten, mit der Annäherung an die Wurzelspitze stetig und regelmäßig zu. Hierdurch ist es möglich, aus der Anzahl von reifen Kernen in Schnitten, die von der beeinflußten Stelle zu beiden Seiten genügend weit entfernt liegen, auf die Kernzahlen zu schließen, die sich normalerweise, also wenn keine Induktion stattgefunden hätte, in den Schnitten an der induzierten Stelle befunden hätten. Als wir diese Zahlen abschätzten, sahen wir, daß der Ausschlag, also der Unterschied zwischen zu- und abgewendeter Schnitthälfte, sich folgenderweise zusammensetzt: Erhöhung der Zahl der reifen Kerne auf der zugewendeten Seite über die normale Zahl, Abnahme auf der abgewendeten Seite unter diese Zahl. Anders ausgedrückt: Wachstumssteigerung an der zugewendeten Seite, Wachstumshemmung an der abgewendeten Seite. Auf dieses wichtige Ergebnis, das wir später noch weiter untersucht haben, kommen wir noch ausführlich zurück (s. Bild 46 auf S. 71).

Die Beobachtung, daß der im Sinne der Zellteilungsförderung beeinflußte Bereich auf ein Bruchteil des bestrahlten Bereiches konzentriert und ringsherum[1]) von einer Zone der Zellteilungshemmung umgeben ist, gestattete uns einen neuen Einblick in den Mechanismus des Perzeptionsapparates. Es ist folgende zwanglose Deutung der Beobachtungstatsachen möglich: Damit die „mitogenetischen" Strahlen ihre Wirkung hervorrufen können, ist die Einwirkung einer chemischen Substanz auf die Zelle erforderlich. Diese Substanz ist in der Zwiebelwurzel in begrenztem Maße vorhanden, oder sie strömt dem wachsenden Gewebe in begrenztem Maße zu. Das Ausmaß der Wirkung der mitogenetischen Strahlen wird begrenzt durch die zur Verfügung stehende Menge dieser Substanz. Durch diesen chemischen Faktor erfolgt also eine Regelung, Stabilisierung des Teilungswachstums, welche auch einer Erhöhung der Intensität der „mitogenetischen" Strahlung in weiten Grenzen standhält.

Bereits Gurwitsch hat die Frage nach dem Ursprungsort der Strahlen aufgeworfen. Seine erste Annahme war die, daß die Strahlen in geordnet wachsenden embryonalen Geweben von einer Anzahl Strahlungszentren emittiert werden. Diese Auffassung findet sich noch im Buch von Gurwitsch bei der Besprechung des Induktionsversuches von Zwiebel auf Zwiebel (S. 83—86). Nach der an dieser Stelle dargelegten Ansicht von Gurwitsch stammen die Strahlen aus dem Bezirk der Zwiebelsohle, aus welchem die Wurzel entspringt (Ursprungstrichter). Sie durchlaufen die ganze Wurzellänge, wobei das Strahlenbündel am Austritt durch die Totalreflexion an den Wänden der Wurzel behindert wird. Diese Annahme ist schon

---

[1]) Wir sagen „ringsherum", weil in vielen Versuchen an den Grenzen der Ausschlagszone eine Abnahme der Zahl der reifen Kerne in der zugewendeten Schnitthälfte unter die normale Zahl auftritt, oft auch starke negative Ausschläge beobachtet sind. Meistens liegt aber dieser Effekt an der Grenze der Wahrnehmbarkeit.

bei einem so einfachen Gebilde wie die Zwiebelwurzel sehr unwahrscheinlich, bei komplizierten Gebilden, insbesondere bei tierischen Embryonen muß sie völlig versagen.

Wir sind bald zu der Anschauung gelangt, daß die Emission der Strahlen in allen Fällen im wachsenden Gewebe selber erfolgt. Als Beweis dienen unsere zahlreichen Versuche, welche auf eine so starke Absorption der „mitogenetischen Strahlen" in wachsenden Geweben schließen lassen, daß eine Versorgung ausgedehnterer embryonaler wachsender Gewebe von außerhalb mit Strahlen ausgeschlossen erscheint.

Wir wollen hier auch kurz auf Versuche Bezug nehmen, die wir erst vor kurzem ausgeführt haben und die die Feststellung des Absorptionsgrades dünner Zwiebelwurzelschichten für den von uns als induktionsfähig erkannten ultravioletten Wellenlängenbereich zum Gegenstand hatten. In diesen wurde festgestellt, daß einige (4—6) Zellschichten der Zwiebelwurzel die Strahlen dieses Wellenlängenbereiches weitgehend schwächen.

Da nun, infolge der starken Schwächung, der Ursprungsort der Strahlen stets in größter räumlicher Nähe des in Teilung befindlichen Gewebes oder sogar in diesem selbst liegt, ergibt sich die naheliegende Frage: Ist es nicht vielleicht der Zellteilungsvorgang selber, der die Strahlen aussendet? Da eine räumliche Trennung von Strahlenursprung und Zellteilung nicht gut möglich ist, so können wir diese Frage nicht unmittelbar beantworten. Wir wollen aber eine Anzahl von Tatsachen mitteilen, die gegen die Möglichkeit der Strahlenaussendung durch den Zellteilungsvorgang sprechen. Es liegt nämlich eine große Reihe von Versuchen vor, in welchen eine Emission „mitogenetischer" Strahlen von nicht in Teilung befindlichen Geweben beobachtet wurde. Das einfachste Beispiel hierfür ist die Emission durch Zwiebelsohlenbrei. Nun befindet sich die intakte Sohle nicht im Teilungswachstum und die zu Brei zerriebene Sohle noch weniger. Ein sehr schönes Beispiel der Emission durch nichtwachsende Gewebe hat Gurwitsch gefunden, der eine Strahlung der frischen Schnitte der Leptombündeln von Winterkartoffeln feststellte, also eine Strahlung Monate vor dem Anbruch der Keimungsperiode.

Wir wollen bemerken, daß diese Beobachtungen keineswegs mit dem oben aufgestellten Satz in Widerspruch stehen, wonach die Strahlung im wachsenden Gewebe in diesem selber entsteht, denn bei den angeführten Versuchen handelt es sich ausnahmslos um zerstörte Gewebe. Wir werden später noch einen grundlegenden Unterschied zwischen der Strahlung des Zwiebelsohlenbreies und der intakten Zwiebel kennenlernen (Seite 27).

Nachdem nun Strahlung ohne Zellteilungen, allerdings bei zerstörten Organismen, festgestellt worden ist, erhebt sich die Frage, ob auch Zellteilungen ohne Strahlung vorkommen. Beobachtungen in diesem Sinne liegen vor. Wir erinnern an die Abwesenheit der Strahlung der Bauch- und Schwanzteile von jungen, in starkem Zellteilungswachstum begriffenen Kaulquappen. Wir dürfen aber diesen negativen Befunden keinen übertriebenen Wert zumessen. Wir können auch annehmen, daß auch im Kaulquappenbauch usw. ein Strahlungsfeld besteht, welches aber nach der Entnahme bald auf eine unnachweisbare geringe Intensität herabsinkt. Zudem kann in diesen Fällen auch die übermäßig große Absorption des Gewebes für die eignen Strahlen mitspielen!

Wir können also auf Grund der bisherigen Tatsachen noch die Annahme aufrechterhalten, daß keine Zellteilung stattfindet, ohne daß unter den Ursachen dieser Teilung auch die Strahlung eine — allerdings im einzelnen noch unbekannte — Rolle spielt. Dagegen kann eine Strahlung anscheinend auch ohne Zellteilungen auftreten. Schon dies macht die Annahme sehr unwahrscheinlich, daß der Zellteilungsvorgang Ursache der Strahlung ist. Es spricht aber auch folgende Überlegung gegen diese Möglichkeit: Wenn der Teilungsvorgang selber die Strahlen emittieren würde, die — auf irgendeine, evtl. mittelbare Weise — imstande sind, neue Zellteilungen anzuregen, so wäre — wenigstens in dieser Hinsicht — die Möglichkeit eines unbegrenzten, autonomen Wachstums gegeben. Die Zellteilungen würden sich ja durch ihre Strahlung gegenseitig im Sinne immer stärkerer Teilung beeinflussen[1]. Wir betrachten freilich diese Überlegung nicht als beweisend, denn dem Organismus stehen ja zahllose Möglichkeiten zur Begrenzung des Teilungswachstums zur Verfügung, von denen wir eine bereits kennengelernt zu haben glauben. (Gemeint ist die Begrenzung der Gesamtzahl der Teilungen in der Wachstumszone der Zwiebelwurzel, die wir auf eine in begrenztem Maße vorhandene Substanz zurückgeführt haben.)

Die merkwürdige Eigenschaft der Zwiebelsohle, im zerstörten Zustand Strahlen zu emittieren, kann folgendermaßen gedeutet werden: In der Sohle werden Substanzen produziert, deren lumineszierende chemische Reaktion die Strahlen aussendet. Normalerweise findet diese Reaktion erst in der Wachstumszone statt, wohin die Stoffe wahrscheinlich durch das Gefäßbündel gelangen. Durch das Zerkleinern der Zwiebelsohle wird nun Möglichkeit für diese Reaktion schon im Sohlenbrei selber geschaffen[2].

Intakte Zwiebelsohle strahlt selber nicht. Die vollkommen intakte Sohle können wir zwar nicht auf ihr Strahlungsvermögen untersuchen, denn wir müssen immer durch eine, wenn auch kleine Wundsetzung eine Ausfallpforte für die Strahlen schaffen, doch erscheint uns diese Folgerung als zulässig, da wir bei glatt abgeschabter Sohle keine Strahlung nachweisen konnten.

Es ist wohl erlaubt, alle diese Tatsachen und Anschauungen so zusammenzufassen, daß wir in der Zwiebelsohle das Wachstumszentrum der Zwiebelwurzel sehen dürfen. Der Gedanke der Wachstumszentren ist nicht neu, durch die Tatsachen der Strahlung erhält dieser Begriff jedoch einen teilweise neuen Inhalt. Eine Aufgabe der Strahlungszentren wäre nach der neuen Auffassung, daß sie die zur Strahlungsreaktion erforderlichen Substanzen produzieren und dadurch mittelbar das Ausmaß der Strahlung in den wachsenden Geweben steuern und regeln. Es ist noch fraglich, wie weit eine Verallgemeinerung statthaft ist. Die geschilderten Versuche an Kaulquappen legen aber den Gedanken nahe, daß auch bei diesen ein Wachstumszentrum im Kopfe vorhanden ist[3].

---

[1] Dies gilt auch von der „mitogenetischen Sekundärstrahlung", die Gurwitsch neuerdings gefunden zu haben glaubt.

[2] Das Zerkleinern der Sohle reicht allein noch nicht zu dieser Reaktion aus. Wir haben gefunden (siehe S. 27), daß die Strahlenemission nur bei Belichtung des Sohlenbreies erfolgt. Man kann sich diese merkwürdige Erscheinung in großen Zügen so erklären, daß die Sohle alle zur Reaktion notwendigen Stoffe produziert. Bei einfacher Vermischung, wozu ja bei Zerkleinerung der Sohle Gelegenheit gegeben wird, können diese aber noch nicht reagieren, es ist hierzu vielmehr noch eine „Aktivierung" durch die Belichtung erforderlich. Sonst könnten ja die Substanzen auch schon im proximalen Teil des Gefäßbündels miteinander in Reaktion treten und die Strahlen emittieren. Erst in der Wachstumszone erfolgt normalerweise die „Aktivierung", auf eine bisher unbekannte Weise.

[3] Neuerdings vertritt Gurwitsch die Ansicht, daß bei den Wirbeltieren ganz allgemein das Gehirn die Rolle des Wachstumszentrums trägt. „Die mitogenen" Stoffe sollen im Gehirn produziert und durch das Blut zu den Geweben geleitet werden. Wir können zu dieser Frage in dieser Allgemeinheit keine Stellung nehmen, verweisen aber auf unsere Versuche, in welchen wir bei Blut, im Gegensatz zu Gurwitschs, bisher keine Strahlung nachweisen konnten.

Wir wollen bemerken, daß Gurwitsch in seinen späteren Arbeiten zu einer ähnlichen Auffassung über die Wachstumszentren gelangt ist, wie wir sie hier dargelegt haben. Wir kamen zu dieser Anschauung schon zu einer Zeit, als uns die geänderte Auffassung Gurwitschs noch nicht bekannt war. In dem Buche Gurwitschs finden sich übrigens noch beide Theorien nebeneinander, die Auffassung des Wachstumszentrums der Zwiebel als Strahlungszentrum auf S. 83—86; die neuen Ansichten auf S. 137—140.

Im blastomatösen Wachstum liegen die Verhältnisse offenbar anders. Hier wächst jede Zelle autonom, enthält also sozusagen ihr eigenes Wachstumszentrum. Vielleicht ist es erlaubt, einen wesentlichen Teil des Unterschiedes zwischen geordnetem und malignem blastomatösem Wachstum so zu deuten, daß im Tumor jede Zelle Strahlen emittiert und auch die zum Teilungswachstum erforderlichen Substanzen selber produziert. Damit ist freilich die Frage des blastomatösen Wachstums keineswegs irgendwie geklärt. Die Emission der Strahlen ist vielmehr nur eine der vielen Eigenschaften, in denen sich die Tumorzelle von der normalen ausgewaschenen Zelle unterscheidet.

Es erhebt sich aber die Frage, ob denn die von bösartigen Tumoren ausgesandten Strahlen in bezug auf physikalische Natur identisch sind mit der im embryonalen Wachstum auftretenden Strahlung? Auf diese Frage müssen wir, indem wir das Ergebnis später anzuführender Versuche vorwegnehmen, die Antwort geben, daß keine von uns bisher beobachtete Tatsache auf eine prinzipielle Verschiedenheit der Strahlung schließen läßt. Es scheint sich vielmehr in der gesamten belebten Natur um ein und dieselbe Strahlungsart zu handeln, die sogar nicht allein der mitotischen Zellteilung eigentümlich ist, sondern vielleicht auch bei der amitotischen Teilung (Hefe) eine Rolle spielt. Es stellt sich die zweite Frage, ob nicht etwa die Intensität der Strahlung in malignen Tumoren eine vielfach größere ist als in wachsenden embryonalen Gebilden. Unsere Versuche sind unzureichend, um diese Frage mit Bestimmtheit beantworten zu können. Der erste Grund hierfür ist, daß wir stets mit überlebenden Tumoren gearbeitet haben unter Umständen, unter welchen Stoffwechsel und Wachstum der Tumoren in sehr kurzer Zeit nach der Entnahme auf einen sehr geringen Bruchteil der ursprünglichen Intensität abfällt. Zweitens ist aber der Zwiebelversuch nicht geeignet, um Strahlungsintensitäten vergleichen zu können. Wie schon die zuletzt angeführten Tatsachen erkennen lassen und was wir später noch ausführlicher nachweisen werden, gibt es im Zwiebelversuch einen maximalen Effekt, den wir schon in einigen der ersten Versuche erreicht und später auch bei vielfach gesteigerter Intensität nicht übertroffen haben. Denkbar wäre es allerdings, Intensitäten im Zwiebelversuch in der Weise zu vergleichen, daß man die Bestrahlungsintensitäten bei den zu vergleichenden Strahlenquellen in berechenbarer Weise (z. B. durch Vergrößerung des Abstandes) so weit abschwächt, bis in beiden Fällen derselbe schwache Effekt beobachtet werden kann. Jedoch sind die Unterschiede zwischen verschiedenen Zwiebelwurzeln auch unter den am sorgfältigsten gewählten Umständen (bei gleichlangen Schwesterwurzeln) so groß und der Effekt von der Lage der induzierten Stelle im Meristem so stark abhängig, daß eine außerordentlich große Zahl von Versuchen notwendig wäre, um einen einigermaßen zuverlässigen Vergleich zu erhalten. Zudem werden wir sehen, daß die Frage der Intensität nur eine untergeordnete Bedeutung besitzt.

Nachdem die Existenz der „mitogenetischen Strahlen" für uns zweifelsfrei feststand, betrachteten wir als zunächst wichtigstes Problem die Klärung ihrer physikalischen Natur. Die Auffassung Gurwitschs in dieser Frage haben wir im vorhergehenden Abschnitt dargestellt. Zu seinem Ergebnis, daß die „mitogenetischen" Strahlen ultraviolette Strahlen von einer Wellenlänge von etwa 185—200 mμ sind, war er hauptsächlich auf Grund negativer Versuchsergebnisse gelangt. Wir konnten diese Versuche nicht als überzeugend ansehen und betrachteten es als erstes Erfordernis, die Versuchsmethoden zuverlässiger zu gestalten.

Als Indikator stand uns für diese Versuche zunächst nur die Zwiebelwurzel zur Verfügung. Wir waren schon auf Grund unserer bisher geschilderten Versuche zu der Erkenntnis gelangt, daß die Strahlenintensität bei den Induktionsversuchen, die wir zunächst nach dem Vorbilde Gurwitschs ausgeführt hatten, so klein war, daß ein negatives Resultat unter erschwerten Versuchsumständen (wie z. B. bei Absorptionsversuchen) keinerlei Beweiskraft hatte. Es mußte daher zunächst die Strahlenintensität erhöht werden. Bei den bisherigen Versuchen diente stets entweder eine Wurzel oder ein mit strahlender Substanz gefülltes Röhrchen zur Induktion. Es handelte sich also um eine nahezu punktförmige Strahlenquelle. Bei Induktionsversuchen aus ca. 40 mm Entfernung war der Ausschlag schon kaum merklich. Um nun die Strahlenintensität zu erhöhen, haben wir in allen späteren Versuchen, eine linienförmige Strahlenquelle benutzt, die eine vielfache Steigerung der Intensität gegenüber der punktförmigen gestattet. Diese wurde durch ein geschlitztes Metallrohr gebildet, in welches die strahlende Substanz in Breiform eingeführt wurde. Bei einigen Versuchen wurde als Strahlenquelle auch ein mit der Substanz gefülltes Quarzröhrchen benutzt, welches aber nicht, wie in den früheren Versuchen mit der Mündung auf die Indikatorwurzel gerichtet wurde, sondern quer zum Strahlengang lag. Das Strahlenbündel wurde begrenzt durch einen optischen Spalt, welcher parallel dem als Strahlenquelle dienenden Schlitz lag. Wir arbeiteten also mit einer Strahlenebene, die die Indikatorwurzel senkrecht schnitt. Die Versuchsapparatur ist im nächsten Abschnitt genauer beschrieben.

Mit der Entdeckung des Konzentrationseffektes hatten wir für die nun folgenden Versuche wichtige Erkenntnis gewonnen, daß die Zwiebelwurzel nur als qualitativer Indikator dienen konnte. Wir hatten erkannt, daß nur ein positiver Ausschlag, welcher die früher besprochenen zufälligen Schwankungen um ein Mehrfaches übertrifft, als zuverlässiger Nachweis der Strahlung dienen konnte. Unzulässig dagegen ist die Breite des Effektes der Breite des auftreffenden Strahlenbündels gleichzusetzen, denn der Bereich der Wachstumssteigerung ballt sich besonders bei starken Ausschlägen an einer Stelle zusammen und ist von einer Zone der Wachstumshemmung umgeben. Man darf auch nicht bei starken Ausschlägen die Stelle des maximalen Ausschlages unbedingt als die Stelle betrachten, welche von der größten Strahlungsintensität getroffen wurde; der Ausschlag ist abhängig von der Anzahl teilungsbereiter Zellen an der bestrahlten Stelle und besonders von der vorhandenen Menge des chemischen Faktors, dessen Bedeutung wir im vorhergehenden erörtert haben. Es ist also zu erwarten, daß sich die Stelle des größten Ausschlages natürlich nur in ganz engen Grenzen, in der Richtung verschieben wird, in welcher mehr teilungsbereite Zellen und ein größerer Vorrat der zur Zellteilung erforderlichen Substanzen vorhanden ist. Diesen Fehlerfaktor kann man verringern, indem man im Verhältnis zur Länge der Wachstumszone sehr schmale Strahlenbündel benutzt [1]). (Der für Induktion geeignete Teil der Wachstumszone hat eine Länge von 3 bis 4 mm.) — Schließlich erinnern wir noch daran, daß man aus der Stärke des Ausschlages nur bei schwachen Effekten und auch dann nur mit der größten Vorsicht auf die Strahlenintensität schließen darf.

Der Konzentrationseffekt verbietet es also, die Zwiebelwurzel schlechthin als photographische Platte für die „mitogenetischen" Strahlen anzusehen. Andererseits konnten wir aus dem Konzentrationseffekt eine wichtige Vervollkommnung unserer Methoden für den Nachweis schwacher Strahlungsintensitäten herleiten. Wir hatten gefunden, daß bei schwachen Ausschlägen die Ausschlagsbreite nicht viel kleiner war als bei sehr starken Effekten, oft sogar noch größer. Man kann sich diesen Befund einigermaßen erklären, wenn man sich vorstellt, daß eine starke lokale Wachstumssteigerung eine gewisse Selbstverstärkung besitzt auf Kosten der Umgebung, eine Vorstellung, auf die wir noch zurückkommen. Nun wird die Oberfläche, durch welche dem Ausschlaggebiet die Teilungssubstanzen der Umgebung zuströmen können, relativ um so größer, je kleiner der Ausschlagbereich ist; wir dürften also erwarten, daß wir bei Beschränkung des bestrahlten Bereiches

Bild 6. Der zweite Apparat für Versuche mit „mitogenetischen" Strahlen.
(Ohne das Beobachtungsmikroskop.)

größere Ausschläge erhalten. Diese Annahme hat sich bestätigt [2]). Darum haben wir fortan in allen Fällen, in welchen es sich nur um den Nachweis einer schwachen Strahlung handelte, einen kleinen Spalt von etwa 0,1, später etwa 0,25 mm Breite unmittelbar vor die Wurzel gesetzt. Wir erhielten dann Ausschläge in nur etwa 5—12 Schnitten, diese waren aber stärker, also zweifelsfreier feststellbar als etwa ein Ausschlag von etwa 10% in 20—30 Schnitten [3]). Selbstverständlich

---

[1]) Ferner dürfte man erwarten, daß ein schwacher Ausschlag, wenn er unzweifelhaft wahrgenommen werden kann, zuverlässiger die Stelle der maximalen Strahlenintensität angibt als ein starker Ausschlag, da hierbei nur die allernächste Umgebung des Ausschlaggebietes an der hypothetischen „Teilungssubstanz" verarmt, während bei einem starken Ausschlag auch fernerliegende Teile der Wurzel in Mitleidenschaft gezogen werden.

[2]) Durch diese Erfahrung werden freilich die Überlegungen, die zur Anwendung des Vorsatzspaltes geführt haben, noch keineswegs bewiesen.

[3]) Wir wollen erwähnen, daß wir bei Anwendung eines Vorsatzspaltes von 0,1 mm auch einigemal Ausschlagszonen von 0,3—0,4 mm Breite erhalten haben. Dieser Effekt ist sehr wahrscheinlich dem Wachsen der Indikatorwurzel während der Versuchszeit zuzuschreiben.

konnte der Vorsatzspalt nicht in solchen Versuchen benutzt werden, in welchen die Lage des Strahlenbündels nicht von vornherein bekannt war, sondern eben Gegenstand des Versuches bildete.

Da wir unsere späteren Versuche stets mit Strahlenebenen ausgeführt haben, so konnten wir die Versuche noch dadurch zuverlässiger gestalten, daß wir stets zwei Wurzeln nahe nebeneinander, also unter möglichst gleichen Umständen als Indikatoren benutzten. Falls bei beiden Wurzeln eine geeignete Stelle der Wachstumszone induziert wurde, so lieferten sie stets übereinstimmende Ergebnisse.

Zu den Versuchen zur Erforschung der physikalischen Natur der „mitogenetischen" Strahlen benutzten wir die im nächsten Abschnitt näher beschriebene neue Apparatur (Bild 6). Als Indikator verwendeten wir stets abgetrennte Zwiebelwurzeln. Die Kontrolle der Einstellung erfolgte in ähnlicher Weise wie bei der ersten Apparatur, mittels Mikroskopes. Die größere Strahlenintensität, die uns bei der linienförmigen Strahlenquelle zur Verfügung stand, gestattete Abstände bis zu etwa 20 cm zwischen induzierendem Spalt und der Indikatorwurzel. Die Robustheit der Apparatur war gegen den ersten Apparat noch bedeutend gesteigert. Durch vielseitige Einstellbarkeit sämtlicher Teile wurde es ermöglicht, eine große Zahl verschiedener Versuche bequem auszuführen.

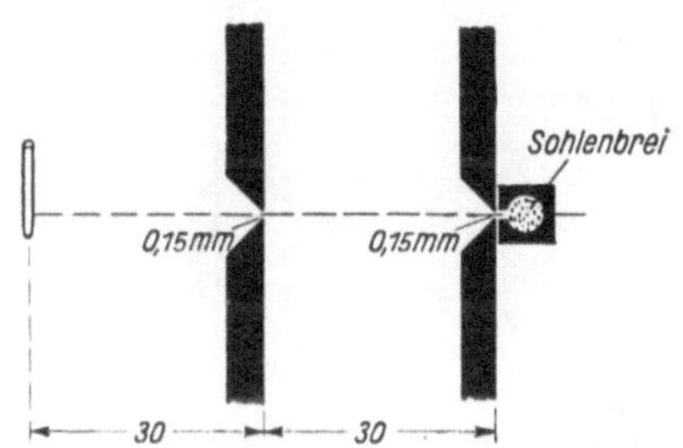

Bild 7. Anordnung zur Untersuchung der geradlinigen Ausbreitung der von Zwiebelsohlenbrei ausgehenden Strahlen.

Zu Beginn der Arbeit mit der neuen Apparatur unterzogen wir zuerst auch diejenigen Eigenschaften der „mitogenetischen" Strahlen einer wiederholten und schärferen Prüfung, die wir schon in unseren früheren Versuchen erkannt hatten. Als erstes prüften wir die geradlinige Ausbreitung der Strahlen. Das Strahlenbündel, das aus dem ca. 1 mm breiten Schlitz des mit Zwiebelsohlenbrei gefüllten Metallrohres austrat, wurde durch einen ca. 0,15 mm breiten optischen Spalt begrenzt, der parallel zum strahlenden Schlitz lag. Der Abstand von Strahlenquelle und Spalt betrug 30 mm; der Abstand von Spalt und Indikatorwurzel war ebenfalls 30 mm, der Gesamtabstand also 60 mm. Der strahlende Schlitz lag unmittelbar hinter einem Spalt von 0,15 mm Breite. Wurde das geschlitzte Metallrohr entfernt, so konnte eine Lichtquelle (Glühlampe) nahe an den Spalt herangebracht werden. Mit Hilfe der von dieser Lichtquelle ausgehenden, durch den zweiten Spalt fallenden Lichtstrahlen wurden vor dem Versuch der erste und der zweite Spalt genau parallel gestellt und das enge Strahlenbündel auf eine passende Stelle des Meristems der Indikatorwurzel gerichtet. Nach dem Versuch wurde wiederum mittels Lichtstrahlen die Stelle des Meristems aufgesucht, welche in der durch beide Spalten gehenden Ebene lag. Mit einem kleinen Tuschefleck wurde diese Stelle an der abgewendeten Seite markiert. Die Markierung erfolgte stets nach dem Versuch, kurze Zeit vor dem Fixieren, um eine etwaige Beeinflussung der Zellteilungen durch diese Art der Markierung zu vermeiden. Als Ergebnis dieses Versuches erhielten wir einen Ausschlag genau an der markierten Stelle. Hierdurch war die geradlinige Ausbreitung der mitogenetischen Strahlen in Luft neuerlich bestätigt.

Die Anordnung dieses Versuches macht den sehr naheliegenden Einwand bereits sehr unwahrscheinlich, daß in unseren Versuchen irgendwelche chemische Beein-

flussung eine Strahlenwirkung vorgetäuscht haben könnte. Dieser Einwand ist an
sich um so mehr berechtigt, als in der Literatur periodisch Entdeckungen von neuen
Strahlen auftauchen, die auch ebenso regelmäßig wieder verschwinden. Diese „Entdeckungen"[1] haben sich meistens durch Außerachtlassung einer chemischen Wirkung
aufgeklärt, wenn sie nicht auf purer subjektiver Täuschung beruhten. Darum war es
von höchster Wichtigkeit, den Induktionsversuch unter Umständen zu wiederholen,
die einen Chemismus gänzlich unwahrscheinlich machen. Hierauf hat uns besonders
Herr Hausser aufmerksam gemacht und auf seine Anregung unternahmen wir auch
den folgenden Versuch: Die Indikatorwurzel wurde mit einem Stückchen Sohle in
ein halb mit Wasser gefülltes Quarzröhrchen eingeführt, das mit Gummistopfen ver-
schlossen wurde. Das Röhrchen stand frei, so daß es von allen seiten ziemlich gleichmäßig beleuchtet war. Vor dem Röhrchen stand der mit Sohlenbrei gefüllte Schlitz

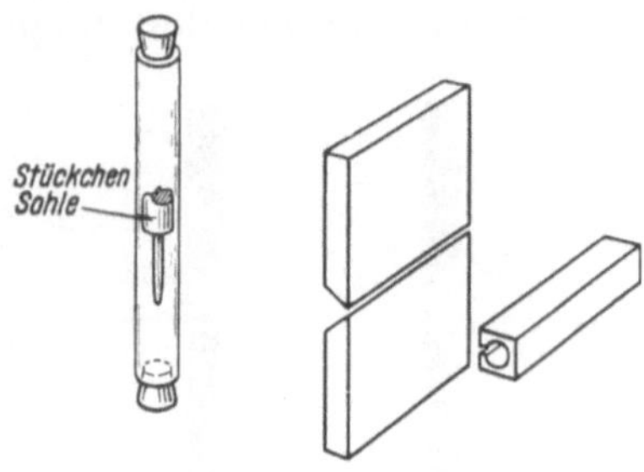

und der zur Begrenzung des Strahlenbündels dienende Spalt, ebenso wie im vorher beschriebenen
Versuch. (Siehe Bild 8.) Auch die Markierung
wurde in diesem Versuch mit besonderer Sorgfalt
vorgenommen. Nach dem Versuch wurde an der
Indikatorwurzel die induzierte Seite hoch oberhalb
der induzierten Stelle mit einem Tuschezeichen
versehen. Der Abstand der induzierten Stelle von
der Wurzelspitze wurde schon vorher in Millimetern
ausgemessen und in Mikrotomschnitte umgerechnet.
Die Auszählung ergab nun tatsächlich einen gut
wahrnehmbaren Ausschlag an der Stelle, die in der
vorher bestimmten Entfernung von der Wurzelspitze lag (Versuch 197). — Wir haben auch mehrere

Bild 8. Versuchsanordnung für die
Induktion von Zwiebelsohlenbrei auf
Zwiebelwurzel unter Ausschluß etwa-
iger chemischer Wirkungen. Die Indikatorwurzel ist in ein Quarzrohr
eingeschlossen.

Versuche unternommen, in denen der induzierende Sohlenbrei in ein Quarzröhrchen eingeschlossen war, stets mit positivem Erfolg. Wir dürfen es also als bewiesen betrachten, daß der Induktionseffekt uns nicht durch einen Chemismus vorgetäuscht worden ist.

Mit der vorhin beschriebenen Apparatur haben wir auch den Versuch unternommen, eine Beugung (Diffraktion) der mitogenetischen Strahlen nachzuweisen. Bekanntlich breiten sich Lichtstrahlen nur so lange geradlinig aus, bis die Abmessungen
der das Strahlenbündel begrenzenden Blenden groß sind gegen die Wellenlänge der
Lichtstrahlen. Gelang es, eine ähnliche Erscheinung bei den mitogenetischen Strahlen
nachzuweisen, so mußte hierdurch der undulatorische Charakter der Strahlung sehr
wahrscheinlich gemacht werden. Wir mußten den ersten Versuch in dieser Richtung
auf gut Glück unternehmen. Die Einrichtung blieb dieselbe wie im vorhin beschriebenen Versuch zum Nachweis der geradlinigen Ausbreitung, wir stellten nur den das
Strahlenbündel begrenzenden Präzisionsspalt auf etwa 15 μ Weite ein. Wir prüften
die Apparatur zuerst mit sichtbarem Licht, indem wir den Schlitz zur Aufnahme
der strahlenden Substanz von hinten mit einer lichtstarken Glühlampe beleuchteten.

<hr>

[1] Es sind auch bereits einmal den Röntgenstrahlen ähnliche Strahlen „entdeckt" worden, die von
Leuchtkäfern ausgehen. Später hat man dieselbe „Entdeckung" auch bei bösartigen Tumoren und neuerdings auch bei Lebertran gemacht. Alle diese „Entdeckungen", die auf unsauber ausgeführten photographischen Versuchen beruhten, sind mit Recht in Vergessenheit geraten. Sie haben aber immerhin den
Verdienst gehabt, daß durch solche Fehlschläge die allergrößte Vorsicht bei dem photographischen Nachweis von neuen Strahlungen zur Pflicht gemacht wird.

Das Mikroskop wurde so eingestellt, daß die Indikatorwurzel in der Bildebene lag. Dank der geringen Tiefenschärfe des Mikroskop-Objektes konnte auf diese Weise das Beugungsbild in der Ebene der Wurzel genau beobachtet werden. (Ohne Beobachtungsmikroskop hätte ein Schirm an Stelle der Wurzel gebracht werden müssen, um das Beugungsbild zu sehen.) Es konnte das siebente Beugungsbild des Spaltes noch gut beobachtet werden.

Wir waren uns von vornherein darüber klar, daß man bei diesem Versuch auch dann nicht mit Sicherheit eine Reihe von distinkten Ausschlägen den Diffraktionsstreifen entsprechend erwarten konnte, wenn sich die mitogenetischen Strahlen tatsächlich als monochromatische Wellen erweisen sollten. Vor allem ist der Abfall der Intensität in dem Beugungsbild eines einzelnen Spaltes nach den Ordnungszahlen der Bilder sehr stark. Die Intensitäten verhalten sich wie $1 : 1/20 : 1/56 \ldots$ Wir hielten es daher für möglich, daß das überwiegend starke 0-te Beugungsbild die den anderen Beugungsbildern entsprechenden schwächeren Ausschläge aufsaugt. Wir hatten darum an der Apparatur eine Vorrichtung vorgesehen, mit welcher das direkte Bild durch einen dünnen Draht abgedeckt werden konnte, und unternahmen den beschriebenen Versuch nur zur Orientierung. Aber schon das Ergebnis dieses Versuches lieferte uns in mehrfacher Hinsicht wertvolle Ergebnisse (Versuch 65). Es zeigte sich nämlich ein ca. 3 mm breiter, aber sehr schwacher Ausschlag, von scheinbar unregelmäßig aufeinanderfolgenden Zonen ohne Ausschlag unterbrochen. Dieses Ergebnis mußten wir mit großer Wahrscheinlichkeit als Nachweis einer Diffraktion ansehen. Gleichzeitig sahen wir aber auch, daß der Konzentrationseffekt bei sehr schwachen Ausschlägen sich nicht äußert. Es war also durch das Ergebnis dieses Versuches eine undulatorische Natur der „mitogenetischen Strahlen" wahrscheinlich gemacht. Von Wiederholungen dieses Versuches, auch unter vorsichtiger gewählten Bedingungen konnten wir dagegen keine weiteren Aufschlüsse erwarten.

Wir unternahmen als Nächstes den Versuch, eine Reflexion der Strahlen nachzuweisen. Zur Spiegelung wählten wir zuerst einen gut geschliffenen mikroskopischen Objektträger von etwa 1,5 mm Stärke. Wir stellten das Strahlenbündel so ein, daß es unter einem Winkel von 30° auf die Glasplatte auftraf. Die Indikatorwurzel wurde so eingestellt, daß die Strahlen bei regulärer Reflexion senkrecht auf die Wachstumszone auftreffen mußten. Die Einstellung wurde wie in den vorhergehenden Versuchen mit Lichtstrahlen kontrolliert (Bild 9).

Das Ergebnis dieses Versuches war für uns zunächst überraschend. Wir fanden einen zirkumskripten Ausschlag an der Stelle, an welcher das reflektierte Bündel auftreffen mußte, außerdem aber einen zweiten ebenfalls starken, zirkumskripten Ausschlag in einer Entfernung von ca. 80 Schnitten, also etwa 1,2 mm vom ersten (Versuch 57). Eine Nachrechnung ergab nun, daß dieser zweite Ausschlag an einer Stelle lag, an welcher der an der Hinterfläche der 1,5 mm starken Glasplatte reflektierte Lichtstrahl die Indikatorwurzel getroffen hätte. Die „mitogenetischen" Strahlen werden also an der Vorder- und Hinterfläche einer Glasplatte reflektiert wie gewöhnliche Lichtstrahlen, zudem konnten sie ca. 3 mm Weg in Jenaer Glas nicht allzusehr geschwächt zurücklegen, und aus der Entfernung der beiden Ausschläge konnte man sogar schließen, daß sie beim Ein- und Austritt ebenso gebrochen wurden wie gewöhnliche Lichtstrahlen! Dieser Versuch enthielt also vier Versuche in einem, und durch diesen gelangten wir zum erstenmal zu der Annahme, daß die „mitogenetischen Strahlen" relativ langwellige ultraviolette Strahlen sind.

Wir setzten die Versuche nun in der Richtung fort, die uns das Ergebnis dieses Versuches wies. Um die reguläre Brechung strenger nachzuweisen, konnten wir mit Vorteil die Brechung in einer planparallelen Schicht eines brechenden Mediums verwenden, doch mußten wir hierzu einen für ultraviolette Strahlen besser durch-

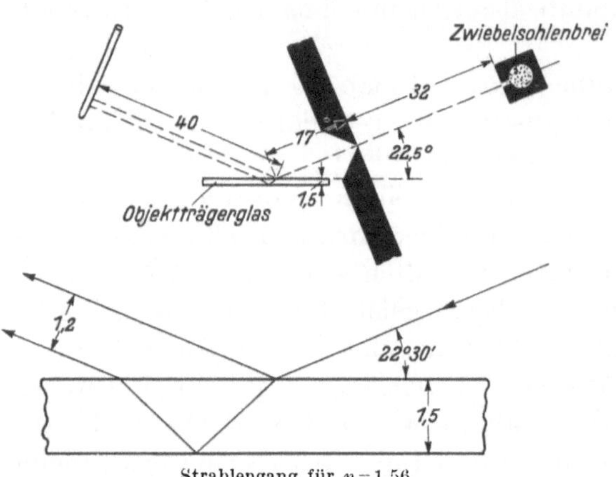

Bild 9. Reflexion der „mitogenetischen Strahlen" an einer Glasplatte. Man beobachtet zwei Ausschläge. Der eine entspricht dem an der Vorderseite, der andere dem an der Rückseite der Glasplatte reflektierten Strahl.

lässigen Stoff verwenden als Glas. Wir wählten hierzu Wasser, welches in reinem Zustande bis zu Wellenlängen von etwa 200 mμ fast vollkommen durchlässig ist. Wir brachten zu diesem Versuche Quecksilber in eine Schale und gossen eine 8 mm dicke Schicht Wasser darüber (Bild 10). Durch einen Vorversuch überzeugten wir uns zunächst von der regulären Reflexion der mitogenetischen Strahlen am Quecksilberspiegel (Versuch 59). Im Hauptversuch markierten wir die Stelle der Wachstumszone der Indikatorwurzel, an welcher der in Wasser zweimal gebrochene und an dem Quecksilberspiegel reflektierte Lichtstrahl

auf die Wurzel auftraf. Als Ergebnis dieses Versuches erhielten wir einen kräftigen, zirkumskripten Ausschlag an der markierten Stelle; die reguläre Brechung der mitogenetischen Strahlen war hierdurch einwandfrei nachgewiesen. Für die Wellenlänge konnten wir aus diesem Versuch keinen Anhalt gewinnen, da die Dispersion viel zu klein war (Versuch 60).

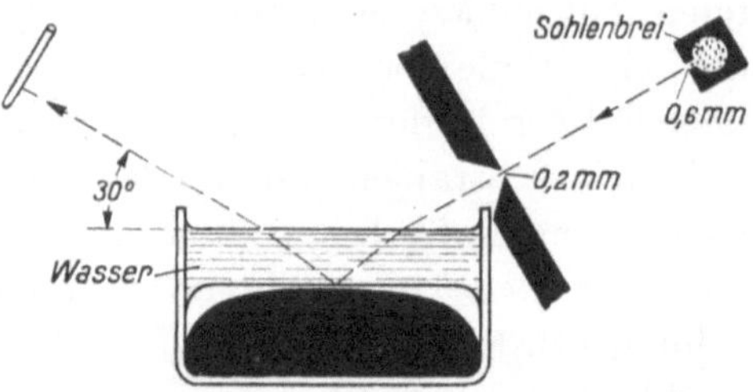

Bild 10. Brechung der „mitogenetischen" Strahlen in Wasser und Reflexion an Quecksilber.

Die zuletzt geschilderten Ergebnisse stehen mehrfach im Widerspruch mit den Resultaten von Gurwitsch, der keine Beugung erhielt, diffuse Reflexion an Glas, Schwächung in Wasser und außerordentlich starke Absorption in dünnsten Glasschichten fand. Die negativen Befunde erklären sich durch die geringe Intensität in Gurwitschs Versuchen. Der Befund

der diffusen Reflexion ist eine unzulässige Folgerung aus dem zufällig etwas breiterem Ausschlag in Gurwitschs Reflexionsversuch. Mit der Widerlegung dieser Versuche fällt auch Gurwitschs Erklärung der Strahlen als extrem kurzwellige ultraviolette Strahlen.

Der Reflexionsversuch an Glas hatte schon erwiesen, daß die „mitogenetischen Strahlen" Schichten von Jenaer Glas von ca. 3 mm Dicke durchdringen können. Daraus konnten wir mit Sicherheit schließen, daß ihre Wellenlänge oberhalb 300 mμ liegt, denn kürzere Wellenlängen werden von so starken Glasschichten fast restlos absorbiert. Um die Absorptionserscheinung für sich studieren zu können, trafen wir nun für die nächsten Versuche folgende Anordnung:

Vor die beiden nahe nebeneinanderliegenden Indikatorwurzeln wurde der ca. 0,1 mm breite Vorsatzspalt gebracht, dessen günstige Wirkung für den Nachweis schwacher Strahlenintensitäten wir schon oben geschildert haben. Das mit Zwiebelsohlenbrei gefüllte geschlitzte Rohr wurde nahe herangebracht (Gesamtabstand 1,5—2 cm). Ein weiterer Spalt zur Begrenzung des Strahlenbündels war bei diesen Versuchen nicht erforderlich. Zwischen die Strahlenquelle und die Indikatorwurzeln wurden die absorbierenden Substanzen eingeführt.

Unser Ziel war, durch diese Versuche, den Bereich, in dem wir die Wellenlänge der „mitogenetischen" Strahlen zu suchen hatten, weiter einzuengen. Nach dem Reflexionsversuch und einigen früheren zur Orientierung dienenden Versuchen konnten wir folgern, daß die Wellenlänge der Strahlen in dem Gebiet liegt, in welchem die Absorption von gewöhnlichem Glas stark ansteigt, also etwa zwischen 300 und 360 mμ. Wir nahmen daher zuerst gewöhnliches Glas als Absorbens, und zwar in Dicken von 0,02—1,0 und 5 mm. Die dünnste Schicht zeigte kaum mit Sicherheit wahrnehmbare Absorption (Versuch 55), die 1,0-mm-Schicht absorbierte anscheinend schon stärker, aber noch bei 5-mm-Schichtdicke konnte der Durchgang der Strahlen nachgewiesen werden, wenn auch der Ausschlag schon sehr schwach wurde (Versuch 70). Daraus konnten wir auch schon mit großer Wahrscheinlichkeit folgern, daß die Wellenlänge der „mitogenetischen" Strahlen über 300 mμ liegt. Diese Versuche beweisen schlagend die Wirksamkeit der ausgedehnteren Strahlenquelle und auch des Vorsatzspaltes. Bei früheren Versuchen, die wir noch mit punktförmiger Strahlenquelle und ohne Vorsatzspalt ausgeführt hatten, täuschte uns der schwache Ausschlag schon bei Glasschichten von 0,05 mm Dicke eine starke Absorption vor. Das gleiche Resultat hatte auch Gurwitsch erhalten, der daraus auch die im vorhergehenden schon widerlegten Folgerungen zog.

Da uns bei diesen Versuchen noch kein Spektograph zur Verfügung stand, mit welchem wir die Absorption der verwendeten Glassorten hätten prüfen können, da aber andererseits die Absorption der als „gewöhnliches Glas" bezeichneten Gläser im Ultraviolett sehr stark schwankend ist, so mußten wir uns nach Substanzen mit besser definierten Absorptionsverhältnissen umsehen; wir wählten hierzu gewisse Anilinfarbstoffe, die wir in Gelatine lösten. Die Gelatinefilter gossen wir auf Dunkeluviolglas der Sendlinger Glaswerke auf. Durch Vorversuche überzeugten wir uns von der Durchlässigkeit von Dunkeluviolglas (Versuch 68) und reiner Gelatine (Versuch 74) für die „mitogenetischen" Strahlen. Dieses Ergebnis steht wieder im Gegensatz zum Befund von Gurwitsch, der in dünnsten Gelatineschichten vollkommene Absorption fand. Auch diesen Gegensatz führen wir auf die schon oben auseinandergesetzten Ursachen zurück. Die Durchlässigkeit von Gelatine ließ übrigens keine weitergehende Folgerung auf die Wellenlänge zu, denn reine Gelatine ist bis zu 260 mμ gut durchlässig.

Von den Versuchen, die wir mit Gelatinefarbstoffiltern ausgeführt haben, ist besonders wichtig die Durchlässigkeit vom „Woodschen Filter" (Versuch 75). Den wesentlichen Bestandteil dieses Filters bildet Nitrosodimethylanilin-para, welches das violette Ende des sichtbaren Spektrums und das Ultraviolett bis zu 370 mμ absorbiert, für kürzere Wellenlängen wieder durchlässig wird. Um das ganze sichtbare Spektrum fernzuhalten, haben wir diesem Filter noch Methylviolett und saures Fuchsin zugesetzt und erhielten ein etwa zwischen 310 und 360 mμ gut durchlässiges Filter, welches im Sichtbaren nur etwas Rot durchließ. Dieses Filter zeigte eine gute Durchlässigkeit für die wirksamen Strahlen.

Weitergehend konnten wir die Wellenlänge der „mitogenetischen Strahlen" begrenzen, als wir gefunden hatten, daß auch der Anilinfarbstoff Auramin die Strahlen gut durchließ (Versuch 89). Dieser Farbstoff absorbiert kräftig die über etwa 350 mμ liegenden Wellenlängen. Diese Beobachtung zusammen mit dem Versuch, welcher den Durchgang der Strahlen durch 5 mm starkes gewöhnliches Glas bewies, schränkte den Bereich, in welchem die Wellenlänge der Strahlen zu suchen ist, zwischen die untere Grenze von etwa 320 mμ und die obere Grenze von etwa 350 mμ ein. Eine noch weitergehende Einschränkung dieses Bereiches war durch Filter nicht gut möglich, da kein Filter bekannt ist, welcher in diesem Bereich eine genügend scharfe Absorptionskante besitzt.

Daraufhin unternahmen wir den Versuch einer Bestimmung der Wellenlänge auf spektrometrischem Wege. Zunächst überzeugten wir uns durch einen Vorversuch von der Anwendbarkeit der spektrometrischen Methode auf „mitogenetische" Strahlen (Versuch 83). In den Strahlengang zwischen strahlendem Spalt und Indikatorwurzel wurde ein kleines Quarzprisma mit 60° brechendem Winkel eingeschaltet. Vor der Strahlenquelle wurde eine kleine Zylinderlinse ebenfalls aus Quarz mit halbkreisförmigem Querschnitt von 8 mm Durchmesser angebracht in einem solchen Abstand, daß ein möglichst scharfes Bild des strahlenden Spaltes auf die Indikatorwurzel geworfen wurde. Das durch das Prisma fallende Strahlenbündel war demnach ziemlich konvergent, wodurch die erreichbare Schärfe sehr vermindert wurde, da ein Spektrograph nur dann ein scharfes Spektrum liefert, wenn die Strahlen im Prisma nur wenig divergieren und sämtlich der Prismenbasis nahezu parallel verlaufen. Andererseits hatte aber die einfache Anordnung eine ziemlich große Lichtstärke. Bei dem Versuch gingen wir in der Weise vor, daß wir zunächst eine kleine, sehr helle Glühlampe an Stelle des strahlenden Spaltes brachten und die Indikatorwurzel so justierten, daß das (sichtbare) Spektrum auf die Wachstumszone geworfen wurde. Nach dem Versuch markierten wir an der Indikatorwurzel das violette Ende des Spektrums. Als Ergebnis des Versuches erhielten wir einen ziemlich starken Ausschlag nahe der markierten Stelle, und zwar dort, wo langwellige ultraviolette Strahlen auftreffen mußten. Unsere Folgerungen aus den bisherigen Versuchen wurden hierdurch neuerlich überzeugend bestätigt.

Wir gingen nun einen Schritt weiter, indem wir die Schärfe der spektralen Abbildung und ihre Auflösung weiter zu steigern suchten (Versuch 91). Es stand uns für diesen Versuch eine Zylinderlinse nicht mehr zur Verfügung, sondern nur eine kleine sphärische Quarzlinse von 80 mm Brennweite. Zu einer lichtstarken und scharfen Abbildung wären zwei Linsen erforderlich gewesen; in Ermangelung einer zweiten Linse konnten wir die Schärfe nur auf Kosten der Lichtstärke vergrößern, indem wir das von dem strahlenden Spalt ausgehende Strahlenbündel durch Ausblendung mittels eines zweiten Spaltes weniger divergent machten. Als Vergleichslichtquelle verwendeten wir diesmal eine Glimmlampe mit Helium-Neon-Füllung, welche ein Linienspektrum liefert. Die Länge des sichtbaren Spektrums betrug etwa 1 mm. Die Markierung mußte in diesem Versuche mit besonderer Sorgfalt erfolgen. Wir gingen folgendermaßen vor: Nach dem (1stündigen) Versuch wurde das strahlende Röhrchen entfernt und die Glimmlampe hinter den Spalt gebracht. Nun wurden zwei feine Tuschemarken an der abgewendeten Seite der Wurzel angebracht. Die Länge dieser Marken sowie ihr Abstand voneinander und von den violetten bzw. gelben Linien der Glimmlampe wurde mittels Okularmikrometers gemessen. Nach der üblichen histologischen Präparation der beiden Versuchswurzeln konnte der Abstand der beiden Markenmitten und daraus auch die anderen Maße in Schnittzahlen umgerechnet werden. Bei der Auszählung des Versuches ergaben sich im ultravioletten Gebiet in beiden Wurzeln außerordentlich schwache, aber immerhin wahrnehmbare Ausschläge in einem gewissen in Schnittzahlen festgestellten Abstand von der einen Marke. Aus diesem Abstand sowie aus dem Abstand der beiden Marken voneinander sowie aus deren Lage im Spektrum konnte unter Berücksichtigung der bekannten Dispersionskurve des Quarzes schließlich die den beiden Ausschlägen entsprechende Wellenlänge festgestellt werden. Die eine Wurzel ergab 334 mμ, die zweite Wurzel 340 mμ als Ergebnis. Als wahrscheinlichsten Wert mußten wir zunächst das Mittel aus den beiden Resultaten, also 337 mμ ansehen (s. S. 125).

Bei aller Sorgfalt in der Ausführung haften dieser Meßmethode doch zahlreiche Mängel an. Wir schätzten den wahrscheinlichen Fehler auf etwa $\pm$ 5 mμ, so daß wir das Ergebnis folgendermaßen ausdrücken können: Das Maximum der Wirkung der von Zwiebelsohlenbrei ausgehenden „mitogenetischen" Strahlen liegt bei der Wellenlänge 337 $\pm$ 5 mμ [1]).
Da — wie wir später noch sehr ausführlich darlegen werden — das Perzeptionsvermögen der Zwiebel eine starke Wellenlängenabhängigkeit besitzt, so ist es klar, daß man durch spektrometrische Versuche der geschilderten Art immer nur das „mitogenetische", nicht aber das energetische Maximum der mitogenetischen Strahlung feststellen kann. Es ist allerdings zu vermuten, daß infolge der in

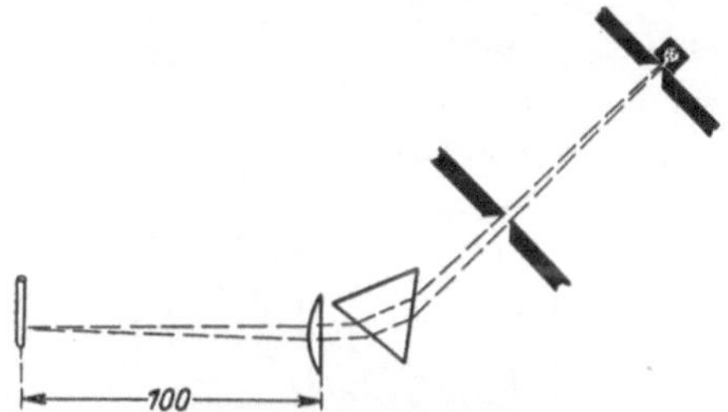

Bild 11.   Spektroskopische Bestimmung
der Wellenlänge.

der lebenden Welt herrschenden Ökonomie, deren Ausdruck die zahlreichen bekannten Anpassungsgesetze sind, beide Maxima zusammenfallen, m. a. W., daß sich die Perzeption der „mitogenetischen" Strahlen dem „mitogenetischen" Emissionsspektrum angepaßt hat.

Später konnten wir diese Spektralversuche mit weit besseren optischen Hilfsmitteln im, bereits öfters beschriebenen, großen Quarzspektrographen von Herrn Hausser wiederholen. Bei der gewaltigen Lichtstärke dieses Apparates und seiner verhältnismäßig großen Dispersion war die Ausführung der Versuche weit einfacher und genauer zu gestalten als der oben beschriebenen, mit einfachsten Hilfsmitteln ausgeführten ersten Versuche. Sie wurden sowohl mit Zwiebelsohlenbrei wie auch mit Sarkombrei ausgeführt, wobei sich die Identität des Wellenlängengebietes bei beiden einwandfrei ergab (s. Versuch 205).

Es war uns klar, daß der spektrometrische Versuch uns außer einer evtl. genaueren Bestimmung der Lage dieses Maximums keine weiteren Aufschlüsse über das „mitogenetische" Spektrum liefern konnte. Denn auch ganz abgesehen vom Konzentrationseffekt könnte die beobachtbare Breite des Ausschlages ebensogut eine Folge der Energieverteilung des Emissionsspektrums wie die Folge der Wellenlängenabhängigkeit der Beeinflußbarkeit der Zellteilung sein, von welcher wir aus derartigen Versuchen nichts erfahren konnten. Der ersten Frage konnten wir nur nähertreten durch einen physikalischen Nachweis der „mitogenetischen"

---

[1]) Nach neueren Versuchen (189 und 205) liegt das Maximum wahrscheinlich bei etwa **338 bis 340** mμ.

Strahlung, der zweiten Frage aber nur durch die Untersuchung der Wirksamkeit von künstlich erzeugtem ultraviolettem Licht verschiedener Wellenlängen.

Einen Nachweis der Strahlen mit physikalischen Mitteln hatten wir schon von Anfang unserer Untersuchungen an erstrebt. Wir versuchten zuerst Zwiebelwurzeln auf fluoreszierendes Zinksulfid einzustellen, welches für ultraviolette Strahlen sehr empfindlich ist. Jedoch konnten wir auch in völliger Dunkelheit bei ausgeruhtem Auge keine Spur einer Fluoreszenz erkennen.

Wir unternahmen in der Folge — zeitlich parallel mit den beschriebenen Versuchen, in welchen die Zwiebelwurzel als Indikator diente — eine große Zahl von Versuchen, um die „mitogenetische" Strahlung auf photographischem Wege nachzuweisen, welche zunächst sämtlich ohne Erfolg blieben. Zunächst stellten wir nachts — da uns eine Dunkelkammer noch nicht zur Verfügung stand — Zwiebelwurzeln und mit Sohlenbrei gefüllte Röhrchen in einigen Millimetern Abstand auf hochempfindliche photographische Platten ein, ohne die geringste Schwärzung zu erhalten.

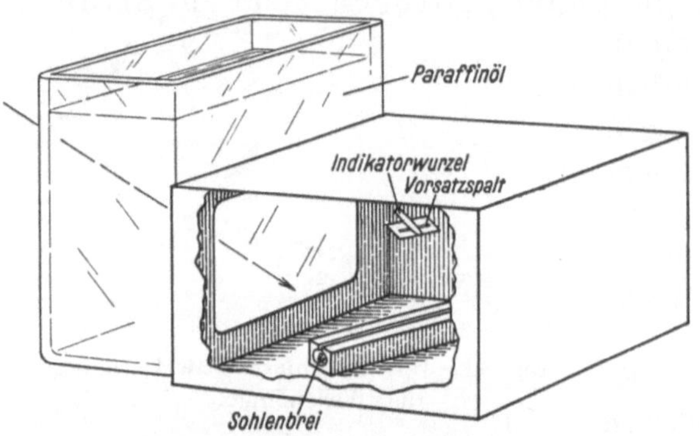

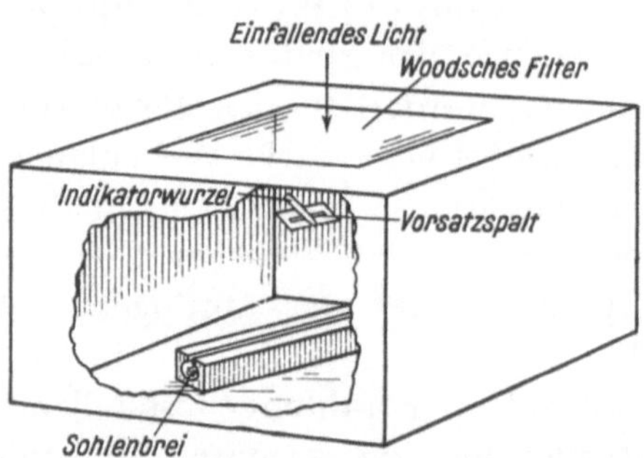

Bild 12. Untersuchung der Emission von Zwiebelsohlenbrei bei nur sichtbarem Licht.   Bild 13. Untersuchung der Emission von Zwiebelsohlenbrei bei nur ultraviolettem Licht.

Da unsere Versuche zur Erforschung der Natur der Strahlen noch nicht so weit vorgeschritten waren, daß wir die Behauptung von Gurwitsch, daß die Strahlen eine Wellenlänge von etwa 200 mμ besitzen, hätten ausschließen können, hielten wir es für möglich, daß die geringe Empfindlichkeit der gewöhnlichen photographischen Platten in dem genannten spektralen Bezirk Ursache des Mißerfolges war. Daraufhin wiederholten wir die Versuche mit Schumann-Platten (von Adam Hilger, London), welche für diesen Wellenlängenbereich vorzüglich geeignet sind, mit ebenfalls vollkommen negativem Ergebnis.

Wir wiederholten nun die Versuche zum photographischen Nachweis der Strahlung des Zwiebelsohlenbereiches im dunklen Zimmer am Tage. Eine Schwärzung blieb wiederum aus. Durch einen Kontrollversuch mit Zwiebelwurzel als Indikator konnten wir aber wieder nachweisen, daß auch in diesem Fall keine Emission vorhanden war. Wir konnten später zeigen, daß die Ursache des negativen Effektes in diesem Falle tatsächlich der Ausfall der Strahlung, nicht aber eine Hemmung des Zellteilungsapparates der Indikatorwurzel im Dunkeln war, denn bei Kaulquappen, bösartigen Tumoren, ferner auch bei der mit der Sohle zusammenhängenden Zwiebelwurzel als Strahlern konnten wir nach der Zwiebelwurzelmethode auch im Dunkeln eine Strahlung nachweisen.

Diese Versuche hatten also das an sich interessante Ergebnis geliefert, daß die zerriebene Zwiebelsohle nur bei Lichtzutritt Strahlen aussendet.

Diese Erkenntnis bot uns nun die Möglichkeit des ersten photographischen Nachweises der mitogenetischen Strahlung. Wir hatten inzwischen die Wellenlänge der Strahlung mit einiger Zuverlässigkeit bestimmt. Nun hielten wir es für möglich, daß die Zwiebelsohle andere Wellenlängen zur Anregung benötigt, als es selber aussendet. Diese Annahme konnten wir auf folgende Weise bestätigen:

Ein lichtdichter Metallkasten besaß ein Fenster, welches wir durch verschiedene Lichtfilter verschließen konnten. In diesem Kästchen wurde nun das mit Zwiebelsohlenbrei gefüllte geschlitzte Rohr auf eine Indikatorwurzel eingestellt. Wir machten mit dieser Anordnung zwei Versuche. Einmal ließen wir das Tageslicht durch eine dicke Schicht von Paraffinöl einfallen, welches das gesamte ultraviolett absorbierte und fast alles Sichtbare hindurchließ (Bild 12 auf S. 26). Zweitens bedeckten

wir das Fenster mit Woodschem Gelatinefilter, welches alles Sichtbare bis auf etwas Rost absorbierte und das im Tageslicht enthaltene Ultraviolett dagegen zum großen Teil hindurchließ (Bild 13 auf S. 26). Im ersten Fall erhielten wir eine Emission der Zwiebelsohle, im zweiten Fall konnten wir keine Strahlung nachweisen.

Hierdurch war also bewiesen, daß dem Zwiebelsohlenbrei sichtbares Licht zur Anregung genügt, um die ultravioletten „mitogenetischen" Strahlen zu emittieren. Dies beweist aber auch, daß die Strahlenemission des Sohlenbreies, wenn sie auch mit Lichtaufnahme notwendig verbunden ist, auf keinen Fall als eine Art

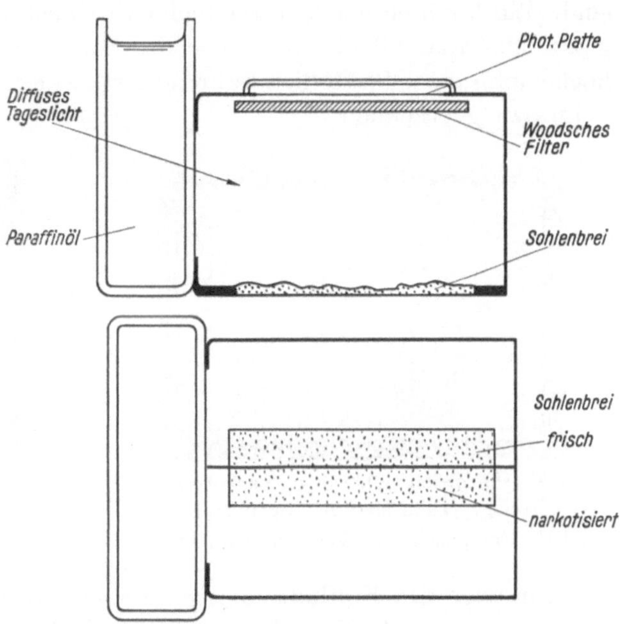

Bild 14. Versuchsanordnung zum photographischen Nachweis der mitogenetischen Strahlen des Zwiebelsohlenbreies.

von Fluoreszenz betrachtet werden kann. Denn sonst wäre das Grundgesetz der Fluoreszenzerscheinungen, die Stokessche Regel, in diesem Fall offensichtlich verletzt.

Nachdem diese Vorversuche die Möglichkeit einer Trennung der anregenden und der emittierenden Strahlung erwiesen hatten, konnten wir die Anordnung zum photographischen Nachweis der Strahlen in folgender Weise einrichten: Der in Bild 14 dargestellte lichtdichte Metallkasten (der uns auch zu den erwähnten Vorversuchen gedient hatte) besitzt an einer der vertikalen Wandungen einen Ausschnitt. Vor diesem Fenster befand sich Paraffinöl in einem dickwandigen Glasgefäß, welches so angeordnet war, daß jeder von außen in das Gehäuse einfallende Lichtstrahl eine mindestens 4 cm dicke Schicht des Paraffinöles passieren mußte. Hierdurch wurde das gesamte Ultraviolett und auch ein Teil des violetten Endes des sichtbaren Spektrums absorbiert. Das so gefilterte Licht fiel nun auf den am Boden des Kastens ausgebreiteten Zwiebelsohlenbrei. Etwa 5 cm über dem strahlenden Sohlenbrei am Deckel des Gehäuses befand sich die photographische Platte. Unmittelbar vor dieser, also zwischen der Strahlenquelle und der Platte befand sich

das schon mehrfach genannte Woodsche Gelatinefilter. Dieses hatten wir aus zwei
tiefblau gefärbten Uviolglasscheiben hergestellt, welche mit einer Gelatinelösung
von Nitrosodimethylanilinpara- bzw. saurem Fuchsin überzogen waren. Die beiden
Gläser wurden mit ihren gelatinierten Seiten gegeneinander gepreßt und an den
Rändern mit Plüsche abgedichtet. Sie bildeten ein Lichtfilter, welches von sichtbarem Licht nur etwas Rot hindurchließ, für die „mitogenetischen Strahlen" aber,
wie schon an früherer Stelle erwähnt, leidliche Durchgängigkeit zeigte.

Es war daher in dieser Anordnung ausgeschlossen, daß photographisch wirksame Strahlen von außen kommend die photographische Schicht treffen. Denn
diese mußten ja sowohl Paraffinöl wie das Woodsche Filter passieren, welche zusammengenommen für alle Wellenlängen kürzer als Rot gänzlich undurchsichtig
sind. Wir konnten uns hiervon auch experimentell überzeugen, indem wir ein weißes
glänzendes Blatt Papier an Stelle des Sohlenbreies in den Apparat brachten. Die
hochempfindliche Platte ließ während einer zweitägigen Exposition nur eine minimale
Schwärzung erkennen.

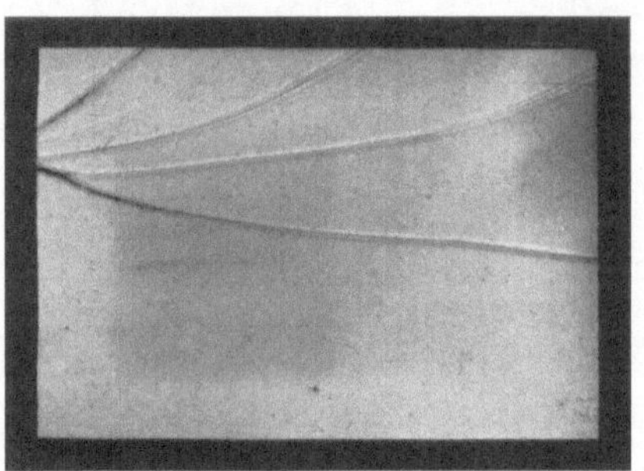

<table>
<tr><td>a) Frische Zwiebelsohle links, narkotisierte
rechts. (Die Platte hat Sprünge.)</td><td>b) Frische Zwiebelsohle rechts, narkotisierte
links.</td></tr>
</table>

Bild 15. Ergebnis zweier Versuche zum photographischen Nachweis der „mitogenetischen" Strahlen.

Um auch den Einfluß dieses minimalen Grundschleiers unschädlich zu machen,
hatten wir folgende Einrichtung getroffen: Der Apparat wurde durch eine Trennwand in der Mitte in zwei symmetrische Teile geteilt. Rechts und links von dieser
Wand, welche bis nahe an die photographische Platte heranreichte, brachten wir
in zwei dünn ausgebreiteten Schichten von je 1 cm Breite und 5 cm Länge auf der
einen Seite frischen, auf der anderen Seite narkotisierten Zwiebelsohlenbrei an.
Beide erschienen dem Auge vollkommen gleich. Wenn sich also zwischen den Schwär-
zungen der photographischen Platte rechts und links von der Trennwand ein Unterschied ergab, so konnten wir diesen nur den „mitogenetischen" Strahlen zuschreiben.

Anfängliche kurzzeitige Expositionen lieferten uns kein Ergebnis. Hierauf ver-
längerten wir die Exposition bedeutend, indem wir den Versuch mit ungefähr stünd-
lich erneuertem Zwiebelsohlenbrei auf 2 Tage ausdehnten. Da Zwiebelsohlenbrei
seine Aktivität unter unseren normalen Versuchsbedingungen ca. eine Stunde merklich behält, so schätzen wir die tatsächliche Expositionsdauer in diesem Versuch
auf etwa 12—16 Stunden.

Als Ergebnis erhielten wir eine zwar schwache, aber doch bedeutend über der
Wahrnehmbarkeitsschwelle liegende Schwärzung der Platte auf der dem frischen
Sohlenbrei ausgesetzten Seite. Auf der anderen Seite erhielten wir nur einen be-
deutend schwächeren Schleier (s. Bild 15a).

Um noch diejenigen Fehlerquellen auszuschließen, die durch eine etwaige asymmetrische Lage des Apparates zu den Fenstern des Versuchszimmers oder durch etwaige ungleichmäßige Dicke des Woodschen Filters bedingt sein könnten, wiederholten wir den Versuch, indem wir alle Bedingungen unverändert ließen, aber die Lage von frischem und narkotisiertem Sohlenbrei vertauschten. Wir erhielten wieder dasselbe Ergebnis, wodurch eine photographische Wirkung der mitogenetischen Strahlen bewiesen erscheint (Bild 15b).

Wir wollen noch bemerken, daß eine etwaige chemische Einwirkung (von Ausdünstungen der zerfallenden Zwiebelsohle) ausgeschlossen ist, denn Ausdünstungen können zwar recht wohl eine allgemeine oder fleckige Schwärzung der Platte erzeugen, keinesfalls aber eine scharfe Kontrastgrenze längs der Trennwand hervorrufen, welche nicht ganz bis an das Filter heranreichte, daher für gasförmige Stoffe kein Hindernis ihrer freien und gleichmäßigen Ausbreitung gebildet hätte. — Überdies war die photographische Platte durch die doppelte Glaswand von den Zwiebelsohlen getrennt.

Die genannten beiden Versuche sind bis jetzt die einzigen geblieben, die einen photographischen Effekt geliefert haben. Nach dem zweiten Versuch zerbrach das Ultraviolettfilter, und die später hergestellten erwiesen sich als so durchlässig, daß sie auch einen Teil des vom Paraffinöl nicht zurückgehaltenen Lichtes durchließen, oder aber so dicht, daß der Versuch ergebnislos blieb. Der Ausbau der Untersuchungen in anderer Richtung hielt uns dann lange Zeit von Wiederholungen ab.

Wir haben später mehrfach ergebnislose Versuche unternommen, die Strahlung von Kaulquappenköpfen photographisch nachzuweisen. Dieser Versuch müßte auch im Dunkeln gelingen, da wir ja im Zwiebelversuch nachweisen konnten, daß Kaulquappen auch im Dunkeln Strahlen emittieren. Leider haben wir aber zu diesen Versuchen Rana temporaria-Larven verwendet, die auch im zur Kontrolle unternommenen Zwiebelversuch negative Resultate geliefert haben, vermutlich infolge der zu starken Absorption in der Haut von Rana temporaria, die viel dunkler ist als die der in den früheren erfolgreichen Induktionsversuchen verwendeten Rana fusca-Larven. Der negative Versuch besitzt also keine Beweiskraft. Weiter haben wir mehrere Versuche unternommen, um die Strahlung bösartiger Tumoren (Jensensches Rattensarkom) photographisch nachzuweisen. Wir brachten vor die photographische Platte in einem geringen Luftabstand von einigen Zehntel Millimetern eine etwa 1 mm starke Quarzplatte und schichteten das Sarkom unmittelbar darauf. Nach einem negativen Versuch unternahmen wir mit dem nächsten parallel einen Induktionsversuch auf Zwiebelwurzeln. Der Erfolg war bei beiden Versuchen negativ, es zeigte sich nachher auch bei der mikroskopischen Untersuchung, daß das Sarkom schon im Verfallen begriffen war. Alle diese negativen Versuche, die wir der Vollständigkeit halber angeführt haben, beweisen also nichts. Dennoch müssen wir die Zahl der bisher ausgeführten positiven photographischen Versuche als unzureichend und die Frage des physikalischen Nachweises vorläufig als ungenügend geklärt betrachten. Versuche zum Nachweis der Strahlen mit der photo-elektrischen Zelle sind in Vorbereitung.

An dieser Stelle wollen wir noch einen Versuch erwähnen, den wir auf Veranlassung des Herrn Hausser unternommen haben. Wie oben ausgeführt, braucht der Zwiebelsohlenbrei Zutritt von sichtbarem Licht, um die mitogenetischen Strahlen zu emittieren. Da nun zwischen Empfang des Lichtes und Emission der Strahlen zweifellos ein komplizierter Zwischenmechanismus eingeschaltet ist, so war die Annahme naheliegend, daß der Brei noch eine merkliche Zeit nach der Belichtung Strahlen emittiert. Um das Vorhandensein dieses Effektes zu prüfen, konstruierten wir den in Bild 16 dargestellten Apparat. Seine Wirkungsweise ist ähnlich wie die der in der Physik gebräuchlichen, zum Nachweis des Nachleuchtens dienenden sog. Phosphoroskope. Der Zwiebelsohlenbrei war auf einem kleinen Metallteller ausgebreitet. Dieser befand sich in einem feststehenden zylindrischen Gehäuse, welches an der einen Seite einen Ausschnitt von nahezu 120° trug. Diesem Ausschnitt gegenüber befindet sich ein Rohransatz mit einer nahezu halbkugelförmigen Quarzlinse, die einen Durchmesser von 25 mm und eine Brennweite von ebenfalls etwa 25 mm besaß, also eine sehr große Lichtstärke hatte. An der Stelle des von der Linse vom Zwiebelsohlenbrei entworfenen Bildes konnte eine Indikatorwurzel oder auch eine photographische Platte gebracht werden. In dem zylindrischen Gehäuse rotierte eine ebenfalls zylindrische Blende mit einem Ausschnitt von gleichfalls nahezu

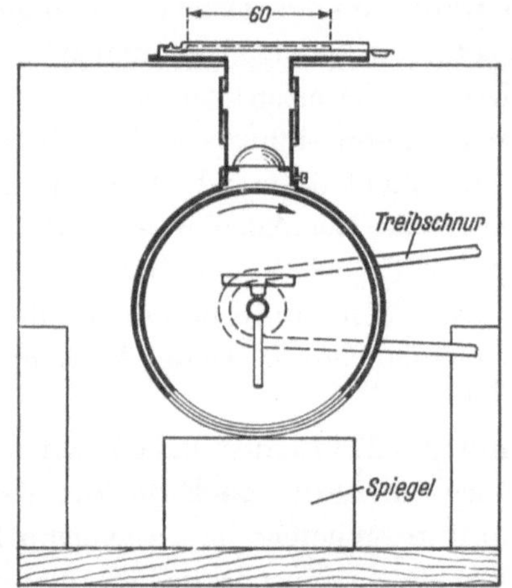

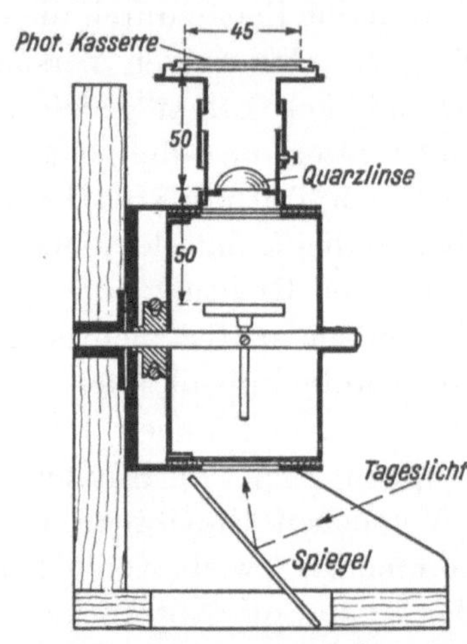

<table>
<tr><td>Gehäuse offen, der Sohlenbrei wird durch
das Tageslicht belichtet.</td><td>Gehäuse geschlossen, die photographische Platte wird durch die „mitogenetischen" Strahlen belichtet.</td></tr>
</table>

Bild 16. Apparat zur wechselweisen Belichtung von Zwiebelsohlenbrei durch Tageslicht und eine photographische Platte durch die Strahlung des Zwiebelsohlenbreies.

120°. Befand sich dieser Ausschnitt vor der Öffnung des Gehäuses (Stellung Bild 16 links), so wurde der Sohlenbrei durch das durch die Öffnung fallende und an der blanken Innenwand (Messing) der rotierenden Blende reflektierte Außenlicht belichtet. Wenn nun die Blende sich weiterdrehte und der Ausschnitt vor die Linse fiel, konnte die etwa vorhandene Nachstrahlung die Platte oder die Indikatorwurzel belichten. Bei dieser Anordnung betrug die Belichtungsdauer der Sohle nahezu zwei Drittel, die Belichtungsdauer der Platte nahezu ein Drittel einer Umdrehung. Die Tourenzahl betrug 72 Min., folglich verstrich im Mittel etwa 0,4 sek von der Belichtung der Sohle zur Belichtung der Indikatorwurzel. Vom Abschluß des Gehäuses bis zum Beginn der Bestrahlung der Wurzel verstrichen sogar nur etwa 0,05 Sekunden. Dennoch ergab der Versuch schon mit der Wurzel als Indikator ein negatives Ergebnis (Versuch 244). Daraufhin wurde der photographische Nachweis mit diesem Apparat, für den er eigentlich gebaut wurde, nicht unternommen. Wir sehen aber diesen einzigen Versuch nicht als beweisend an und halten eine Wiederholung nicht für aussichtslos.

Die Erkenntnis der Wellenlänge der „mitogenetischen" Strahlen stellte uns vor ein neues Rätsel.

Das Wellenlängengebiet um 340 mμ herum ist in der ultravioletten Strahlung der meisten künstlichen UV-Strahler und vor allem im Sonnenlicht in hohem Maße enthalten. Selbst in dem durch Glasfenster einfallenden Tageslicht ist noch eine merkliche Quantität vorhanden[1]), im Freien fehlt dieses Wellenlängengebiet selbst an bewölkten Tagen und auch im Winter niemals. Wir mußten uns daher fragen: Wenn die Zellteilung tatsächlich durch die „mitogenetischen" Strahlen veranlaßt und geregelt wird, wie ist dann ein geordnetes, von der Pflanze selbst gesteuertes Wachstum in oberflächlichen, dem Tageslicht oder gar der direkten Sonnenstrahlung ausgesetzten Organen derselben überhaupt möglich? Daß der Induktionseffekt selber uns nicht etwa durch die Belichtung der Zwiebel durch das Tageslicht vorgetäuscht war, darüber konnte kein Zweifel bestehen, denn selbst wenn das ganze Meristem der Indikatorwurzel oder die ganze der „mitogenetischen" Strahlenquelle zugewendeten Seite derselben vom Tageslicht getroffen wurde, so erhielten wir doch in allen unseren Versuchen einen Ausschlag immer nur an derjenigen 0,2—0,4 mm langen Stelle, an welcher wir das Auftreffen des Strahlenbündels nach den Regeln der geometrischen Optik zu erwarten hatten. Wir mußten also schon aus dem Gelingen des einfachsten Induktionsversuches im taghellen Zimmer die Folgerung ziehen, daß das Tageslicht keine Induktionswirkung besitzt. Zur Kontrolle haben wir auch die Wirkung des Tageslichtes auf die Zwiebelwurzel unter denselben Bedingungen, unter welchen wir den Induktionsversuch zu unternehmen pflegten, geprüft. Das Ergebnis war vollkommen negativ (Versuch 257). Das Tageslicht übt keinerlei direkt meßbare Wirkung auf die Zwiebelwurzel im Sinne des Induktionseffektes aus.

Verschärft wurde dieses Dilemma noch, als uns der photographische Nachweis der „mitogenetischen" Strahlen ihre äußerst geringe Intensität zeigte. Andererseits konnten wir zeigen, daß nicht etwa die geringe Intensität des Tageslichtes im Zimmer Ursache der fehlenden Induktionswirkung ist. Denn eine Zwiebelwurzel, welche wir eine Stunde lang der Einwirkung der unmittelbaren Sonnenstrahlen aussetzten, zeigte ebenfalls keine Spur eines Induktionseffektes. [Wir mußten bei diesem Versuch (86) die Wurzel durch sehr häufiges Benetzen vor Temperaturerhöhung und Austrocknung bewahren.] Ein bereits früher unternommener Versuch (58) hatte schließlich gezeigt, daß auch eine offen brennende Kohlenbogenlampe, welche reichlich Strahlen des „mitogenetischen" Spektralgebietes aussendet, keinen Ausschlag hervorruft.

Wenn uns also unsere sämtlichen zur Erkenntnis der Natur der Strahlen ausgeführten Versuche nicht getäuscht hatten, so mußten wir das Ergebnis so zusammenfassen: Eine Strahlenquelle kann reichlich „mitogenetische" Strahlen aussenden und dennoch unwirksam sein.

Was kann nun die Ursache dieser Unwirksamkeit sein? Wir beantworten diese Frage durch folgende Hypothese: Die „mitogenetische" Wellenlängen emittierenden Strahlenquellen können unwirksam werden, wenn sie außer diesen Strahlen noch andere Wellenlängen aussenden, welche zu den „mitogenetischen" Strahlen antagonistisch wirken, indem sie bei gemeinsamer Einwirkung deren zellteilungsbeeinflussende Wirkung aufheben.

---

[1]) Nach Reflexion an den Zimmerwänden wird diese Lichtintensität allerdings verschwindend gering.

Diese Hypothese konnten wir später durch ausgedehnte Versuchsreihen voll bestätigen und zum Antagonistengesetz der zellteilungsbeeinflussenden Strahlenwirkungen erweitern. Diese Arbeiten, auf die wir erst etwas später eingehen werden, da wir hier im wesentlichen unsere Untersuchungen in chronologischer Reihenfolge anführen, haben auch zu einer Umgrenzung des antagonistischen Spektralbezirkes geführt.

Schon mit unseren damaligen Mitteln konnten wir einen entscheidenden Beweis für die Annahme führen, daß auch das Sonnenlicht zellteilungsfördernde Wellenlängen in großer Intensität enthält. Während das gesamte Sonnenlicht, wie gesagt, keine Wirkung hatte, konnten wir mit dem durch das bereits erwähnte Filter, bestehend aus Nitrosodimethylanilin, Fuchsin und Auramin, gefilterten Sonnenlicht eine kräftige Induktionswirkung erzielen. Dieses Filter besaß nur im Wellenlängengebiet der mitogenetischen Strahlen eine nennenswerte Durchlässigkeit.

In diesem Stadium der Arbeit wandten wir uns an die Firma Siemens & Halske A.-G. und konnten die nun folgenden Versuche mit ihrer weitgehenden Unterstützung und mit weit größeren Mitteln, als bisher, in dem physikalischen Laboratorium des Wernerwerkes M ausführen.

Wenn unsere Erkenntnis der „mitogenetischen" Strahlen als ultraviolette Strahlen von einer Wellenlänge von ungefähr 340 mμ Gültigkeit beanspruchen durfte, so mußten wir dieselben Effekte auch mit künstlich erzeugtem ultraviolettem Licht dieses Spektralbezirkes erzielen können. Wir sind uns vollkommen bewußt, daß der Erfolg solcher Versuche an sich noch keinen Beweis für unsere Bestimmung der „mitogenetischen" Strahlen gebildet hätte. Im Verein mit unseren bisher angeführten Versuchen konnten wir dagegen einem positiven Ausfall solcher Versuche recht wohl Beweiskraft für unsere Behauptung beimessen.

Glücklicherweise stand uns für diese Versuche einer der größten Quarzspektrographen zur Verfügung, der für derartige Untersuchungen hervorragend geeignet ist. Der Spektrograph ist Eigentum von Herrn Hausser und besitzt zwei Prismen von 8 cm Basislänge sowie zwei Linsen von 10 cm Durchmesser, sämtlich aus Bergkristall. Der Apparat ist zur Aufnahme einer Quarzquecksilberdampflampe eingerichtet und liefert ein Spektrum desselben von gewaltiger Lichtstärke.

Das ultraviolette Spektrum der Quarzquecksilberdampflampe besitzt um Ultraviolett folgende starke Linien: 365, 334, 313, 302, 297, 289, 280, 265, 254 und 248 mμ. Die Linien bei 365 mμ und bei 313 mμ besitzen eine überragende Intensität. In dem der „mitogenetischen" Strahlung naheliegenden Spektralbezirk besitzt dagegen der Quecksilberbrenner nur die relativ schwache Linie bei 334 mμ, welche vom „mitogenetischen" Maximum, wie wir es früher ermittelt haben, auch noch etwas entfernt liegt.

Mit diesem Quarzspektrographen wurden nun zahlreiche Versuche unternommen, um die zellteilungsfördernde Wirkung verschiedener isolierter Wellenlängen auf Zwiebelwurzeln und später auch auf andere lebende Objekte zu prüfen. Bei diesen Versuchen wurde die Indikatorwurzel in die Ebene des Spektrums gebracht, welche zur wagerechten Ebene etwas geneigt liegt. Die Mitte der Wachstumszone, die geeignete Stelle für Induktionsversuche, lag hierbei unter der untersuchten Spektrallinie. Die Lage der ultravioletten Linien konnte bequem mittels fluoreszierenden Uranglases oder photographischen Papieres ermittelt werden. Die untersuchte Linie verlief stets quer zu der Indikatorwurzel. Eine Abdeckung der anderen Linien war zumeist gar nicht erforderlich, da die empfindliche Stelle der Wachstumszone nur etwa 3 mm lang ist und die Dispersion des Spektrographen so groß war, daß nur eine Linie der Quecksilberlampe auf einmal auf diesen Bereich fallen konnte.

Die Ergebnisse, die wir über die Wirkung isolierter Spektrallinien auf die Zwiebelwurzel enthielten, waren mit unseren früheren Erkenntnissen in bestem Einklang. Wir erhielten zunächst folgende Resultate (Versuch 96—132):

Die Linie 334 mμ, welche den „mitogenetischen Strahlen" am nächsten liegt, ergab schon nach einer Exposition von 5 Min. einen kräftigen Ausschlag. Die vielfach stärkere Linie 365 mμ ergab dagegen einen gut sichtbaren Ausschlag erst nach einer halben Stunde. (Nach der Exposition wurden die Wurzeln erst so lange in Wasser gelegt, daß die gesamte Versuchsdauer eine ganze Stunde betrug, und dann erst fixiert.) Die Linien 313, 302, 297 und 289 mμ ergaben dagegen auch bei fortgesetzter Exposition bis zu einer Stunde keinen Effekt. Zu unserer Überraschung ergab aber die Linie 280 mμ wieder einen Induktionseffekt, während die noch kürzeren Wellenlängen unwirksam blieben. Nach kürzeren Wellenlängen zu wurden diese Untersuchungen zunächst nur bis zur Linie 248 ausgedehnt, da die unterhalb dieser Linie liegenden Wellenlängen des Quarzbrenners nur eine sehr geringe Intensität hatten.

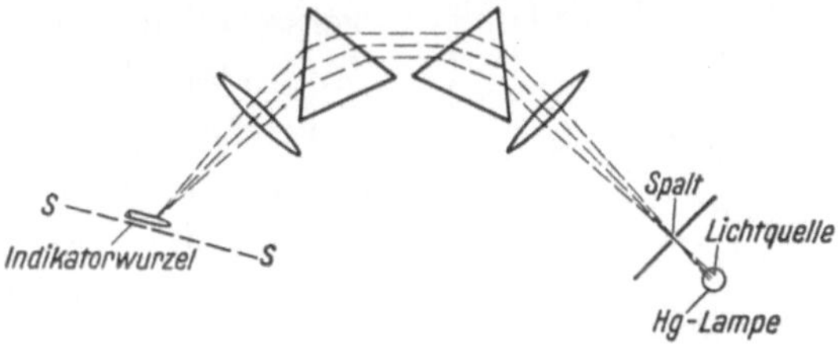

In diesem Zusammenhang wollen wir auch einige Versuche erwähnen, die wir neuerdings zur Kontrolle der von Gurwitsch und Frank gefundenen mitogenetischen Wirksamkeit des Bereiches um 200 mμ herum ausgeführt

Bild 17. Prüfung der Wirkung spektral zerlegten ultravioletten Lichtes auf die Zwiebelwurzel.

haben (Versuch 264 u. 267). Wir erwähnten bereits des öfteren, daß Gurwitsch zunächst auf Grund negativer Versuchsergebnisse zur Auffassung gelangte, daß die „mitogenetischen Strahlen" ganz kurzwellige ultraviolette Strahlen von der Wellenlänge von etwa 200—220 mμ sein müßten. Diese Annahme wurde durch die Befunde von Gurwitsch und Frank unterstützt, indem sie feststellten, daß der angegebene Wellenlängenbereich bei künstlichen Lichtquellen, z. B. im Aluminiumfunken, schon in ganz kurzer Zeit (1 Min.) und geringer Intensität starke „mitogenetische" Wirksamkeit besitzt. Diesen Befund konnten die Autoren mit einem kleinen Spektrographen regelmäßig erhalten.

Wir haben diese Versuche unter günstiger scheinenden Bedingungen wiederholt. Als Lichtquelle diente uns sowohl der Eisenbogen wie auch die Aluminiumfunkenstrecke. Ihr Licht wurde in dem bereits beschriebenen außerordentlich lichtstarken großen Quarzspektrographen zerlegt, wobei in dem in Frage kommenden Gebiet noch ansehnliche Intensitäten vorhanden waren. Wir prüften das Gebiet um 220 mμ. Die Zeiten variierten wir zwischen 5 Min. und einer Stunde ohne irgendwelchen Effekt (mitgeteilt sind nur zwei Versuche 264 und 267).

Es ergab sich also aus diesen Versuchen die Tatsache, daß die einen Ausschlag erzeugende Wirkung an der Zwiebelwurzel eine spezifische Eigentümlichkeit zweier Wellenlängenbezirke ist. In hohem Maße kommt diese Eigenschaft nur dem Spektralbezirk um etwa 340 mμ zu, in weit schwächerem Maße auch dem Gebiet in der Nähe von 280 mμ. Dazwischen liegt eine Zone scheinbarer völliger Wirkungslosigkeit.

Um den wirksamen Bereich näher zu untersuchen, unternahmen wir in der Folge auch Versuche mit der Aronsschen Amalgamlampe von Heräus-Hanau (Intensitätsverhältnis in Bild 18). Die Linie 346 mμ dieser Lampe, die noch schwächer war als die Linie 334 mμ der Quecksilberlampe ergab eine ungefähr gleich starke Induktionswirkung, ferner konnten wir noch einen Effekt — wenn auch recht schwach — bei der Linie 326 mμ nachweisen (Versuch 143—150).

Den stärksten Effekt erhielten wir aber, als wir später die Wirkung der Linie 338 mμ eines Silberlichtbogens auf die Zwiebelwurzel untersuchten. Wir erhielten einen Ausschlag bei 15 minutiger Exposition bei einer Intensität der Linie 338 mμ, die etwa tausendmal geringer war als die der Linie 334 des Quecksilberbrenners. Es besteht also auch für die Empfindlichkeit der Perzeption der Zwiebelwurzel ein scharfes Maximum bei etwa 338—340 mμ.

Bei den bisher angeführten Versuchen haben wir die verschiedenen Wellenlängen in den Intensitätsverhältnissen verwandt, in welchen sie in der Strahlung der verwendeten Lichtquellen vorhanden waren. Als Maß ihrer zellteilungsfördernden Wirksamkeit sahen wir die Kürze der Zeiten an, in welcher gleiche eingestrahlte Energiemengen der verschiedenen Wellenlängen ungefähr gleiche Wirkungen erzielen. Man könnte etwa die Reziproken der Zeiten als Maß der auf diese Weise ermittelten Wirksamkeiten ansehen, da jedoch die Stärke des Induktionseffektes, auch unter sonst ganz gleichen Umständen von Wurzel zu Wurzel wechselt und vor allem außerordentlich stark von der Lage der induzierten Stelle im Meristem abhängt, so müssen wir darauf verzichten, auf diese Weise zu einer genauen quantitativen Darstellung zu gelangen. Einen Anhalt gibt die graphische Darstellung in Bild 19.

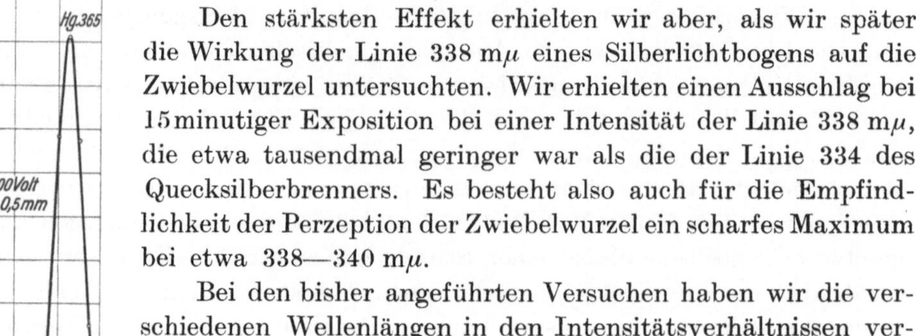
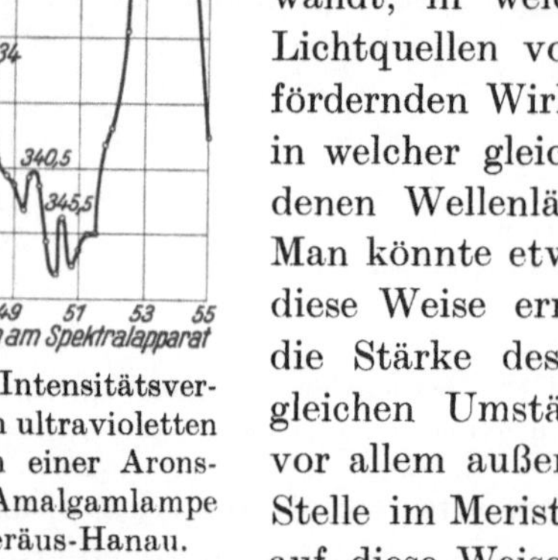

Bild 18. Intensitätsverteilung im ultravioletten Spektrum einer Aronsschen Amalgamlampe von Heräus-Hanau.

Wie erwähnt, haben wir mit der Linie 334 mμ der Quarzquecksilberlampe schon nach einer Bestrahlung von 5 Min. einen Ausschlag feststellen können. Wenn wir die Exposition auf 10, 15, 20 Min. erhöhten, so erhielten wir eine fortgesetzte Steigerung des Induktionseffektes. Nach einer Exposition von etwa 30 Min. verschwand aber der Ausschlag fast vollkommen. Bei Verlängerung der Bestrahlungsdauer auf eine Stunde und darüber erhielten wir aber einen ganz neuen Effekt: die der Oberfläche am nächsten gelegenen 4—6 Zellschichten zeigten eine fast vollkommene Nekrose mit Eiweißkoagulation im Protoplasma, völliger Verwaschung der in den gesunden Zellen sehr scharfen Zellgrenzen, mit starker Schrumpfung und abnormer Färbungsreaktion der ganzen Zelle und der Zellkerne. Die Tiefe des nekrotischen Bereiches beträgt am Rande der Einwirkungszone etwa 2 Zellschichten und steigt in der Mitte des Zerstörungsbereiches bis auf etwa 5—6 Zellschichten. Wenn die Einstrahlungsstelle im proximalsten Teile des Meristems lag, so ging die Zerstörung etwas tiefer, umfaßte aber weniger Zellkerne, da an dieser Stelle auch weniger vorhanden sind.

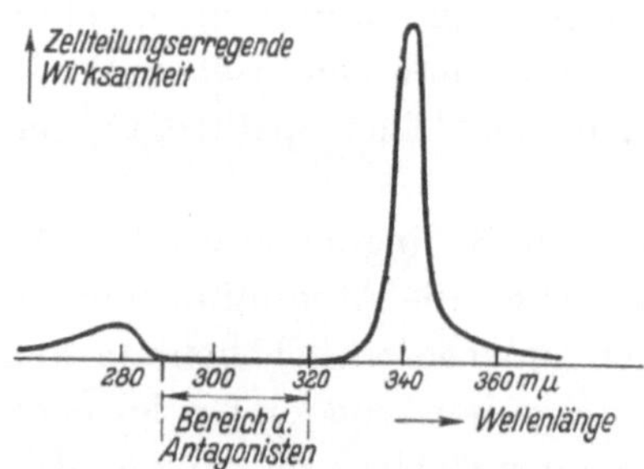

Bild 19. Abhängigkeit der Induktionswirkung auf die Wachstumszone der Zwiebelwurzel von der Wellenlänge, wie sie nach unseren Versuchen angenommen wird.

Mit keiner anderen Wellenlänge des Quecksilberbrenners konnten wir auch bei länger ausgedehnter Bestrahlung eine Zellzerstörungswirkung nachweisen, trotzdem z. B. die Linien 365 und 313 mμ eine vielfach größere Intensität besitzen. Wir müssen die Zerstörungswirkung daher als ebenso spezifische Wirkung des Wellenlängenbereiches um 340 mμ betrachten wie die Zellteilungsförderung; wir können sogar die Zerstörung als Fortsetzung derselben betrachten, im Sinne des Arndt-Schulzschen Gesetzes.

Wie erwartet wurde, konnten wir mit der Linie 338 mμ des Silberbogens ebenfalls starke Zellzerstörungen erhalten, und zwar bei noch weit geringeren Intensitäten als bei 334 mμ erforderlich waren.

Bei diesen Versuchen war es uns schon aufgefallen, daß sicherlich nicht die eingestrahlte Dosis einer gewissen wirksamen Wellenlänge für den Effekt maßgebend ist. Es ist keineswegs gleichgültig für den Zellteilungsförderungs- oder Zellzerstörungseffekt, ob man dieselbe Energiedosis in kürzerer oder längerer Zeit appliziert. Das für zahlreiche photochemische Reaktionen gültige Bunsen-Roscoesche Gesetz ist also in diesem Falle sicher nicht erfüllt. Dies ist auch zu erwarten, wenn — wie in diesem Falle — der biologische Elementarvorgang (die einzelne Zellteilung) für ihren Ablauf eine gewisse Zeit erfordert, welche in die Größenordnung der Bestrahlungszeiten fällt.

Bei allen Induktionsversuchen mit künstlichen Lichtquellen, die wir bisher angeführt haben, kamen Energiemengen zur Einstrahlung, welche die in den Induktionsversuchen mit lebenden Strahlenquellen wirkenden um viele Größenordnungen übertrafen. Wir mußten dies aus der geringen Schwärzung im bereits geschilderten photographischen Versuch folgern. Die Erklärung dafür, daß wir auch bei viel größeren Energiemengen niemals einen größeren Ausschlag erhalten haben, als bei Versuchen etwa mit Kaulquappenköpfen, liegt naturgemäß darin, daß das Ausmaß des positiven Induktionseffektes durch die Natur unseres Rezeptors begrenzt ist. Wie wir schon früher kurz erwähnt haben und was wir später noch genauer ausführen werden, ergibt sich der Ausschlag, d. h. die Differenz der Anzahl der reifen Kerne in beiden Hälften der Querschnitte der Indikatorwurzel, einerseits aus der Anzahl der in ihrer Entwicklung geförderten Zellen an der zugewendeten Seite, andererseits auch aus der Anzahl der in der abgewendeten Hälfte in ihrer Entwicklung verzögerten Kerne[1]). Die Größe dieses Ausschlages ist nun weitgehend unabhängig von der eingestrahlten Intensität, wenn die Bestrahlungszeiten ausreichend lang sind. Zum Beweis dieser Behauptung führen wir zwei Versuche an, die wir mit dem Lichte des Silberbogens ausgeführt haben. In dem Versuch 190 wurde die Indikatorwurzel 15 Min. lang dem Licht des Silberbogens ausgesetzt. Es ergab sich ein ziemlich starker Ausschlag. In dem Versuch 200 c wurde eine Wurzel eine Stunde lang durch einen dichten Schleier hindurch bestrahlt, welcher nur ungefähr 1% der Lichtintensität hindurchließ. Abstand, Stromstärke und Spannung des Bogens wurden in beiden Versuchen möglichst gleich gemacht. Die eingestrahlte Intensität konnte also in diesem Versuch nur etwa 4% der im Versuch 190 eingestrahlten Energiemenge betragen, dennoch waren die Ausschläge in beiden Fällen ungefähr gleich. In dem zweiten erwähnten Versuch wurde gleichzeitig auch eine weitere Indikatorwurzel, aber ohne

---

[1]) Wir haben oben ausgeführt, daß wir diesen Effekt der Veränderung der Konzentration einer in der Wachstumszone in begrenztem Maße vorhandenen chemischen Substanz zuschreiben können.

Schleier, bestrahlt. Diese zeigte bereits starke Zellzerstörungen. Hieraus ergibt sich wiederum, daß der Einfluß der Zeit bedeutend stärker zu werten ist als der Einfluß der Intensität. Eine große eingestrahlte Energiemenge kann niemals einen stärkeren Ausschlag hervorrufen als wir in vielen unserer Versuche mit lebenden Strahlenquellen erhalten haben, vielmehr wird sich seine Wirkung nur in Verminderung des Ausschlages und zuletzt in Zellzerstörung äußern. Wir erinnern daran, daß wir bei unseren lebenden Strahlenquellen niemals eine Zerstörung erhalten haben; schließlich sei noch erwähnt, daß auch in diesen Versuchen einige der stärksten Ausschläge bei Anordnungen erhalten wurden, die nur eine sehr geringe geometrische Lichtstärke besaßen (z. B. Versuch 9).

Alle diese Erscheinungen werden verständlicher, wenn man den positiven Induktionseffekt als eine Art Auslösevorgang auffaßt, während die Zerstörungswirkung bei ausreichender Dauer in einem quantitativen Zusammenhang mit den eingestrahlten Intensitäten zu stehen scheint.

Auf S. 31 haben wir bereits unsere Untersuchungen erwähnt, welche die Unwirksamkeit des gesamten Sonnenlichtes und der offenen Kohlebogenlampe auf die Zellteilung dargetan hatten. Auch konnten wir schon früher zeigen, daß das im

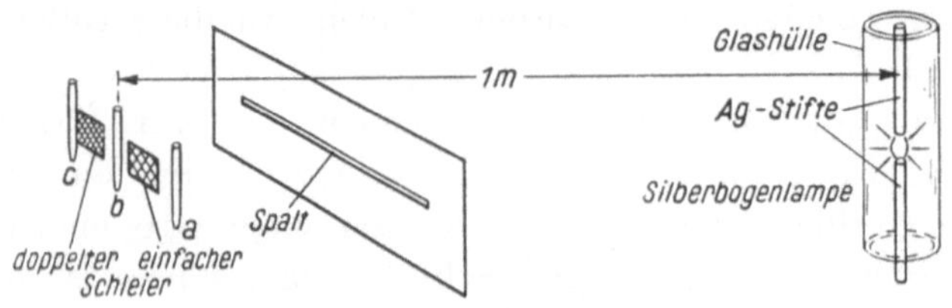

Bild 20. Gleichartige Bestrahlung mehrerer Indikatorwurzeln mit verschiedenen Intensitäten durch die Silberbogenlampe.

Sonnenlicht enthaltene Wellenlängengebiet um 340 mμ herum, das wir besonders herausgefiltert hatten, allein genommen stark wirksam ist. Diese Versuche und vor allem die Erkenntnis der sehr geringen Intensität der von Lebewesen ausgehenden „mitogenetischen" Strahlen hatte uns schon damals zur Vermutung einer antagonistischen Wirkung verschiedener Wellenlängen geführt. Im physikalischen Laboratorium des Wernerwerkes M konnten wir nun die Versuche mit größeren Mitteln aufnehmen.

Die mit dem Quarzspektrographen ausgeführten Versuche mit isolierten Wellenlängen hatten uns schon gezeigt, daß die Linie 334 mμ der Quarzquecksilberlampe eine hohe „mitogenetische" und zerstörende Wirksamkeit besitzt. Bei Bestrahlungsversuchen mit dem vollen Licht der Quecksilberlampe ergab sich dagegen ebenso wie bei dem Sonnenlicht und bei der Kohlebogenlampe eine völlige Unwirksamkeit. Diese Bestrahlungen wurden aus Abständen von 10—40 cm bei einer Dauer von 5—60 Min. ausgeführt[1]). Die Berechnung der Intensitäten ergab, daß die von der Linie 334 mμ in diesen Versuchen eingestrahlten Energiemengen größer waren als die, die bei spektral zerlegtem Licht zur Zerstörung geführt haben. Auch die Bestrahlungsdauer hätte für diesen Effekt ausreichen müssen. Hieraus ergibt sich eine antagonistische Wirkung der im Quecksilberlicht enthaltenen Wellenlängen nicht nur in bezug auf die „mitogenetische", sondern auch für die zerstörende Wirkung. Ferner lieferten uns diese mit sehr großen Energiemengen unternommenen Bestrahlungen einen weiteren Beweis für die Spezifität der Zerstörungswirkung.

---

[1]) Bei noch längeren Bestrahlungen nichtabgetrennter Zwiebelwurzeln mit dem vollen Licht der Quecksilberlampe haben wir neuerdings eine starke allgemeine Wachstumshemmung erhalten, die aber anscheinend nicht immer zu totaler Zellzerstörung geführt hat, da die Wurzeln nach einer Hemmungsperiode von einigen Tagen noch etwas weiterwuchsen.

Nach diesen Erfahrungen unternahmen wir eine Untersuchungsreihe mit dem Zwecke, die spektrale Lage der antagonistischen Wellenlängen festzustellen. Es war hierzu eine Apparatur erforderlich, mit deren Hilfe die verschiedenen Wellenlängen einer Lichtquelle beliebig kombiniert und in ihrem Intensitätsverhältnis variiert werden konnten.

Ein Spektrograph entwirft eine Reihe von monochromatischen Bildern des von der Lichtquelle beleuchteten Spaltes. Infolge der bekannten Reziprozität von Bild und Objekt bildet andererseits der Spalt ein (gemeinsames) optisches Bild von allen Linien des Spektrums. Wenn wir daher in die Ebene des Spektrums einen Spiegel bringen, so wird hierdurch der Strahlengang umgekehrt, und die Lichtstrahlen werden wieder im Spalt vereinigt. Um hierbei an Intensität nichts zu verlieren, muß allerdings die Ebene des Spektrums möglichst senkrecht zum mittleren Strahl stehen, eine Forderung, die bei den meisten Spektralapparaten schlecht erfüllt ist.

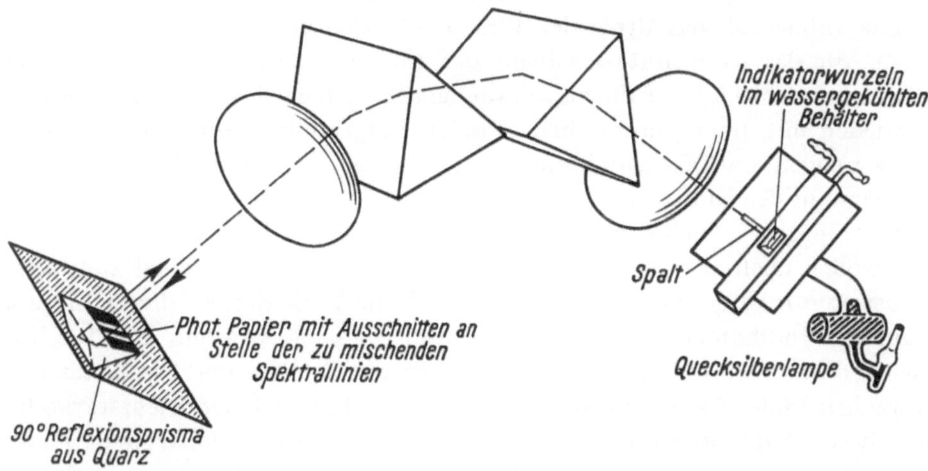

Bild 21. Versuchsanordnung zur Prüfung der antagonistischen Strahlenwirkungen. Bestrahlung der Indikatorwurzel mit ultraviolettem Licht von beliebig variierbarer spektraler Zusammensetzung.

Würden wir die Strahlen auf der beschriebenen Weise spiegeln, so könnten wir den wieder vereinigten Strahl nicht benutzen, da wir mit dem zu bestrahlenden Testobjekt gerade die Stelle des Spaltes verdecken müßten, deren Strahlen hier auftreffen. Wir kommen aber zum Ziel durch eine doppelte Spiegelung, die wir bequem mit einem doppeltreflektierenden Prisma ausführen können.

In der in Bild 21 dargestellten Apparatur ist die eine Hälfte des Spektrographenspaltes verdeckt durch den Behälter für die Indikatorwurzel. Da der Spalt unmittelbar vor dem sehr heißen Quarzbrenner liegt, mußte der Behälter durch fließendes Wasser gekühlt werden. Die Wurzel lag, wie auch in unseren meisten bisherigen Versuchen, in einer Metallrinne, ihre Temperatur war also kaum höher als die des Kühlwassers. Das Spektrum wurde auf die Hälfte der Hypothenusenfläche eines 90gradigen Bergkristallprismas entworfen. Diese Basisfläche wurde senkrecht zum mittleren Strahl eingestellt, da sie demnach zur Ebene des Spektrums etwas geneigt stand, so konnte auf einmal nur ein Teil der Linien (z. B. von 365—280 mμ) in dieser Ebene scharf erhalten werden, was aber für unsere Zwecke vollkommen ausreichte. Diejenige Hälfte der Basisfläche des Prismas, auf welcher das Spektrum entworfen wurde, bedeckten wir mit photographischem Papier. Nach kurzer Exposition erschienen darauf die Linien. Diejenigen, welche wir summieren wollten, wurden aus dem Papier ausgeschnitten. Die entsprechenden Wellenlängen fielen also durch die Ausschnitte hindurch in das Prisma, wurden nacheinander an den beiden Kathetenflächen totalreflektiert und verließen das Prisma durch die nicht abgedeckte Fläche der Hypothenusenfläche. Die übrigen Linien wurden von dem photographischen Papier absorbiert, denn dieses schwärzte sich ja eben an den Stellen, an welchen diese auftrafen. Die am Prisma totalreflektierten Wellenlängen liefen nun rückwärts durch den Quarzspektrographen und entwarfen ein fast vollkommen scharfes Bild des Spaltes gerade an jener Stelle, an welche die Indikatorwurzel gelegt wurde. Infolge der teilweisen Abblendung des Strahlenganges durch das kleine Reflexionsprisma, ferner durch die Reflexionsverluste an den Linsen und Prismen des Spektrographen usw. fanden sich nur etwa 5% der Intensität im Spektrum auf der Indikatorwurzel wieder, das Schwächungsverhältnis war aber, wie wir mittels photographischen Papieres feststellen konnten, für alle Wellenlängen merklich dasselbe. Das Intensitätsverhältnis der Linien war also unverändert.

Wenn wir das Intensitätsverhältnis der Linien ändern wollten, so klebten wir eine Reihe von Schleiern vor die zu schwächenden Linien. Das Maß der Schwächung wurde wieder mit photographischem Papier festgestellt. Wir konnten uns auch davon überzeugen, daß die Abbildung nicht so scharf war, daß wir ein scharfes Bild des Schleiers auf der Indikatorwurzel hätten befürchten müssen, die sehr feinmaschigen Schleier ergaben vielmehr eine ganz gleichmäßige Schwächung.

Wir wollen noch erwähnen, daß wir die erste Linse etwas schief zum mittleren Strahl justieren mußten, denn sonst wäre durch die Reflexion an dieser Linse zuviel Licht auf die Indikatorwurzel gefallen. Durch diese Maßnahme konnten wir das Streulicht soweit vermindern, daß es nur etwa ein Zehntel der Intensität der von der schwachen Linie 334 mμ auf die Indikatorwurzel geworfenen Lichtstärke betrug.

Mit dieser Apparatur mußten wir die Dauer der Induktionsversuche auf eine Stunde ausdehnen, um mit der Linie 334 mμ kräftige Ausschläge zu erhalten. (Die Stärke dieser Ausschläge war etwa vergleichbar mit denen, die wir bei 20 mal größerer Intensität in etwa 10 Min. erhalten hatten.) Daraufhin machten wir folgende Versuche:

Zunächst wurden zur Linie 334 mμ die Linie 365 mμ zugesetzt. Es ergab sich wieder ein Ausschlag ungefähr in derselben Stärke wie mit 334 allein. Setzten wir außerdem noch das ganze sichtbare Spektrum des Quecksilberbrenners hinzu, so war der Ausschlag unverändert. Das längerwellige Gebiet stört also die Wirkung des „mitogenetischen" Spektralbezirkes nicht.

Setzten wir aber zu der Linie 334 mμ der Reihe nach die Linien 313, 302, 297 oder 289 mμ hinzu, so ergab sich überhaupt kein Induktionseffekt. Fügten wir aber zur Linie 334 mμ die Linie 280 mμ hinzu, so war der unveränderte Induktionseffekt wieder da.

Hiermit war also das antagonistische Wellenlängengebiet abgegrenzt. Es erstreckt sich nach diesen Versuchen von etwa 290 mμ bis etwa 320 mμ. Es wirken also gerade diejenigen Wellenlängen antagonistisch, welche isoliert keinen Induktionseffekt ergeben haben. Wir müssen also das Antagonistengesetz in folgender Form aussprechen: Die Wellenlängen zwischen 290 und 320 mμ üben allein genommen keinen Induktionseffekt auf die Zwiebelwurzel aus; ihre Wirkung äußert sich nur darin, daß sie zu den Wellenlängen um 340 mμ herum hinzugefügt deren Wirkung schwächen bzw. aufheben.

Wir haben das Antagonistengesetz bisher nur an der Zwiebelwurzel als Testobjekt geprüft und können nicht sagen, ob es auch für andere Objekte in dieser Schärfe gültig ist.

Wir setzten die Versuche fort, indem wir die zu der Wellenlänge 334 mμ zugesetzten Intensitäten der Antagonisten durch vorgesetzte Schleier schwächten. Wir schwächten die Linie 313 mμ zuerst auf $^1/_{10}$, dann auf $^1/_{100}$ ihrer Intensität, erhielten aber immer einen Ausfall des Induktionseffektes. Da die Linie 313 mμ etwa 12mal intensiver ist als 334 mμ, so betrug in letztem Falle die Intensität des Antagonisten, die zur völligen Aufhebung der Induktionswirkung ausreichte, nur etwa 12% der Stärke von 334 mμ. Dasselbe Ergebnis erhielten wir mit bei Hinzufügung der auf $^1/_{10}$ bzw. $^1/_{100}$ abgeschwächten Linien 297 mμ und 302 mμ, die wir gemeinsam untersuchten, da sie sich wegen ihrer großen Nähe schlecht trennen ließen. Zusammengenommen haben sie etwa dieselbe Intensität wie 313 mμ.

Bemerkenswert ist, daß das antagonistische Wellenlängengebiet dasselbe ist, in welchem nach den Untersuchungen von Haußer und Vahle das Maximum der Erythem (Sonnenbrand) erzeugenden Wirksamkeit des ultravioletten Lichtes liegt. Das sehr enge und scharfe Maximum der Erythemwirkung liegt bei 300 mμ [1]).

Bisher hatten wir das Antagonistengesetz nur durch die Auslöschung der Wirkung der zellteilungsfördenden Wellenlängen von künstlichen Lichtquellen bestätigt. Es gelang uns, daraufhin die Auslöschung auch bei der „mitogenetischen Strahlung" von Lebewesen nachzuweisen. In einem Versuch verwandten wir direktes starkes Sonnenlicht,

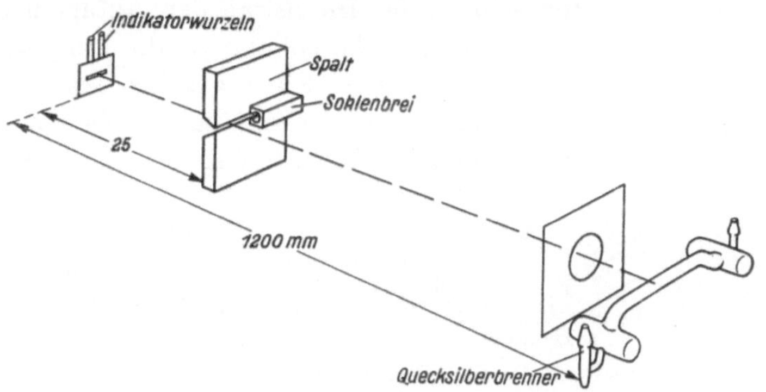

Bild 22. Aufhebung des Induktionseffektes durch das Licht des Quecksilberbogens.

in einem anderen das Licht der Quecksilberlampe als antagonistische Lichtquelle.

In dem ersten Versuch war der Spalt (in unserem für die Induktionsversuche mit Lebewesen stets verwendeten Apparat, beschrieben auf S. 44) durch das mit Zwiebelsohlenbrei gefüllte geschlitzte Rohr nur zur Hälfte verdeckt. Durch die andere Hälfte wurde mit einem kleinen totalreflektierenden Quarzprisma das direkte Licht der Mittagssonne (Spätsommer) auf die Indikatorwurzel geworfen. Es ergab sich ein vollkommener Ausfall des Induktionseffektes, während unter diesen Um-

---

[1]) Es ist uns seitdem noch eine interessante Beobachtung über antagonistische Strahlenwirkungen an Pflanzen zur Kenntnis gekommen, auf die wir hier aufmerksam machen möchten. Es sind dies die Untersuchungen von Klebs: „Zur Entwicklungsphysiologie der Farnprothallien". I. Sitzungsber. d. Heidelberger Akad. 1916, 4. Abh., II. ebenda 1917, 3. Abh., III. ebenda 1917, 7. Abh. — Klebs hat gezeigt, daß bei den Lichtkeimern nicht alle Strahlen gleich wirken. Es sind die roten Strahlen die bei diesen Pflanzen keimungsfördernd wirken, während blaues Licht stark hemmt, manchmal so stark wie Dunkelheit oder gar noch stärker: Gymnogramme keimt im Dunkeln unter gewissen Bedingungen zu 28 %, in blauem Licht gar nicht. Wird schwaches „Osramlicht" seiner blauen Strahlen beraubt, so erfolgt die Keimung von Pteris longifolia trotz der Verminderung der Gesamtenergie viel lebhafter. (Zitiert nach W. Benecke und L. Jost: Pflanzenphysiologie Bd. IV, Jena 1923.)

ständen ohne das Sonnenlicht unbedingt mit einem starken Induktionseffekt zu rechnen gewesen wäre (Versuch 162).

In einem zweiten Versuch war die Anordnung ähnlich, jedoch fielen jetzt außer den „mitogenetischen" Strahlen durch die nicht abgedeckte Hälfte des Spaltes die Strahlen eines in über 1 m Abstand aufgestellten Quecksilberdampfbrenners (Bachlampe) auf die Indikatorwurzel. Wieder ergab sich ein Ausfall des Induktionseffektes (Versuch 229).

Wir haben dann versucht, die Antagonistenwirkung auf die Weise einfach zu bestätigen, daß wir das Licht der Quarzquecksilberlampe durch eine Platte aus gewöhnlichem Glas auf die Zwiebelwurzel wirken ließen. Der Induktionseffekt bleibt aber aus, die Schärfe der Absorptionskante des Glases war nicht ausreichend. Auch die Verwendung des an einem Silberspiegel reflektierten Lichtes der Quecksilberlampe führte zu keinem Erfolg. Das Reflexionsvermögen von Silber nimmt zwar in dem Wellenlängengebiet zwischen 340 und 300 mμ stark ab, jedoch ist die reflektierte Menge der Antagonisten immer noch zu groß (Versuch 157).

Die Quecksilberlampe ist für die „mitogenetischen" Wirkungen vollkommen ungeeignet, denn sie enthält nur eine geringe Intensität im zellteilungsfördernden Bereiche und eine sehr große Intensität der Antagonisten. Mit einer Kohlebogenlampe mit langem Bogen (Aureollampe), die zufällig eine Hülle aus schlechtem Uviolglas besaß, welches unter 320 mμ schon stark absorbierte, konnten wir dagegen einen wenn auch verhältnismäßig schwachen Ausschlag erhalten, welcher Umstand auch als einfache Bestätigung des Antagonistengesetzes gelten kann.

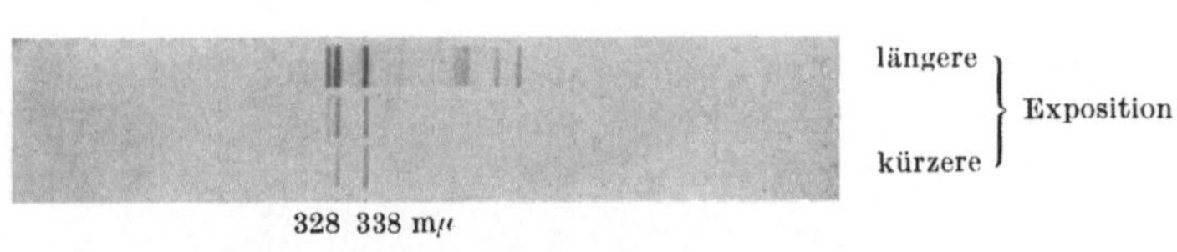

Bild 23. Spektrum der Silberbogenlampe mit Glasfilter.

Eine Lichtquelle für zellteilungsfördernde Wirkungen muß folgenden Anforderungen entsprechen: sie muß in der Nähe des Maximums der „mitogenetischen" Wirkungen, also bei 340 mμ, eine große Intensität besitzen, dagegen darf sie im antagonistischen Spektralgebiet keine nennenswerte Intensität emittieren. Diesen Anforderungen entspricht keine der bisher bekannten Lichtquellen. Für unsere Versuche mußten wir uns daher selber eine „mitogenetische" Strahlenquelle konstruieren. Die erste Anordnung, mit der wir recht gute Erfolge erzielten, war ein Bogen zwischen reinen, metallischen Silberelektroden, welcher in einer Glashülle brannte; der Silberbogen besitzt im ultravioletten Gebiet zwei Linien von überragender Intensität, und zwar bei 328 und bei 338 mμ (Bd. 23). Letztere Linie liegt, so genau wie unsere Kenntnisse bisher reichen, in nächster Nähe des „mitogenetischen" Maximums, auch die Linie 328 mμ hat noch eine, wenn auch viel schwächere Wirkung. Im antagonistischen Bereich besitzt das Silberspektrum dagegen nur wenige und relativ sehr schwache Linien. Diese können aus einer Hülle mit gewöhnlichem Glas von passender Dicke praktisch vollkommen ausgefiltert werden. Zur Erhöhung der Intensität des Silberspektrums verwendeten wir sehr lange Bogen (bis 9 cm Länge) mit einer Spannung von 120—140 Volt bei einer Stromstärke von 10—20 Ampere. Zur Stabilisierung des Bogens benutzten wir einen bekannten Kunstgriff. Der Bogen brannte in einer zylindrischen Glashülle, durch welche eine wirbelnde starke Luftströmung hindurchgetrieben wurde. Die wirbelnde Bewegung wird dem Luftstrom durch die schraubenförmig gewundenen Kühlrippen der Kathode erteilt. An der

Anode, welche auch durch den dagegengeblasenen, durch den Bogen erhitzten Luftstrom stark erhitzt wird, ist Wasserkühlung erforderlich. Die Silberelektroden (Kathode 8 mm, Anode 10 mm stark) dürfen sich nicht über schwache Rotglut erhitzen. Unter diesen Umständen bleibt auch der Silberverbrauch in erträglichen Grenzen.

Einige Versuche, die bewiesen haben, daß der Silberbogen in der beschriebenen Form, auch bei geringsten Intensitäten stärkste Induktions- und Zerstörungswirkungen ausübt, wurden bereits beschrieben.

Wir wollen kurz auch noch einige Versuche erwähnen, die die Nachprüfung einiger neuerer Versuchsergebnisse Gurwitsch' zum Ziele hatten. Es wurde bei der Erörterung der strahlenden Gewebesorten erwähnt, daß wir mit keiner der erwachsenen Gewebearten Induktionseffekte erzielen konnten. Diese Feststellungen stehen mit den Gurwitschschen in Übereinstimmung.

In den letzten Veröffentlichungen glauben Gurwitsch und seine Mitarbeiter die Strahlungsquelle bei erwachsenen Organismen im Blute gefunden zu haben. Sie stellten fest, daß sowohl durch Schütteln defibriniertes wie auch lackfarbenes Blut auf die Zwiebelwurzel starken Induktionseffekt auszuüben vermag, dagegen strahlt das Blut enthirnter Tiere nicht.

Wir wiederholten diese Versuche mit defibriniertem Menschen- und Tierblut des öfteren, bisher mit stets negativem Erfolge. (Als Beispiel teilen wir Versuch 161 mit.)

Bezüglich der Hefeversuche müssen wir uns einstweilen leider ganz kurz fassen, da wir diese bisher mangels geeigneter Einrichtungen nicht einwandfrei und sauber genug ausführen konnten. Immerhin liegen einige gesicherte Feststellungen vor, die u. E. erwähnenswert sind. Gurwitsch und seine Schule benutzten Hefe sowohl als Induktor auf Zwiebel und Hefe, wie auch als Rezeptor in ausgedehntem Maße, wobei in letzterem Fall der Effekt aus der Knospungsintensität an der beeinflußten und einer beliebig gewählten Kontrollstelle derselben Kultur festgestellt wird.

Wir wiederholten diese Versuche bisher nur in einer Richtung, als Strahlenquelle auf Zwiebelwurzel. Die Resultate mit 1—2 Tage alten Kulturen waren bisher negativ, aber das will nicht viel besagen, da angenommen werden kann, daß die Kulturen (Bierhefe) schon zu alt gewesen sind. Wichtig ist nur eine Feststellung, daß die Nährlösung aus den Kulturen unbedingt restlos entfernt werden muß, da sie die ultravioletten Strahlen schon von 400 mμ abwärts total absorbiert. Auch die auf einer Quarzplatte ausgelegte Kultur, wobei die untere Seite auf die Zwiebelwurzel eingestellt wurde, ergab keinen positiven Effekt (Versuch 193).

Schließlich wollen wir noch einige Versuche kurz beschreiben, die wir zum Zwecke der Klärung der Natur des strahlenden chemischen Vorganges angestellt haben.

Die Universalität der Strahlung bei tierischen und pflanzlichen Organismen und ihre biologischen Eigenschaften ließen die Vermutung aufkommen, daß die strahlende Reaktion wohl eine der Grundreaktionen des Stoffwechsels bei Pflanze und Tier sein könnte. Reaktionen, die mit Lichtemission auch im Ultraviolett einhergehen, sind wohl bekannt, doch kennt man bislang unseres Wissens keine chemische Reaktion mit isolierter Emission einer so engen Bande, wie sie allem Anschein nach in den „mitogenetischen Strahlen" vorliegt. Doch wäre gerade die Klärung dieser Frage von fundamentalster Bedeutung und ist eine der Hauptaufgaben in diesem neuen Problemkreis.

Wir untersuchten bisher nur, ob sich die strahlende Reaktion durch oxydationsfördernde und hemmende Einflüsse irgendwie beeinflussen läßt. Zwiebelsohlenbrei wurde mit Atmungsgiften verschiedener Art (gelbem Phosphor und Schwefelkohlenstoff in geeigneter Konzentration) versetzt und so auf Zwiebelwurzel eingestellt. Das Resultat war stets ein Ausbleiben des Induktionseffektes (s. Versuch 182 u. 248). Die Versuche, den Zwiebelsohlenbrei durch Steigerung der Oxydationsvorgänge mit H_2O_2 unter Umständen, wo er nicht strahlt, z. B. im Dunklen, zur Strahlung anzuregen, blieben jedoch erfolglos (Versuch 249).

III. Beschreibung unserer Versuchsapparatur und Versuchsmethodik.

Unser erster Apparat für Versuche mit „mitogenetischen" Strahlen, mit welchem wir die Arbeiten im Juni 1925 im Pathologischen Institut der Charité begannen, ist in erster Linie konstruiert worden, um die Versuche von A. Gurwitsch mit möglichst einfachen Mitteln wiederholen zu können. Die Apparatur von Gurwitsch war im wesentlichen aus den Bestandteilen von zwei Mikroskopen zusammengestellt. Induzierte und induzierende Zwiebel (bzw. das die induzierende Substanz enthaltende Röhrchen) waren an zwei getrennten Stativen befestigt. Vor allem schien uns ein robusterer Zusammenbau der beiden Zwiebelhalter erforderlich. Allen Anforderungen, die man in dieser Hinsicht stellen konnte, entsprach die in Bild 24 dargestellte Apparatur, welche aus einem Mikroskop entstanden ist durch Hinzufügung einiger einfachen Teile. Das Mikroskop mußte hierbei in keiner Weise beschädigt werden, da die Zusatzteile nur angeklemmt bzw. unter Benutzung vorhandener Gewindelöcher angeschraubt wurden.

Der Tubus des Mikroskops wurde in die wagerechte Lage geschwenkt und diente, mit einem Objektiv kleinster Vergrößerung versehen, zur Kontrolle der genauen Einstellung des Induktionsversuches.

Der bewegliche Objekttisch, dessen Ebene vertikale Lage hatte, diente zur Befestigung der Indikatorwurzel. Diese Wurzel mußte im Zusammenhang mit der Zwiebel belassen werden und durch eine dünne benetzende Wasserschicht vom Vertrocknen bewahrt bleiben. Wir verfuhren zu diesem Zwecke ebenso wie Gurwitsch. Die Indikatorwurzel wurde in ein enges starkwandiges Kapillarrohr eingeführt, so daß nur das Meristem in einer Länge von etwa 5 mm daraus herausragte. Es genügte, die Öffnung der Kapillare vor dem Einführen der Wurzel mit einem Wassertropfen zu benetzen, um die in der Kapillare liegenden Teile der Wurzel auf längere Zeit frisch zu erhalten. Die Spitze der Wurzel ragte ganz wenig in ein zweites Stück Kapillarrohr hinein, dessen Öffnung mit einem Wassertropfen bedeckt war. Aus diesem Tropfen, welcher sich in feuchter Luft etwa eine Stunde lang gut hielt, konnte sich die das Meristem bedeckende dünne Wasserschicht während der Versuchsdauer ausreichend ersetzen. (Der Tropfen darf die induzierte Stelle des Meristems nicht bedecken, da sonst infolge der Brechung der Strahlen in demselben der Versuch gefälscht wird.)

Beide Glaskapillaren waren in ein 10 mm starkes vernickeltes Metallrohr eingekittet. Dasselbe war quer durchbohrt an der Stelle, an welcher das Meristem

zwischen den beiden Kapillaren frei lag. Durch die Bohrung fielen von der einen
Seite die Strahlen ein, von der anderen Seite wurde die Einstellung kontrolliert.
Auf dem Metallrohr war außen ein Trichter verschiebbar angeordnet, zur Aufnahme
der Zwiebelknolle. Das ganze Rohr war, wie aus dem Bild 24 ersichtlich, am beweg-
lichen Objekttisch befestigt, in vertikaler Lage.

Die induzierenden Objekte waren auf dem Schlitten befestigt, welcher im Mikroskop ursprünglich das Beleuchtungssystem (Spiegel und Kondensor) trug. In dem
Rahmen des Kondensors wurde ein Metallrohr befestigt, welches eine eingekittete
Kapillare enthielt, die zur Aufnahme der induzierenden Wurzel diente. An Stelle
dieser Kapillare konnte auch ein nach der Spitze verengtes Röhrchen im Metallrohr befestigt werden, in welches die breiförmigen induzierenden Substanzen eingefüllt werden konnten.

Bild 24. Der erste Versuchsapparat für die Untersuchung der „mitogenetischen" Strahlen. Der Apparat
ist für den Gurwitschen Grundversuch eingestellt.

Wenn als Strahlenquelle, wie im Gurwitschschen Grundversuch, eine Zwiebelwurzel verwendet wurde, so wurde diese so weit in die vorher befeuchtete Kapillare
eingeschoben, daß die Spitze einige Millimeter hinter der Röhrenmündung zurück-
stand. Hierdurch war schon in geringem Maße eine Richtung des Strahlenbündels
gewährleistet. Durch die Reflexion der Strahlen an den Wänden der Kapillare werden
diese in gewissem Grade gesammelt. (Infolgedessen nimmt die Intensität etwas lang-
samer ab als mit dem Quadrat der Entfernung.)

Die induzierende Wurzel muß, wie schon Gurwitsch in zahlreichen Versuchen
gefunden hatte, stets im Zusammenhang mit der Knolle bleiben. Es genügt allerdings einen kleinen Teil der Sohle stehen zu lassen. Wir haben die Zwiebel, wie Gurwitsch in seinen früheren Versuchen, glatt abgeschnitten und auf eine Uhrschale
gelegt, welche auf einem Teller ruhte, dessen Schaft in die für den Mikroskopspiegel
vorgesehene Bohrung paßte.

Der Abstand der Strahlenquelle von der Indikatorwurzel konnte sehr bequem mit Trieb und Zahnstange (vorgesehen für den Beleuchtungsschlitten des Apparates) verändert werden. Das induzierende Röhrchen und die Indikatorwurzel wurden genau aufeinander eingestellt, wobei die allseitige Verstellbarkeit des Objekttisches sehr zustatten kam. Bei richtiger Einstellung war im Mikroskop das in Bild 1 dargestellte Bild zu sehen.

Mit dieser Anordnung wurden auch einige Absorptionsversuche ausgeführt. Dünne Filterplättchen (aus Glimmer, Glas, Aluminium) konnten unmittelbar vor die Mündung des induzierenden Röhrchens gekittet werden.

Die beschriebene erste, einfache Apparatur hatte eine eingehende Nachprüfung der hauptsächlichsten Gurwitschschen Resultate ermöglicht. Zum weiteren Ausbau der Ergebnisse, insbesondere zur Erkenntnis der physikalischen Natur der Strahlung konstruierten wir im Herbst 1925 unseren zweiten Apparat, der sich dann für die Lösung dieser Aufgaben als ausreichend erwiesen hat.

Bild 25. Das geschlitzte Metallrohr zur Aufnahme der strahlenden Substanz hinter dem verstellbaren Spalt, welcher zur Kontrolle der Einstellung mittels Lichtstrahlen dient.

Die prinzipiellen Verbesserungen, die dieser zweite Apparat gegen den ersten aufweist, sind schon in der Aufzählung unserer Versuchsergebnisse (auf S. 17) erwähnt worden. Zunächst wurde an Stelle der bisherigen, nahezu punktförmigen Strahlenquelle eine linienförmige Strahlenquelle verwendet, welche größere Strahlungsintensitäten hergab und dadurch bei den Versuchen größere Abstände ermöglichte. Wir verwendeten strahlende lebendige Substanz stets in Breiform als Strahlenquelle, und zwar zumeist den stets verfügbaren Zwiebelsohlenbrei. Der Brei wurde in einer Länge von etwa 40 mm in ein vernickeltes geschlitztes Metallrohr eingefüllt. Der

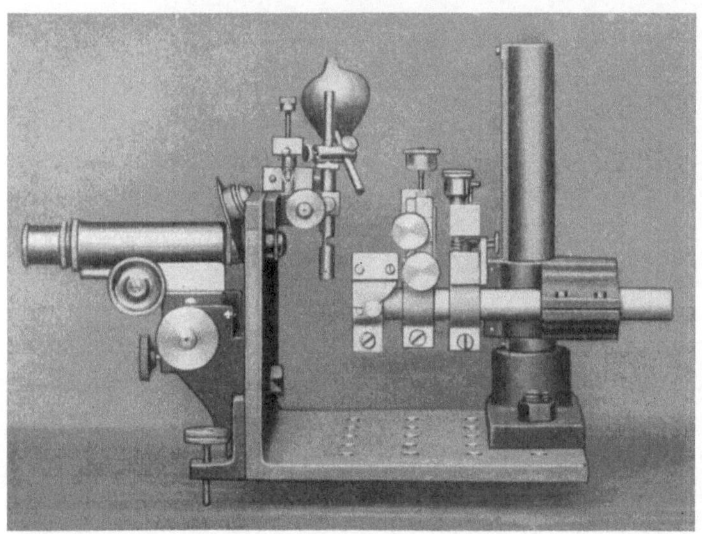

Bild 26. Seitenansicht des zweiten Versuchsapparates. Von links nach rechts: Beobachtungsmikroskop, Halter für die Indikatorwurzel mit Markierungsvorrichtung, Stativ zur Aufnahme der Strahlungsquelle.

Brei wurde fest eingestopft und quoll dabei auch in den 1 mm breiten Schlitz. Der Überfluß wurde abgestrichen. Es zeigte sich, daß bei dieser Anordnung der Brei während einer Versuchsdauer von einer Stunde genügend frisch und feucht blieb. Bei einigen Versuchen wurde auch ein dünnes, mit dem strahlenden Brei gefülltes Quarzrohr als Strahlenquelle benutzt. (Die Strahlenemission erfolgte quer zum Rohr, nicht wie in den früheren Versuchen aus der engen Mündung desselben.) So wurde insbesondere die Wirkung von chemischen Agenzien auf die Strahlenemission untersucht.

Die Apparatur (s. Bild 26) ist auf einem starken L-förmigen gußeisernen Gestell montiert. Die wagerechte Grundplatte trägt ein starkes Stativ, welches an beliebige Stellen desselben angeschraubt werden kann. Das Stativ trägt die Strahlenquelle und die Apparate zur Brechung, Reflexion, Beugung, Dispersion der Strahlen. Die vertikale Grundplatte trägt die Indikatorwurzel mit Markierungsvorrichtung und das Beobachtungsmikroskop.

Bild 27. Versuchsapparat eingestellt für Versuch 57. (Reflexion der „mitogenetischen" Strahlen an einer Glasplatte.)

Bei allen Versuchen mußte der Strahlengang vor und auch nach dem Versuch mittels Lichtstrahlen kontrolliert werden. Dies wurde dadurch ermöglicht, daß das geschlitzte Rohr mit der strahlenden Substanz unmittelbar hinter einem Spalt von 1 mm Breite lag. Wenn das geschlitzte Rohr in den Apparat eingeklemmt wurde, fiel der Schlitz mit dem Spalt genau zusammen. Der Strahlengang konnte also nachgeahmt werden, indem vor und nach dem Versuch eine Glühlampe mit Mattglas hinter den Spalt gebracht wurde.

Der erwähnte feste Spalt war auf dem in der Höhe verstellbaren und gegen die Horizontale in beliebiger Neigung einstellbaren Querträger des Stativs befestigt. Auf diesem starken, runden Metallstab konnte noch ein schwenkbares Tischchen befestigt werden zum Tragen von Spiegeln, Prismen u. dgl., ferner ein optischer Spalt zur Begrenzung des Strahlenbündels. Dieser Spalt war sehr genau gearbeitet, die Schneiden bestanden aus sog. Haarlinealen aus gehärtetem Stahl, die Abweichung von der Geraden betrug weniger als 1 μ und die Verstellung der Spaltbreite geschah mittels einer Differentialschraube von 0,1 mm resultierender Steigung. Der Spalt war somit ein ausgezeichneter Beugungsspalt und wurde als solcher in dem schon früher beschriebenen Versuch zum Nachweis der Beugung der Strahlung benutzt. Die Einstellung des Querträgers mit den verschiedenen daran angebrachten Einrichtungen bei den verschiedenen Versuchen ist aus den Versuchsbeschreibungen ersichtlich.

Bei der Befestigung der Indikatorwurzel kam uns die Entdeckung sehr zustatten, daß abgetrennte Wurzeln, wenn sie gut befeuchtet werden, in Versuchen von nicht über etwa einer Stunde Dauer recht gut als Indikatoren verwendet werden können. Dadurch kamen wir in die Lage, zwei oder auch mehr Indikatorwurzeln nebeneinander zu benutzen, wodurch unsere Versuche bei übereinstimmendem Befund an beiden Wurzeln erhöhte Beweiskraft erhielten. Die Wurzeln lagen bei diesen Versuchen in zwei vertikalen halbrunden Rillen von etwa 1 mm Tiefe. Dieser Wurzelhalter (Bild 29) hatte an der Rückseite zur Beobachtung der Wurzeln während des Versuches einen Ausschnitt an der Stelle, an welcher die Meristeme lagen. Verdeckt wurden die Wurzeln durch eine Metallplatte, welche vor den Meristemen ebenfalls einen viereckigen Ausschnitt hatte. Durch diesen Ausschnitt fielen die Strahlen ein. Die Rillen mündeten nach oben in ein rundes Metallrohr ein. Durch dieses hindurch konnten sie während des Versuches befeuchtet werden mittels einer Tropfflasche oder einfacher durch einen tropfenden nassen Leinenlappen. Auch zur Aufnahme von nicht abgetrennten Zwiebelwurzeln war dieser Wurzelhalter geeignet. Dann wurde die Wurzel von oben durch das Metallrohr in die Rillen eingeführt und die Zwiebel an einer verstellbaren Nadel aufgespießt. — Abgetrennte Zwiebelwurzeln wurden vorsichtig mit Hilfe von etwas Kanadabalsam oder Klebwachs in die Rillen eingeklebt, wobei Sorge getragen werden mußte, daß die Befeuchtung nicht verhindert wird, oder aber sie wurden einfach in die Rillen gelegt, wobei sich die Spitze der Wurzel gegen einen Anschlag legte, d. h. die Wurzel wurde einfach auf die Spitze gestellt, wobei die Rille sie am Ausbiegen verhinderte.

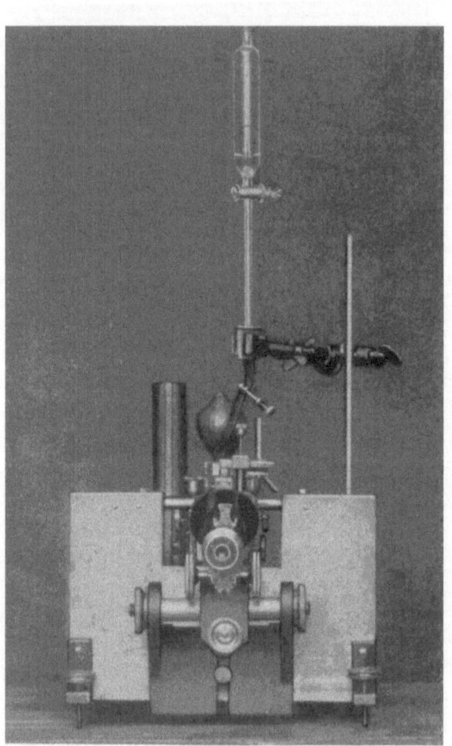

Bild 28. Vorderansicht des zweiten Versuchsapparates mit Tropfflasche zur Befeuchtung der Indikatorwurzel.

Durch die letztgenannten verschiedenen Arten der Befestigung konnten wir auf einfachste Weise die Frage entscheiden, ob es gestattet ist, bei Induktionsversuchen das Längenwachstum der Indikatorwurzel zu vernachlässigen? Bei langen Indikatorwurzeln, die während der Dauer eines Induktionsversuches 0,5 mm und mehr wachsen können, muß man von vornherein darüber im Zweifel sein, ob die Breite der Ausschlagzone nicht einfach durch das Wandern der bestrahlten Stelle hervorgerufen wird. Aus diesem Grunde hat Gurwitsch die Höhe der Wurzelspitze während des Versuches mit dem Kathetometer kontrolliert und durch dauerndes Nachstellen für die Konstanz der bestrahlten Stelle gesorgt. Wir können aber behaupten, daß eine solche Vorsicht bei abgetrennten Wurzeln nicht erforderlich ist. In Versuchen mit sehr engem Strahlenbündel (begrenzt durch den Vorsatzspalt, auf den wir gleich zu sprechen kommen), konnten wir unter sonst gleichen Umständen keinen Unterschied in der Breite des Ausschlages erkennen, ob nun die Wurzel auf die Spitze gestellt oder einige Zentimeter oberhalb der Spitze fixiert war. Wir können nicht mit Sicherheit sagen, ob dies eine Folge des mangelnden Längenwachstums der abgetrennten Wurzel ist oder vielleicht dem Umstand zuzuschreiben ist, daß der Induktionseffekt in viel kürzerer Zeit als der Versuchsdauer örtlich fixiert wird.

Der Wurzelhalter konnte in der Höhe und seitlich verschoben, außerdem um eine horizontale Achse geschwenkt werden. Der kleine Schlitten, in welchem der Wurzelhalter befestigt werden konnte, trug noch eine Vorrichtung zur mechanischen Markierung der bestrahlten Stelle und zur Ausmessung von Höhendifferenzen. Dies konnte mit einer feinen Nadel geschehen, welche auf beliebige Punkte der Wurzel mittels Mikrometerschrauben einstellbar war. Wir zogen aber bei den Versuchen die Markierung aus freier Hand und das Ausmessen von Längen mit dem Okularmikrometer vor.

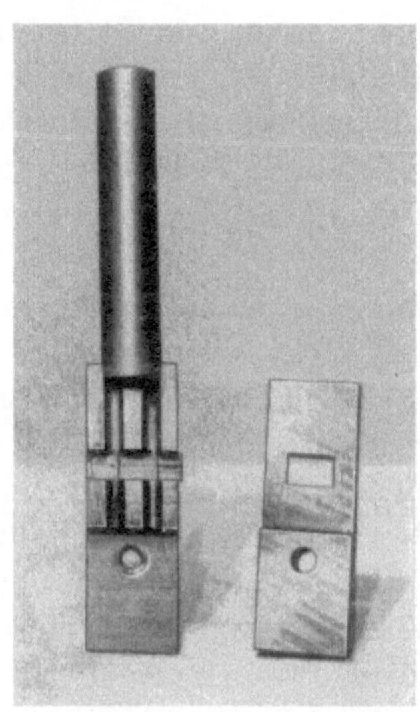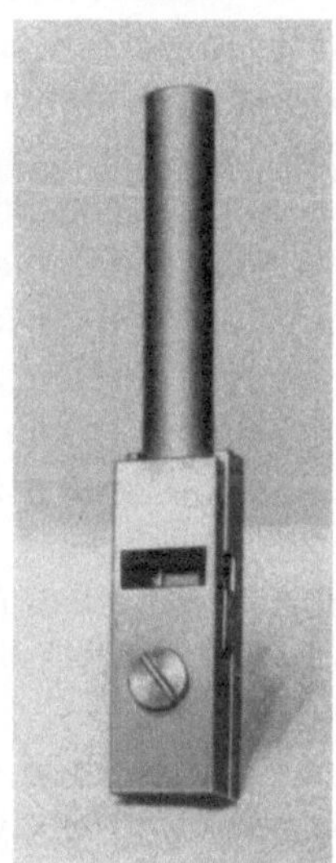

Bild 29. Halter für zwei Indikatorwurzeln. Links offen, rechts geschlossen. Auf dem Bild links ist hinter den Wurzeln der Vorsatzspalt zu sehen.

An der Außenseite der vertikalen Wand des gußeisernen Gestelles war der Tubus eines Mikroskops angebracht zur Beobachtung der Indikatorwurzeln und zur Kontrolle der Einstellung des Strahlenganges. Der Tubus konnte gegen die Horizontale geschwenkt werden, außerdem in der Höhe und seitlich verstellt werden. Zur Beobachtung wurden die Leitzschen Objektive 0 und 1 benutzt. Zur Kontrolle der Markierung diente ein Okularmikrometer.

Bei Versuchen, in welchen nur die Existenz der Strahlung, nicht aber die Gesetze des Strahlenganges untersucht wurden, wie z. B. in den Absorptionsversuchen, erhöhten wir die Empfindlichkeit der Nachweismethode durch enge Begrenzung des auf die Indikatorwurzel auftreffenden Strahlenbündels. Über diesen eigentümlichen Effekt haben wir schon im vorhergehenden Abschnitt (S. 18) berichtet und auch eine wahrscheinliche Erklärung dafür gegeben. Zur Einengung des Strahlenbündels diente uns ein in Messingblech geschnittener fester Spalt von 0,1, in späteren Versuchen 0,25 mm Breite. Dieser befand sich etwa 3 mm vor den beiden Indikatorwurzeln in dem Wurzelhalter. Es muß selbstverständlich sehr darauf geachtet werden, daß dieser Spalt nicht zufällig mitbefeuchtet wird.

Der ganze Apparat besaß bei allseitiger Verstellbarkeit seiner Teile eine sehr große Robustheit. Da wir bei dem Entwurf des Apparates die Natur der Strahlen noch nicht kannten, so waren wir vorsichtshalber in dieser Hinsicht etwas zu weit gegangen und haben alle Teile viel schwerer und präziser ausführen lassen, als erforderlich war. Für diejenigen, die unsere Ergebnisse nachzuprüfen beabsichtigen, wollen wir bemerken, daß unsere Versuche sich mit den im physikalischen Schulunterricht gebräuchlichen optischen Universalapparaten sehr gut wiederholen lassen. Man muß nur für einen Wurzelhalter mit Befeuchtungsmöglichkeit, für einen festen Halter zur Aufnahme des geschlitzten Rohres für die strahlende Substanz und für Linsen und Prismen aus Quarz oder gutem Uviolglas sorgen. Wenn Linsen aus Quarz von genügender Größe zur Verfügung stehen, so ist man auch nicht an die kleinen Abstände von wenigen Zentimetern gebunden, die wir bei unseren ersten Versuchen einhalten mußten. Mit zwei Quarzlinsen von 10 cm Durchmesser und 20 cm Brennweite (aus dem Besitz von Herrn Haußer) konnten wir einen starken Induktionseffekt erhalten bei einem Abstand von 80 cm von Strahlenquelle (Zwiebelsohlenbrei) und Indikatorwurzeln (Versuch Nr. 227, Bild 193).

Verwendet man Kaulquappen, Brei von bösartigen Tumoren oder nicht abgetrennte Zwiebelwurzeln als Strahlenquellen, so kann man die Induktionsversuche auch im dunklen Zimmer ausführen. Die Perzeptionsfähigkeit der Indikatorwurzel wird durch Dunkelheit nicht aufgehoben. Wohl aber wird das Strahlungsvermögen des Sohlenbreies durch Dunkelheit völlig gehemmt, und zwar in äußerst kurzer Zeit nach Ausfall der sichtbaren Strahlen. Arbeitet man daher mit Zwiebelsohlenbrei als Strahlenquelle, so muß man unbedingt darauf achten, daß etwas Tageslicht auf den mit dem Brei gefüllten Schlitz fällt. Auch Glühlampenlicht genügt. Die Indikatorwurzel soll dagegen möglichst wenig Licht erhalten außer der „mitogenetischen" Strahlung. Vielleicht trägt auch dieser Umstand etwas bei zur Verbesserung des Strahlennachweises durch Vorsatzspalt. Bei starkem, direkten Sonnenlicht auf der Indikatorwurzel gelingen die Versuche nicht (Antagonismus der Strahlenwirkungen s. S. 36; ferner die Versuche Nr. 162 und 229). Am besten stellt man den Apparat an eine halbhelle Stelle des Arbeitsraumes, nicht sehr weit vom Fenster.

Nach Ausführung jedes Induktionsversuches und vor der Fixierung müssen die Indikatorwurzeln bezeichnet werden. Die Markierung muß so ausgeführt werden, daß nach der mikroskopischen Präparation der Wurzel die bestrahlte Stelle erkenntlich bleibt. Gurwitsch hat hierbei folgende Methode verwendet: Die Wurzel wurde mit einer feinen Insektennadel in der Strahlrichtung durchstochen und auf ein Holzbrettchen angenagelt. Dann wurde mittels eines Rasiermessers die Wurzel durchschnitten, wobei der Schnitt sehr schräg geführt wurde, so, daß die Wurzel an der induzierten Seite eine dünn auslaufende Spitze erhielt. Da Gurwitsch die gesamte zugewendete und abgewendete Seite in den medianen Längsschnitten auszählt, kam es ihm nur auf die Markierung der zugewendeten Seite und nicht auf die der induzierten Stelle an.

Im Gegensatz hierzu haben wir in unseren Versuchen die induzierte Stelle stets direkt bezeichnet. Nach Beendigung des Versuches wurde bei unveränderter Lage der Wurzel die induzierte Stelle genau festgestellt und dieselbe oder die dieser diametral gegenüberliegende Stelle mit einem feinen Tuschefleckchen bezeichnet. Diese Marke wurde mit einer feinen Nadel freihändig aufgetragen. Die hierbei erzielbare Genauigkeit genügte vollkommen, wenn diese Stelle von vornherein fest-lag. Bildete dagegen gerade die Lage der Ausschlagstelle Gegenstand des Versuches, wie z. B. bei der spektroskopischen Bestimmung der Wellenlänge, so wurden ein oder zwei Marken angebracht, deren Abstand von der Auftreffstelle der zur Kon-trolle benutzten Lichtstrahlen sowie die Länge der Marken selbst mit dem Okular-mikrometer ausgemessen wurde. Aus der Anzahl der Schnitte zwischen den Marken und dem Ausschlag konnte dann die Lage des Ausschlages in Millimetern unab-hängig von der etwaigen Schrumpfung der Wurzel bei der Präparation berechnet werden (s. z. B. Versuch Nr. 91 auf S. 22 und 125). Bei fast allen Versuchen war der Strahlengang genau senkrecht zur Wurzelachse, daher konnte ebensogut die bestrahlte Stelle wie auch die gegenüberliegende, in derselben Höhe befindliche Stelle bezeichnet werden. Daß eine oberflächliche Bezeichnung mit Tusche nach der Induktion, wenn die Wurzel unmittelbar nachher fixiert wird, auf die Mitosen-verteilung keinen Einfluß hat, ist eine Selbstverständlichkeit. Aber auch bei den Versuchen mit ganz kurzer Induktionsdauer, in welchen die Wurzel nach der Be-zeichnung und vor dem Fixieren bis zur Dauer von einer Stunde in Wasser lag, konnten wir keinen Einfluß der Markierung wahrnehmen, der Ausschlag war un-abhängig davon, ob wir die bestrahlte oder die abgewendete Seite bezeichnet hat-ten. — Die Markierung mit einem Tuschefleckchen hat den großen Vorteil, daß die Bezeichnung während der Präparation gut haftenbleibt und die Lage der bestrahlten Seite auch im mikroskopischen Bild erkennbar bleibt.

Wie schon mehrfach erwähnt, wurde der Strahlengang mittels Lichtstrahlen kontrolliert. Diese Kontrolle wurde so ausgeführt, daß der Wurzelhalter vor dem Versuch ohne Wurzeln eingestellt wurde. Nach dem Versuch wurde die lebende Strahlenquelle entfernt und die Auftreffstelle der sichtbaren Strahlen (einer Glüh-lampe) an der Wurzel selbst festgestellt und markiert. Die Wurzeln sind genügend durchscheinend, um ausreichend starkes Licht noch von der Gegenseite erkennen zu lassen. Mit einem Objektiv von kurzer Brennweite, welche genau auf die Ebene der Wurzel eingestellt ist, kann man übrigens den Lichtstreifen auch in der Luft, rechts und links von der Wurzel sehen. Der Einwand, daß das Kontrollicht selber den Ausschlag hervorrufen könnte, wird schon durch die große Zahl von negativen Versuchen, bei denen ebenfalls Kontrollicht verwendet wurde, hinfällig und selbst-verständlich auch durch die große Anzahl positiver Versuche, in welchen nach der Lichtkontrolle unmittelbar die Fixierung erfolgte. Übrigens wurde in zahlreichen Versuchen keine Lichtkontrolle angewandt, dies war insbesondere in den Fällen überflüssig, in welchen ein Vorsatzspalt unmittelbar vor der Indikatorwurzel lag.

Nach Markierung der Indikatorwurzeln erfolgte die Fixierung, und zwar wenn die Induktionsdauer mindestens 45 Min. betragen hatte, unmittelbar nachher, war aber die Versuchsdauer kürzer, so mußten die Wurzeln erst in Wasser gelegt werden, um den Zellteilungen Zeit zur Entwicklung zu lassen, so daß insgesamt stets eine Stunde seit Beginn der Induktion bis zur Fixierung verstrich. Als Fixierungsmittel verwandten wir Bouinsche Lösung.

Die weitere Behandlung konnte, nachdem die Markierung einmal erfolgt war, ohne Rücksicht auf die Lage der Wurzel durchgeführt werden. Sie bestand in den Vorbereitungen zur Paraffineinbettung: 6 Stunden 80proz. Alkohol, 6 Stunden Alkohol absolutus, 12 Stunden Alkohol plus Chloroform, 12 Stunden Chloroform. Weiterbehandlung im Paraffinschrank. 12 Stunden Chloroform plus weiches Paraffin,

12 Stunden weiches Paraffin, dann 12 Stunden hartes Paraffin. Danach Einbettung in hartes Paraffin. Darauf wurde ein Stück von etwa 2—3 mm Länge um die induzierte, bezeichnete Stelle herum in Serienquerschnitte von 10 μ (in späteren Versuchen 15 μ) Dicke zerlegt. Beim Schneiden wurde auf möglichst genau senkrechte Führung der Schnitte zur Wurzelachse geachtet (parallel zur Strahlenrichtung).

Die Schnitte wurden mit einer Kernfärbemethode, Hämalaunfärbung gefärbt, die die Unterscheidung der verschiedenen für die Zählung wichtigen Stadien sehr gut ermöglicht.

Die Auswertung der Versuche erfolgte in der Weise, daß jeder einzelne mikroskopische Querschnitt mit dem Vasiliu schen Projektionsapparat in etwa 50 facher Vergrößerung abgezeichnet wurde. Der Vasiliusche Apparat läßt sich leicht an jedem Mikroskop anbringen. Er besteht aus einer kleinen lichtstarken Glühlampe mit Kondensorlinse, welche an dem Beleuchtungsapparat anzubringen ist, ferner aus einem Spiegel, welcher an dem etwas herausgezogenen Okular befestigt wird. Es wird ein lichtstarkes Bild des Querschnittes in einer wagerechten Ebene auf Zeichenpapier entworfen. Das Bild kann mühelos nachgezeichnet werden und kann sogar später wiederholt kontrolliert werden. Man ist so subjektiven Täuschungen weniger ausgesetzt als bei dem weit schwieriger bedienbaren Abbeschen Zeichenapparat.

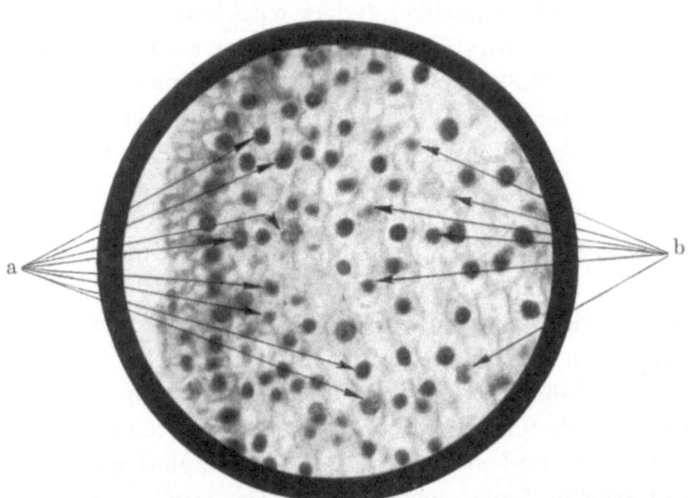

Bild 30. Mikroskopisches Bild eines Wurzelquerschnittes, mit Beispielen für die Anwendung der Zählungskriterien. a) Reife Kerne, werden bei der Zählung berücksichtigt. b) Kerne in Rückbildung, werden bei der Zählung nicht berücksichtigt.

Mit der erwähnten Färbemethode färben sich die Kerne sehr stark, ohne daß an der Kernstruktur irgendwelche Teile durch besonders starke Färbung hervorgehoben würden. Auch die Mitosen heben sich sehr deutlich ab und lassen sich schon in ihren frühesten Stadien mit einer für unsere Zwecke genügenden Schärfe von den nicht in Mitose befindlichen reifen Kernen unterscheiden. Für die Feststellung des Induktionseffektes ist dieser Umstand nicht von besonderer Bedeutung, da sich nach unseren Feststellungen der sog. Ausschlag nicht nur in einer Veränderung der Anzahl der Mitosen, sondern auch der reifen Kerne dokumentiert. Gezählt wurden stets alle Kerne, die sich noch im Teilungszyklus befanden, d. h. reife Kerne, scharf charakterisiert durch den in der Mitte der Zelle sich befindlichen, mit Kernfarbstoffen aller Art sich sehr stark färbenden Kern, weiterhin alle Stadien der Mitose, von der eben beginnenden Auflösung des Kernes bis zur spätesten Telophase und die neugeborenen Zellen, die sich in Querschnitten nicht besonders gut von den vor der Teilung sich befindenden Kernen unterscheiden lassen und nur durch ihre Kleinheit auffallen. Nicht gezählt wurden alle Stadien der „Ruhekerne", d. h. der Zellkerne der Ruhezellen in allen Stadien der beginnenden Rückbildung, charakterisiert durch Verkleinerung des Zellkernes und dadurch, daß der Kern sich nicht mehr in der Mitte der Zelle befindet und völlig frei steht, sondern zur Zellwand rückt und sich mehr und mehr entfärbt. Diese Kerne sind schon in ihren frühen Stadien so charakteristisch, daß ihre Erkennung gar keine Schwierigkeiten bereitet. (S. Bild 30.)

Die Induktion ergibt in der beeinflußten Zone eine Vermehrung der reifen Zellkerne, und da diese viel größer sind, als die Kerne der Ruhezellen, fallen sie viel mehr auf als diese (s. a. S. 7). So wird der Induktionseffekt an geeigneter Stelle des Meristems schon bei mäßigen Vergrößerungen durch mehr oder weniger starkes Überwiegen der stark gefärbten Kerne auf der zugewendeten Seite sehr deutlich in Erscheinung treten (s. Bild 2). Die Auswertung des Effektes erfolgt selbstverständlich bei entsprechend größeren Vergrößerungen durch genaue Abzeichnung und Zählung.

IV. Folgerungen aus unseren Versuchsergebnissen.

In diesem Abschnitt soll versucht werden, den Inhalt unserer im vorhergehenden Abschnitt beschriebenen Versuche, soweit es zur Zeit möglich ist, theoretisch auszuschöpfen.

Unsere Versuche, die mit der Zwiebelwurzel als Rezeptor der „mitogenetischen" Strahlen ausgeführt worden sind, lieferten uns als Ergebnis stets den Induktionseffekt bzw. das Ausbleiben desselben. Dieser Effekt, welcher bei oberflächlicher Betrachtung recht einfach erscheint, offenbart sich bei genauerer Betrachtung als eine recht komplizierte Gesamtreaktion der Zwiebelwurzel auf die Strahlen. Es gilt nun, aus diesem Effekt, dessen vollständige Beschreibung erst in diesem Abschnitt gegeben werden soll, durch genauere Analyse die Einzelvorgänge auszusondern, die sich dabei abspielen. Es soll vor allem versucht werden, das Schicksal der einzelnen Zelle während des Induktionsvorganges zu verfolgen. Um diese Arbeit zu leisten, war es erforderlich, erst eine quantitative Einsicht in den normalen zeitlichen Verlauf der Zellteilungsvorgänge zu gewinnen. Da wir in der Literatur keine für unsere Zwecke geeignete Darstellung des normalen Teilungswachstums gefunden haben, versuchten wir selber eine quantitative Beschreibung dieser Vorgänge zu entwickeln. Die dieser Theorie zugrunde liegenden Anschauungen sind teilweise auch neu und wir stellen sie zur Diskussion.

Weitere Aufschlüsse über die Natur der Strahlenwirkungen erhalten wir durch die Tatsachen des Strahlenantagonismus. Wir werden versuchen, eine modellmäßige Erklärung aller dieser Tatsachen zu geben, die als Arbeitshypothese für weitere Untersuchungen dienen kann. Wir werden versuchen für die Strahlenwirkung ein Schema zu geben, dessen Prüfung, Ausfüllung und Ergänzung Aufgabe der Zukunft ist.

Das zweite Problem, das die Strahlen bieten, betrifft ihren Ursprung. Unsere Kenntnis über diesen Punkt ist noch recht gering. Wir sind noch weit entfernt davon, den lumineszierenden chemischen Vorgang angeben zu können, dessen Produkt die Strahlung ist. Unsere Versuche können aber geeignet sein, auch in dieser Richtung einige Fingerzeige zu geben.

Das dritte Hauptproblem betrifft die Rolle der Strahlen im wachsenden embryonalen Organismus und in den bösartigen Tumoren. Hierüber ist schon früher das Wichtigste gesagt worden. Weitere Aufschlüsse versprechen im Gange befindliche Versuche zum Teil therapeutischer Richtung.

Es wird unvermeidlich sein, daß wir uns bei der theoretischen Deutung unserer Versuchsergebnisse stellenweise auf spekulatives Gebiet begeben. Wir wollen aber trachten, die zwingenden Folgerungen stets von der reinen Spekulation zu trennen.

1. Das normale Wachstum der Zwiebelwurzel.

a) Der Zellteilungszyklus.

Als Nachweis für die „mitogenetischen Strahlen" haben wir in unseren Versuchen stets die Wirkung auf die Wachstumszone (Meristem) wachsender Zwiebelwurzeln benutzt. Wir können diese Wirkung kurz charakterisieren durch die Worte: Störung der axialen Symmetrie des Wachstums. Bevor wir den Induktionseffekt genau beschreiben und unsere Folgerungen daraus ziehen, müssen wir erst das normale, axialsymmetrische Wachstum der Zwiebelwurzel genauer betrachten:

Das Wachstum der Zwiebelwurzel setzt sich zusammen, wie jedes geordnete Wachstum, aus Teilungswachstum und Streckungswachstum. Der Sitz des Teilungswachstums ist das Meristem, der Sitz des Streckungswachstums der übrige Teil der Wurzel. Die Abgrenzung beider Teile ist selbstverständlich nicht scharf, sondern flüssig. Das Wachstum der Zwiebelwurzel (wie auch das Wachstum vieler anderer Wurzeln und Ranken usw.) läßt sich besonders einfach übersehen, da Zellteilungen darin fast ohne Ausnahme stets in der Längsrichtung der Wurzel stattfinden. Die Wurzel besteht aus einer Anzahl paralleler Zellsäulen, die nebeneinander und scheinbar voneinander unabhängig wachsen. Die Unabhängigkeit der einzelnen Zellsäulen voneinander ist in dem Sinne zu verstehen, daß zwischen den Teilungen in nebeneinander befindlichen Zellen, die verschiedenen Säulen angehören, kein Synchronismus beobachtbar ist. Vielmehr zeigt jeder Bereich des Meristems Zellen in verschiedenen Stadien in statistischer Unordnung. Dies berechtigt uns im folgenden zur Anwendung der statistischen Betrachtungsweise.

Das Meristem von keimungsfähigen Zwiebelwurzeln ist in der Zwiebelsohle schon fertig vorgebildet. Die Bildung der Wachstumszone fällt nicht in den Rahmen der nachfolgenden Betrachtungen. Während des nachfolgenden Wachstums bis zu einem gewissen Punkt bleibt das Meristem stationär. An Stelle von stationär können wir auch sagen: statistisch unverändert, d. h. die Zellindividuen wechseln im Meristem, aber das makroskopische und das mikroskopisch-statistische Bild des Meristems bleibt unverändert. Wir wollen dieses mit der Beschränkung aussprechen: während der Tagesstunden. In den Nachtstunden haben wir keine Beobachtungen angestellt. Während der Stunden, in denen wir unsere Versuche vorgenommen haben (zwischen 9 Uhr morgens bis 5 Uhr nachmittags), konnten wir keine regelmäßigen Schwankungen beobachten. Wenn solche vorhanden sind, so sind sie bei der Zwiebelwurzel sicher so klein, daß wir sie außer acht lassen und alle Tagesstunden als gleichwertig betrachten können[1]).

---

[1]) Karsten hat bei Sprossen von Pisum und Zea Mays deutliche periodische Schwankungen der Teilungen gefunden mit regelmäßigen Maxima zu bestimmten Nachtstunden. Stålfelt fand bei Pisumwurzeln ein Teilungsmaximum zwischen 9 und 11 Uhr vormittags, also während des Tages. Bei Allium lepa fand Kellicott (1904) eine Periodizität mit einem Maximum um 11 Uhr nachts und um 1 Uhr nachmittags mit Minima um 7 Uhr morgens und um 3 Uhr nachmittags. (Zitiert nach Rossmann, Roux' Archiv Bd. 113, H. 2.) Wir können diese Beobachtungen nicht bestätigen, wenn wir auch nicht behaupten wollen, daß unsere Versuchsergebnisse mit der etwaigen Existenz geringer regelmäßiger Schwankungen in Widerspruch stehen. — Wir wollen auch an dieser Stelle betonen, daß man aus der Häufigkeit von Mitosen keineswegs auf die Teilungsgeschwindigkeit schließen darf. Es ist sogar denkbar, daß man unter gewissen Umständen eine abnorm hohe Zahl von Mitosen findet, obwohl das Wachstum nahezu oder ganz stillsteht.

Die Zwiebelwurzel enthält von außen nach innen: Das Dermatogen (auch Plerom genannt, eine Zellschicht stark), das Periblem (etwa 12—15 Zellschichten stark) und das Gefäßbündel. Alle unsere Auszählungen und auch die hier mitgeteilten Überlegungen beziehen sich stets nur auf das Periblem. (S. auch Bild 47 auf S. 73.)

Wir wollen es unternehmen, das mikroskopische Bild des Periblems im Meristem statistisch zu beschreiben. Die Berechtigung für die statistische Betrachtungsweise gibt uns die schon erwähnte Beobachtungstatsache der statistischen Unordnung. Dieser Begriff drückt nicht nur die Beobachtung aus, daß kein gesetzmäßiger Zusammenhang zwischen den mikroskopischen Bildern nebeneinander liegender Zellen besteht, sondern auch die durch viele Beobachtungen gestützte Tatsache einer Regelmäßigkeit der Mittelwerte. Nur auf Mittelwerte aus sehr vielen Einzelbeobachtungen darf sich eine statistische Betrachtung stützen, ihre Voraussetzung ist die bei großen Zahlen immer schärfer hervortretende Gesetzmäßigkeit. Wenn wir im folgenden auch hier und da gezwungen sein werden, auch aus kleinen Zahlen Mittelwerte zu bilden, so müssen wir die Zuverlässigkeit der daraus gewonnenen Resultate entsprechend geringer einschätzen.

Wir legen die Lage jeder Zelle im Periblem fest durch die Ordnungszahl, d. h. durch die Zahl der Zellen zwischen dieser und dem distalen Ende der Zellsäule. Die apikale Zelle hat die Ordnungszahl 1. Alle Zellen einer Säule stammen von einer Zelle ab, die ursprünglich die Ordnungszahl 1 hatte. Wir nennen die Ordnungszahl n.

Betrachten wir aus jeder Zellsäule z. B. die Zellen mit der Ordnungszahl 50, so finden wir, daß diese mit geringen Schwankungen nebeneinander liegen. Diese Erfahrung beruht auf der Gleichartigkeit der Zellsäulen im Periblem. Wir können daher nicht nur die Lage einer Zelle, sondern auch die Lage eines Querschnittes durch die (mittlere) Ordnungszahl festlegen[1].

Betrachten wir nun in einem Längsschnitt die Zellen in der Umgebung, z. B. der Ordnungszahl 50, etwa zwischen $n = 45$ und 55 und suchen wir das statistische Bild dieses Gebietes zahlenmäßig auszudrücken.

Wir unterscheiden in den mikroskopischen Bildern, die den nachfolgenden Betrachtungen zugrunde liegen, eine Anzahl typischer Kernbilder. Jeden Kern betrachten wir als Repräsentanten einer Zelle. Wir zählen also eigentlich nicht Zellen, sondern Kerne. Dadurch entgehen wir den Unsicherheiten insbesondere bei der Identifizierung langer Zellen, von denen u. U. nur Bruchteile auf einen Schnitt oder in das bei der Auszählung betrachtete mikroskopische Bildfeld fallen. Zellen ohne Kern, d. h. solche Zellen, deren Kern nicht in das Bildfeld fallen, werden also nicht gezählt, andererseits werden Kerne gezählt, bei welchen die zugehörige Zelle teilweise schon außerhalb des Bildfeldes oder Schnittes fällt. Wir unterscheiden folgende typische Kernbilder:

1. Neugeborene Kerne. Diese sind in Längsschnitten der Wurzel daran erkennbar, daß zwei kleine runde Kerne in gleichem Stadium sich in derselben Säule unmittelbar übereinander befinden, mit mehr oder weniger vollendeter Bildung der Zwischenmembran. Das Stadium wird nach unserer Auszählung einerseits begrenzt

---

[1] Bei größeren Ordnungszahlen finden wir allerdings auch eine regelmäßige Abweichung, die darauf schließen läßt, daß die durchschnittliche Länge der Zellen in den inneren Zellsäulen größer ist als in den äußeren. Wir verstehen dann unter Ordnungszahl einer Stelle die Ordnungszahl einer mittleren Säule. (Etwa 5—7 Zellschichten von außen.)

durch die beginnende Verknäuelung der Chromosomen, andererseits durch die vollkommene Ausbildung der Zwischenmembran. Die Summe der Längen der beiden Zellen ist stets ebenso groß wie die Länge einer ausgewachsenen Zelle, oder was das gleiche ist[1]), die Länge einer Zelle in Mitose.

2. Reife Kerne. Hierzu nehmen wir alle mehr oder weniger gegen die neugeborenen vergrößerten Zellen mit großen runden, stark färbbaren Kernen bis zum Beginn der Prophase.

3. Mitosen. Hierzu nehmen wir alle Mitosenfiguren von den frühesten Prophasen bis zu den spätesten Telophasen. Eine weitergehende Aufteilung der Mitose haben wir nicht durchgeführt, da wir dann zu so kleinen Zahlen gelangen, daß die statistische Methode nicht mehr mit Recht angewendet werden kann.

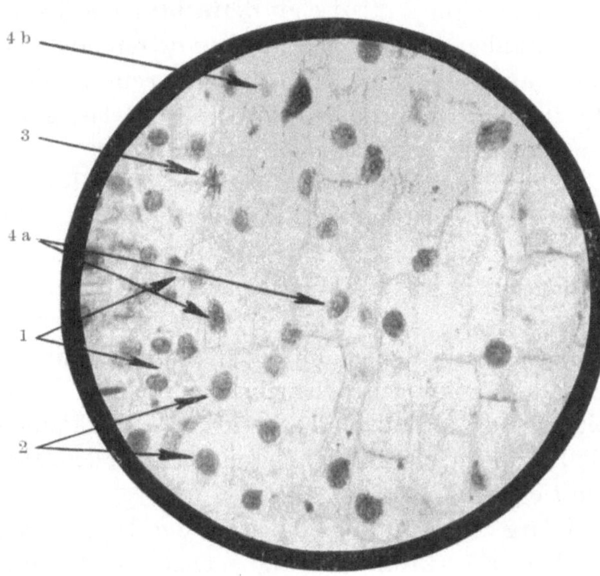

Bild 31. Längsschnitt durch das Periblem in dem proximalen Teil der Wachstumszone. (Das Dermatogen liegt links, das Gefäßbündel rechts außerhalb der Bildfläche.) Vergrößerung etwa 200fach. Einige Beispiele der fünf Zellstadien sind durch Pfeile kenntlich gemacht.

4. Lange Zellen mit mehr oder weniger an der Zellwand anliegenden Kernen. Die Zellenlänge ist stets größer als bei den neugeborenen Zellen. Hier wurden noch zwei Untertypen unterschieden:

a) Zellen mit länglichem, aber noch ziemlich großem Kern, die Färbbarkeit ist nur wenig geringer als die der Stadien 1. und 2.

b) Sehr lange Zellen mit stark geschrumpftem, kleinem, schwach färbbarem Kern.

In der späteren Darstellung wird a) und b) immer zusammen gezählt.

Das typische Aussehen dieser Zelltypen zeigen die Mikrophotogramme Bild 31 und Bild 32.

Was stellen nun diese Zellbilder dar? Die Entscheidung dieser Frage ist für das Folgende von grundlegender Wichtigkeit. Unsere Deutung der Zellbilder können wir folgendermaßen darstellen:

Das stationäre Teilungswachstum des Meristems erklärt sich dadurch, daß an jeder Stelle des Meristems (festgelegt durch die Ordnungszahl n) ein für diese Stelle charakteristischer (mittlerer) Zellteilungszyklus besteht. Die neugeborene Zelle durchläuft nach ihrer Geburt verschiedene Stadien, bis sie wieder zu einer Zelle wird wie die reife Zelle, aus deren Teilung sie hervorgegangen ist, um sich dann wiederum zu teilen. Hierbei werden die einzelnen Phasen des Zyklus an jeder Stelle in bestimmten mittleren Zeiten durchlaufen. Charakteristisch ist für den Zyklus außer den Teilzeiten die Gesamtdauer des Zyklus, die wir auch Periodendauer nennen wollen.

Das Problem der Deutung der Zellbilder stellt sich nun so dar: Stellen alle Stadien 1—4 Phasen des Zyklus dar oder ist ein Teil dieser Zellen schon aus dem

---

[1]) Nach Gurwitsch und Frl. Sorokina.

Zyklus ausgeschieden, m. a. W. befinden sich alle oder nur ein Teil der Zellen im Zyklus?

Die erste Annahme wäre gleichbedeutend damit, daß jede Zelle nacheinander alle Stadien 1—4 durchläuft, und zwar wäre nur die Reihenfolge 1—4—2—3 denkbar. Dies würde aber heißen: nach der Geburt der Zelle schrumpft der Kern und rückt an die Zellwand heran, aber die Zelle vergrößert sich eine Weile. Dann aber wird die Zelle wieder kleiner, während der Kern sich vergrößert und in die Mitte rückt um sich schließlich zu teilen. Die Vorstellung, daß die Zelle sich verlängert, um sich dann wieder zu verkleinern, erscheint uns so unwahrscheinlich, daß wir die andere Annahme vorziehen müssen: Nur die Zellbilder 1—3 stellen Phasen des Zellteilungszyklus dar. Die Zellbilder 4 stellen dagegen aus dem Zyklus ausgeschiedene Zellen dar, die ihr Streckungswachstum begonnen haben. 4a) stellt frühere, 4b) spätere Stadien dieser Zellen dar, die wir auch Ruhezellen nennen wollen[1]).

Nach dieser Vorstellung können wir uns folgendes Bild von dem Wachstum der Wurzel bilden: An jeder Stelle (mit einer bestimmten Ordnungszahl) besteht ein bestimmter mittlerer Zellteilungszyklus. Jede neugeborene Zelle, deren Zellwand voll ausgebildet ist, bleibt entweder im Zyklus oder aber sie scheidet aus, um das Streckungswachstum zu beginnen. Der Prozentsatz der ausscheidenden Zellen wird um so größer, je mehr die Zelle durch die distalwärts erfolgenden Teilungen von der Wurzelspitze nach oben

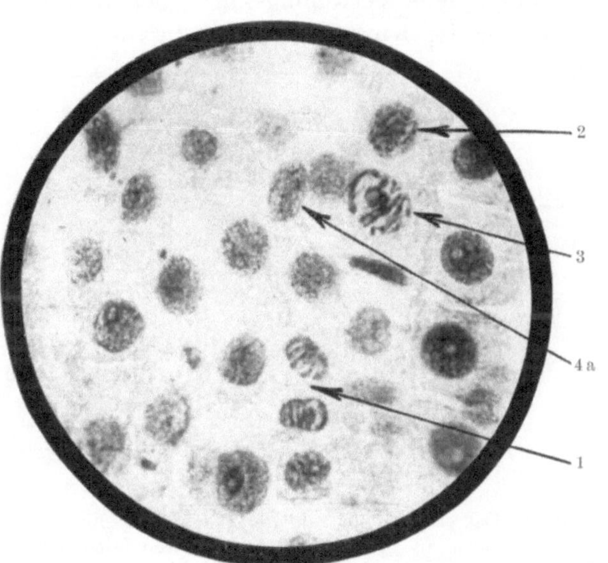

Bild 32. Längsschnitt durch das Periblem in dem distalen Teil der Wachstumszone. (Die Zellreihe rechts mit den großen schwarzen Kernen ist das Dermatogen.) Vergrößerung etwa 400 fach. Einige Beispiele der verschiedenen Zellstadien sind mit Pfeilen bezeichnet.

verschoben wird. Bestimmend für den Zyklus ist nicht das Alter der Zelle, d. h. die Anzahl der Teilungen, die sie durchgemacht hat, seitdem sie aus der apikalsten Zelle hervorgegangen ist, sondern ihre Lage im Meristem. Denn die apikalste Zelle behält ihre Teilungsfähigkeit, auch wenn ihre Schwesterzellen längst aus dem Meristem abgeschoben sind und es ist die distale Zelle, die aus einer Teilung entsteht, im Mittel mehr im Sinne weiterer Teilung begünstigt als ihre proximale Schwester. Mit dem Fortschreiten proximalwärts wird der relative Anteil der im Zyklus befindlichen Zellen immer kleiner und kleiner und wird schließlich zu Null.

Wir stellen uns nun die Aufgabe, den mittleren Zyklus an den verschiedenen Stellen des Meristems zu berechnen. Als Grundlage für unsere Rechnung dienen die vorhin entwickelten Anschauungen und die aus der Auszählung zahlreicher Wurzelschnitte gewonnenen relativen Anteile der Stadien 1—4.

[1]) Der Ausdruck „Ruhezellen" wird im allgemeinen in abweichendem Sinne gebraucht.

Wir nennen die relativen Anteile der Stadien 1—3 in der Umgebung der betrachteten Stelle der Reihe nach α_1, α_2, α_3. Den relativen Anteil der Zellen im Stadium 4 nennen wir β. Es ist stets

$$\alpha_1 + \alpha_2 + \alpha_3 + \beta = 1.$$

Aus der Auszählung vieler Längsschnitte an drei verschiedenen Wurzeln wurde durch Mittelwertsbildung der in Bild 33 als Funktion der Ordnungszahl dargestellte Verlauf der Zahlen α und β gewonnen. Diese Werte legen wir im folgenden den zahlenmäßigen Berechnungen zugrunde. Selbstverständlich sind die Verteilungskurven bei verschiedenen Wurzeln (insbesondere wenn man zu verschiedenen Jahreszeiten vergleicht) nicht unbeträchtlich. Darum werden wir auch bei jedem Versuch die individuelle Verteilungskurve der Wurzel zu ermitteln suchen. Der allgemeine Charakter der Kurven ist aber stets der in Bild 33 dargestellte.

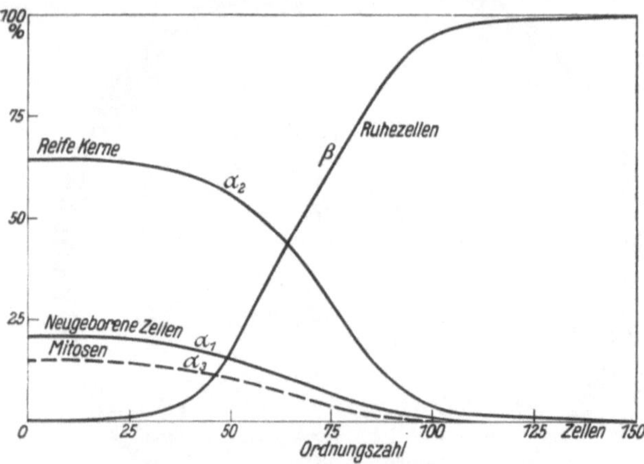

Bild 33. Das statistische Bild der Wachstumszone. Die aus Zählungen an drei Wurzeln ermittelten Mittelwerte der relativen Anteile der einzelnen Zellstadien 1—4 sind als Funktion der Ordnungszahl (Zellenzahl von der Wurzelspitze an gerechnet) aufgetragen.

Wir fassen jetzt die Aufgabe der Berechnung des mittleren Zellteilungszyklus an einer bestimmten Stelle folgendermaßen: Gegeben sind die Zahlen α_1, α_2, α_3 und β. Hieraus sind zu berechnen die Zeiten, die an dieser Stelle eine im Zyklus befindliche Zelle im Mittel zum Durchlaufen der einzelnen Stadien 1, 2, 3 braucht. Die Summe dieser Zeiten ergibt die mittlere Zyklusdauer oder — wie wir sie auch genannt haben — die Periodenlänge. Es ist klar, daß man aus mikroskopischen Schnitten der Wurzel immer nur die relative Zeitdauer der einzelnen Phasen gewinnen kann. Denn wenn wir alle charakteristischen Zeiten mit einem beliebigen Faktor multipliziert denken, also das Wachstum beliebig beschleunigen oder verlangsamen, so würde das statistisch-mikroskopische Bild doch unverändert bleiben. Wir nehmen daher im folgenden die vorläufig unbekannte Dauer des Teilungszyklus an der betreffenden Stelle als Zeiteinheit und setzen uns als Aufgabe die Berechnung der relativen Teildauern ϑ_1, ϑ_2, ϑ_3. Es ist also immer:

$$\vartheta_1 + \vartheta_2 + \vartheta_3 = 1.$$

Am einfachsten ist diese Aufgabe zu lösen für kleine Ordnungszahlen, also für die Stellen nahe der Wurzelspitze, wo die Zahl β gleich Null ist, wo sich also alle Zellen im Zyklus befinden.

b) Der mittlere Zyklus im distalen Teil des Meristems.

Wir leiten die Teilzeiten ab aus der Tatsache der Stationarität. Dies bedeutet soviel wie Konstanz der Zahlen α und β. Vorläufig betrachten wir nur den Fall $\beta = 0$. Dann hat die Stationarität folgende Bedeutung: Ist in irgendeinem Augenblick die Verteilung der Zellen auf die Zustände 1, 2, 3 gegeben, so müssen nach einer beliebigen Zeit die Zellen wieder dieselbe Verteilung haben, obwohl ihre Zahl sich inzwischen durch Teilungen vergrößert hat. Greifen wir aus dieser vergrößerten Zahl von Zellen wieder z. B. hundert heraus, so finden wir wieder die ursprünglichen Zahlen.

Sehen wir zunächst einmal ab von der Vermehrung der Zellen. Wenn die Zustände 1, 2, 3 nur verschiedene Zustände derselben Zellen darstellen würden, die periodisch durchlaufen werden, so müßten offenbar die Teilzeiten sich verhalten wie die Zahlen der betreffenden Zellstadien, also müßte sein:

$$\vartheta_1 : \vartheta_2 : \vartheta_3 = \alpha_1 : \alpha_2 : \alpha_3 .$$

Infolge der Vermehrung der Zellenzahl durch die Teilung kann diese Beziehung aber nicht bestehen. Denn wenn wir z. B. annehmen, daß die Mitose ebensolange dauert wie die Phase, in der wir die Zellen als neugeboren bezeichnen, so müssen stets offenbar doppelt soviel neugeborene Zellen da sein wie Mitosen, denn nach einer gewissen Zeit werden aus den Mitosen doppelt soviel neugeborene Zellen[1]).

Um das Problem mathematisch zu fassen, nehmen wir an, daß wir die Aufteilung der Zellstadien unendlich verfeinert hätten. Jedes Stadium sei charakterisiert durch die mittlere Zeit x, die seit der Geburt bis zur Erreichung dieses Stadiums verstreicht. Wir finden nun zwischen x und $x + dx$ die Zahl von $\varrho \cdot dx$ Zellen. Wir fragen nun nach der Funktion $\varrho(x)$, die bei der Fortentwicklung der Zellen dauernd unverändert bleibt[2]).

Wir haben schon gesehen, daß stets sein muß: $\varrho(0) = 2 \cdot \varrho(1)$. Dieses ist ein Ausdruck der Verdoppelung der Zellen bei der Teilung. Wir wollen nun zeigen, daß die Form der Funktion $\varrho(x)$ gegeben ist durch die Exponentialfunktion:

$$\varrho(x) = C \cdot 2^{-x}.$$

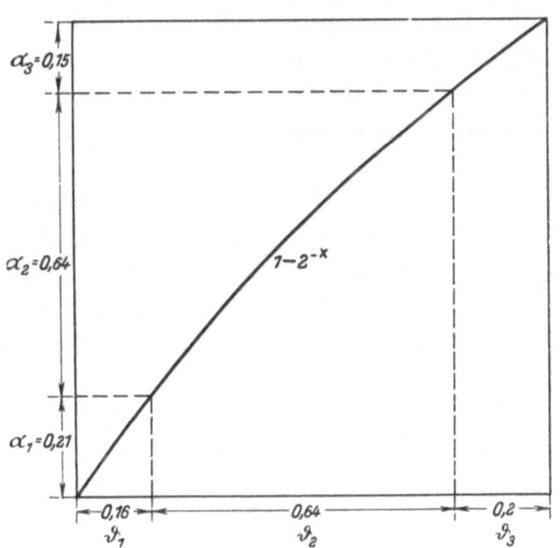

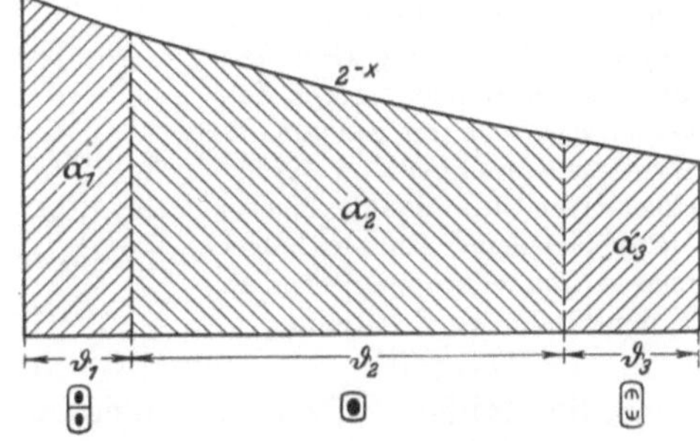

Bild 34. Graphische Konstruktion des Zellteilungszyklus, wenn alle Zellen sich im Zyklus befinden. (Nahe der Wurzelspitze.) Die Abschnitte ϑ stellen die mittleren Zeiten dar, die eine Zelle benötigt, um die einzelnen Entwicklungsphasen zu durchlaufen. Die relativen Anteile der einzelnen Zellstadien werden durch die schraffierten Flächen dargestellt.

---

[1]) G u r w i t s c h hat dies übersehen. In der Arbeit von A. und L. G u r w i t s c h „Zur Analyse der Latenzperiode der Zellteilungsreaktion" Roux'-Archiv, Bd. 109, S. 364, schreibt G. wörtlich: „Eine einfache Überlegung ergibt nämlich, daß der an einer fixierten Wurzel auftretende Prozentsatz der in Teilung befindlichen Zellen gleich der Größe eines Bruches ist, dessen Zähler die Dauer der Mitose und der Nenner der ganze Turnus = Mitosedauer + Zeitabstand zwischen zwei Mitosen ist."

[2]) Wir können nicht umhin, in unserer quantitativen Darstellung auch die mathematische Sprache zu gebrauchen. Wir waren bestrebt, ihre Anwendung möglichst zu beschränken, (auch auf Kosten der Strenge) und geben stets parallel mit der mathematischen auch die anschauliche graphische Darstellung, die, wie wir hoffen, zum Verständnis unserer Anschauungen und unserer Folgerungen genügen wird.

C ist eine Konstante. Wir leiten die Formel hier nicht ab, sondern begnügen uns damit, ihre Gültigkeit zu beweisen. Es sei $C \cdot 2^{-x}$, die Verteilung der Zellen zur Zeit $t = 0$. Nach der Zeit t finden wir dann die Verteilungsfunktion $C \cdot 2^{-(x-t)}$, denn es werden sich jetzt diejenigen Zellen an der Stelle x befinden, die sich zur Zeit $t = 0$ an der Stelle $x - t$ befunden haben. Es ist aber $C \cdot 2^{-(x-t)} = C \cdot 2^{t} \cdot 2^{-x}$, es sind also alle „Dichten" ϱ mit derselben Zahl 2^{t} multipliziert worden, folglich ist die relative Verteilung unverändert geblieben.

Wir können nun, da wir die Verteilungsfunktion kennen, die Teilzeiten ϑ mit Leichtigkeit bestimmen. Wir wählen die anschauliche graphische Darstellungsweise. In Bild 34 ist die Verteilungsfunktion 2^{-x} (in beliebigem Maßstab) ein für allemal aufgetragen. Die von dieser umschlossene schraffierte Fläche stellt die gesamte Zellenzahl (z. B. 100) dar. Wir müssen nun diese Fläche in dem Verhältnis der Zahlen α und in der Reihenfolge, in der diese Stadien zeitlich aufeinanderfolgen, aufteilen. Wir führen dies in der Weise durch, daß wir die Integralkurve von 2^{-x}, die Funktion $1 - 2^{-x}$ ebenfalls in einem beliebigen Maßstab über dem Zyklus auftragen. Die gesamte Ordinate der Integralkurve, welche die Gesamtfläche darstellt, teilen wir nun im Verhältnis $\alpha_1 : \alpha_2 : \alpha_3$ auf und projizieren die Punkte herunter. Wir erhalten dann sofort die Teilzeiten ϑ_1, ϑ_2, ϑ_3.

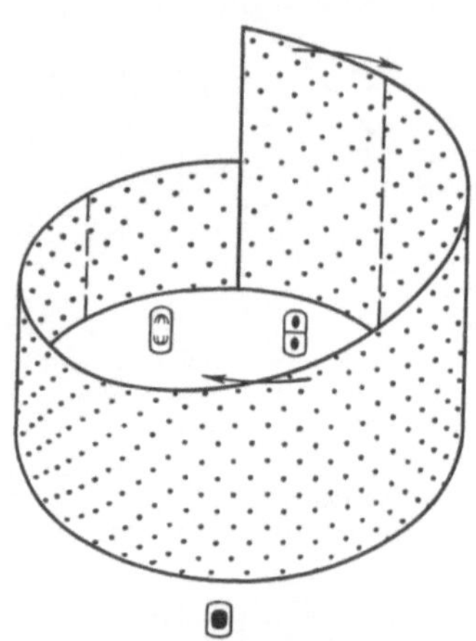

Bild 35. Anschauliche Darstellung des Zellteilungszyklus. Die durch Punkte angedeuteten Zellen bewegen sich mit gleichmäßiger Geschwindigkeit im Kreise ringsherum, durchlaufen hierbei die verschiedenen Entwicklungsphasen und verdoppeln sich an der Stelle der Zweiteilung.

Selbstverständlich wäre das Verfahren auch anwendbar, wenn wir mehr als drei Phasen unterschieden hätten. Die Zeichnung der Exponentialkurve und ihrer Integralkurve muß nur einmal ausgeführt werden.

Wir können uns den Zyklus sehr anschaulich vorstellen, wenn wir uns ihn zum Kreise geschlossen denken. Die schraffierte Fläche denken wir uns gleichmäßig mit Zellen besetzt und lassen diese mit konstanter Geschwindigkeit auf dem Kreise herumlaufen. Dann verdoppelt sich die Fläche jeweils bei einem Umlauf, aber die Zahlen α_1, α_2, α_3 bleiben unverändert (Bild 35). Zyklusdauer und Verdoppelungszeit sind an der Wurzelspitze ein und dasselbe.

c) Der mittlere Zyklus im proximalen Teil des Meristems.

Weniger einfach wird die Darstellung an den Stellen mit größeren Ordnungszahlen. Hier können die neugeborenen Zellen, welche voll ausgebildet sind, also eine fertige Zellmembran besitzen, zwei Wege gehen: entweder bleiben sie weiter im Zyklus und entwickeln sich zu reifen Kernen und schließlich zu Mitosen, oder aber sie scheiden aus, sie werden zu „Ruhezellen" und beginnen ihr Streckungswachstum. Der Prozentsatz der ausscheidenden Zellen zu allen neu gebildeten ist für die Ordnungszahl n charakteristisch. Wir nennen diese Zahl den Ausscheidungskoeffizienten γ.

Um den Zyklus an dieser Stelle zu konstruieren gehen wir wieder aus von der Voraussetzung der Stationarität. Wir fragen nach der Zahl γ, bei welcher die Zahlen α und β konstant bleiben. Diese gewinnen wir aus folgender Überlegung: Wenn die relativen Zahlen unverändert bleiben sollen, so müssen sich die in einer gewissen Zeit ausscheidenden Zellen so zu den während dieser Zeit neu entstandenen Zellen verhalten wie die Zahl der bereits ausgeschiedenen zur gesamten Zellenzahl. Es muß also sein:

$$\gamma \cdot \varrho(\vartheta_1) : \tfrac{1}{2}\varrho(0) = \beta : 1, \quad \text{oder} \quad \gamma = \beta \, \frac{\varrho(0)}{2\,\varrho(\vartheta_1)}.$$

Wir müssen nun streng unterscheiden zwischen Zykluslänge T' und Verdoppelungszeit T. Für $\beta = 0$ fielen beide Begriffe zusammen. Wir nehmen in den weiteren Rechnungen die Verdoppelungsdauer T als Zeiteinheit an, weil dies eine Vereinfachung der Formeln ergibt. Wir setzen

$$T' = (1 - \eta)\,T.$$

η ist gleich Null an der Wurzelspitze und wird gleich 1 am Ende des Meristems.

Das Bild des Zyklus leiten wir am einfachsten ab, wenn wir die Fiktion benutzen, daß der Zustand 4, also die Zahlen β zum Zyklus gehören und die Länge dieses fiktiven Zyklus der Verdoppelungszeit gleichsetzen (Bild 36). Die wahre Zyklusdauer ist dann gleich der Summe

$$\vartheta_1 + \vartheta_2 + \vartheta_3 = 1 - \eta.$$

Daß dieses Verteilungsbild stationär ist, leuchtet nach dem Vorhergehenden ohne weiteres ein. Wir können auch leicht beweisen, daß die relative Differenz der Endordinaten der fiktiven Entwicklungsphase 4 tatsächlich gleich γ ist, wie in der Abbildung eingezeichnet. Denn es ist

$$\beta = \frac{\int_{x_1}^{x_2} 2^{-x} \cdot dx}{\int_0^1 2^{-x} \cdot dx} = 2\,(2^{-x_1} - 2^{-x_2}).$$

daher

$$\frac{2^{-x_1} - 2^{-x_2}}{2^{-x_1}} = \frac{\beta}{2 \cdot 2^{-x_1}} = \frac{\beta}{2}\,\frac{\varrho(0)}{\varrho(\vartheta_1)} = \gamma.$$

Es treten daher die in der Abbildung doppelt schraffierten Zellen im Stadium 1 in den Ruhestand über, die in der darunterliegenden, einfach schraffierten Fläche befindlichen Zellen kommen dagegen direkt in Stadium 2, wie es auch im Bild durch Pfeile angedeutet ist.

Wir können aus dem Bild die wichtige, einfache Beziehung ableiten:

$$\gamma = \frac{\beta}{2 - \alpha_1}.$$

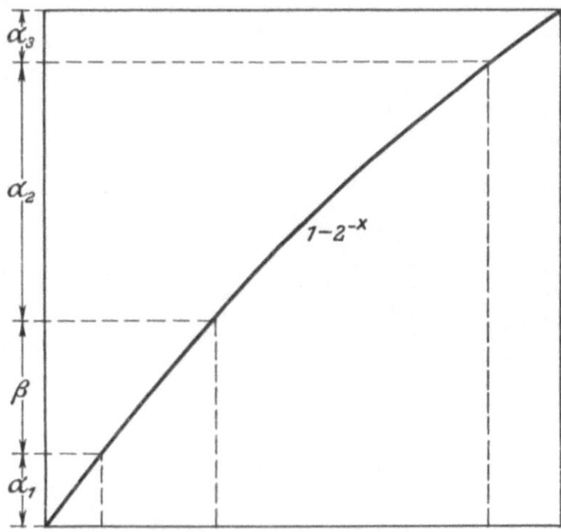

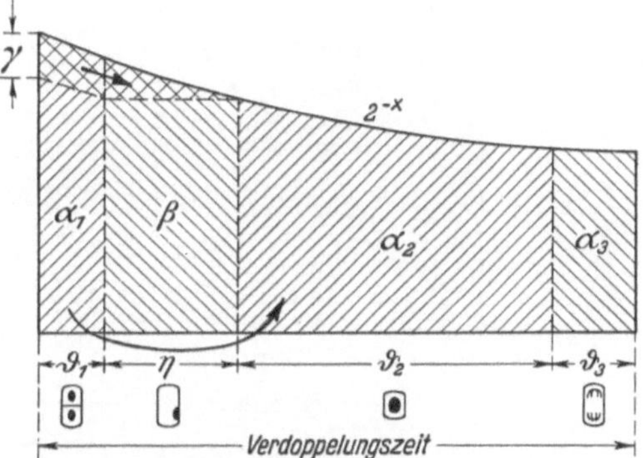

Bild 36. Konstruktion des Zyklus unter Zuhilfenahme der Fiktion, daß auch das Stadium 4 (β) zum Zyklus gehört. Durch Pfeile ist der tatsächliche Entwicklungsgang der Zellen angedeutet. Nur die aus der doppelt schraffierten Fläche $\gamma \cdot \alpha_1$ stammenden Zellen gehen in den Ruhezustand über, die anderen treten unmittelbar in Stadium 2 über und entwickeln sich weiter.

Wir führen die Rechnung hier nicht durch, da wir dieselbe Formel später noch auf anderem Wege beweisen werden.

Ein richtigeres und anschaulicheres Bild des Zyklus erhalten wir nun, wenn wir die aufeinanderfolgenden Stadien zusammenschieben, wie es in Bild 37 dargestellt ist. In dieser Darstellung stoßen zeitlich aufeinander folgende Stadien unmittelbar aneinander und die Gabelung der Wege im Punkte der vollendeten Bildung der neuen Zelle, d. h. Ruhestadium oder Weiterentwicklung, tritt hier anschaulich in Erscheinung. Man kann dieses Bild auch unmittelbar konstruieren wie in Bild 37 zu sehen ist. Man berechnet nur den Ausscheidungskoeffizienten γ aus der Beziehung: $\gamma = \beta/(2 - \alpha_1)$ und die weitere Konstruktion kann dann ohne Rechnung durchgeführt werden, wie es aus der Abbildung wohl ohne weitere Erklärung hervorgeht.

Aus der Abbildung leiten wir die Beziehung ab für das Verhältnis von Zyklusdauer T' und Verdoppelungszeit T,

$$T' = (1 - \eta)\, T,$$
$$2^{-\eta} = 1 - \gamma.$$

Für kleine γ, also für kleine β erhalten wir die Näherungsformel:

$$\eta = \frac{1}{\log\mathrm{nat}\, 2} \cdot \frac{\gamma}{1 - \gamma} = 1{,}44 \cdot \frac{\gamma}{1 - \gamma}.$$

Auch die Zeiten ϑ_1 und ϑ_3 lassen sich selbstverständlich ebenfalls durch Rechnung ermitteln. Aus dem Bild 37 folgt:

$$\alpha_1 = \frac{\int_0^{\vartheta_1} 2^{-x}\, dx}{\int_0^1 2^{-x}\, dx} = \frac{1 - 2^{-\vartheta_1}}{1 - 2^{-1}} = 2(1 - 2^{-\vartheta_1}).$$

Hieraus:

$$2^{\vartheta_1} = \frac{2}{2 - \alpha_1}.$$

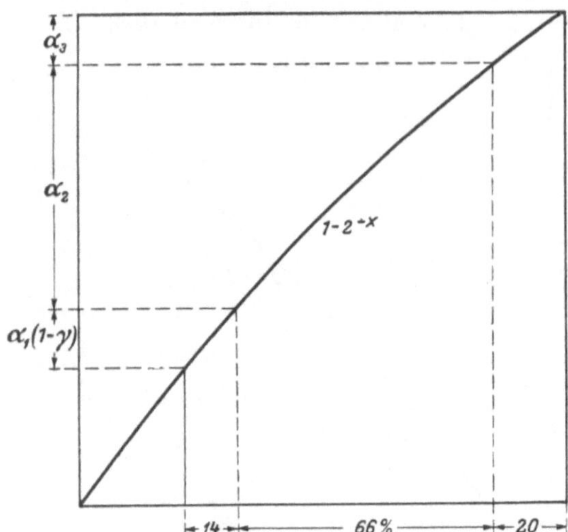

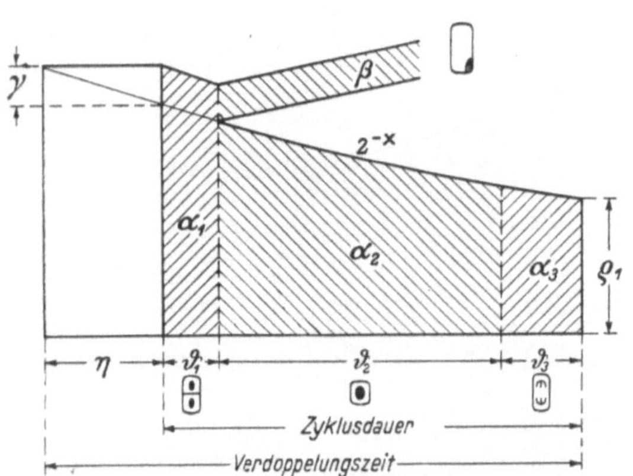

Bild 37. Konstruktion des wirklichen Zyklus mit Berücksichtigung der ausscheidenden Zellen.

Für kleine α_1 folgt hieraus die Näherungsformel, die fast stets ausreichend genau ist:

$$\vartheta_1 = 1{,}44 \; \frac{\alpha_1}{2 - \alpha_1}.$$

Dies ist die Teildauer der neugeborenen Kerne bis zur Bildung der Zellmembran. Die Teildauer der Mitosen berechnen wir ebenso:

$$\alpha_3 = \frac{\int_{1-\vartheta_1}^{1} 2^{-x}\, dx}{\int_0^1 2^{-x}\, dx} = \frac{2^{-1+\vartheta_3} - 2^{-1}}{1 - 2^{-1}} = 2^{\vartheta_3} - 1, \qquad \text{oder } 2^{\vartheta_3} = 1 + \alpha_3,$$

oder mit ausreichender Genauigkeit:

$$\vartheta_3 = 1{,}44 \cdot \alpha_3 .$$

Die Teildauer der reifen Kerne berechnen wir aus:

$$\vartheta_1 + \vartheta_2 + \vartheta_3 = 1 - \eta ,$$

da wir als Zeiteinheit die Verdoppelungszeit angenommen haben. Wollen wir die die Teilzeiten im Verhältnis zu der Periodenlänge ausdrücken, so müssen wir sie durch $(1 - \eta)$ dividieren,

$$\vartheta_1' = \frac{\vartheta_1}{1 - \eta} \quad \text{usw.}$$

Wir können auf diese Weise den Zyklus vollkommen berechnen, doch ist die graphische Methode ihrer Einfachheit wegen wohl vorzuziehen.

d) Die Abhängigkeit des Zellteilungszyklus von der Ordnungszahl.

Wir können nun die Aufgabe lösen, aus den in Bild 33 dargestellten Verteilungskurven der Zahlen α und β in Abhängigkeit von der Ordnungszahl n den mittleren Zellteilungszyklus an jeder Stelle zu konstruieren.

Wir haben die Berechnung durchgeführt für drei Stellen: für $n \cong 80$, für $n \cong 50$ und für $n = 0$.

Letztere Werte haben wir aus einer Extrapolation gewinnen müssen, da Zählungen an der Wurzelspitze unmittelbar sehr schwierig sind und von uns nicht ausgeführt wurden. Letztere Zahlen haben daher geringere Zuverlässigkeit als die beiden ersten.

Wir haben der Berechnung folgende Werte zugrunde gelegt:

n	α_1	α_2	α_3	β	
0	21	64	15	0	
50	16	56	11	17	%
80	5	21	3	71	

Aus diesen Zahlen berechnen wir mit den vorhin gegebenen Formeln die Werte des Ausscheidungskoeffizienten γ und der Zahl η zu:

n	γ	η	
0	0	0	
50	9	15	%
80	36	65	

Das Bild des mittleren Zyklus an diesen Stellen zeigt Bild 38. Anschaulich ist zu sehen der immer größer werdende Prozentsatz der ausscheidenden Zellen. Wir haben die Verhältnisse so dargestellt, als wäre die Periodendauer überall dieselbe und als würde nur die Verdoppelungszeit wechseln. Obschon es nicht unwahrscheinlich ist, daß dies wenigstens angenähert zutrifft, möchten wir dies nicht als unsere Ansicht hinstellen, da experimentelle Beweise fehlen. Die gleiche Länge des Zyklus in Bild 38 ist nur ein Mittel zur anschaulichen Darstellung der Änderung der relativen Teilzeiten der einzelnen Phasen innerhalb des Zyklus. Unverkennbar ist ein Gang dieser Zahlen in dem Sinne, daß das Stadium 1 und das Stadium der Mitose kürzer werden, während die Ruhedauer relativ länger dauert. Daß das Verhältnis von Mitosen zu den reifen Kernen in den obersten (proximalsten) Teilen des Meristems sehr klein sind, können wir durch zahllose Beobachtungen stützen. Angesichts dieser Tatsache wäre immerhin auch die Erklärung denkbar, daß vielleicht ganz oben ein Teil der scheinbar reifen Kerne in den Ruhestand übergeht ohne sich zu teilen. Da die Möglichkeit gegeben ist, daß die Theorie an sehr proximalen Stellen ungenau ist[1]), so werden wir in den späteren Beispielen auch immer nur

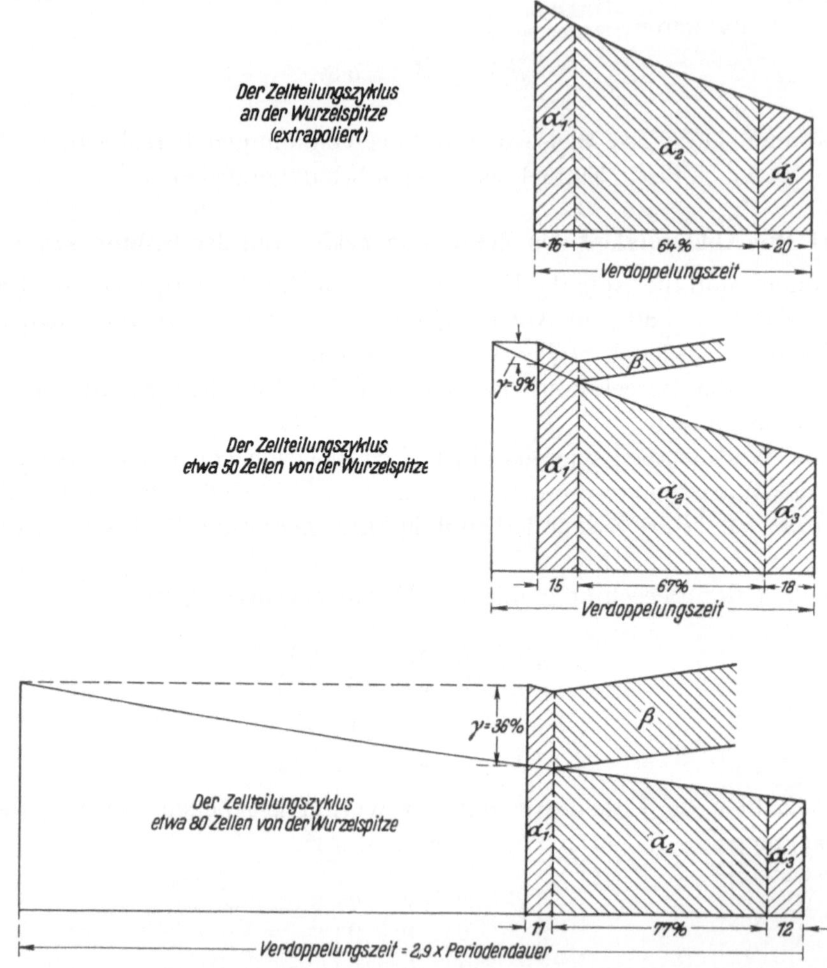

Bild 38. Darstellung der Zellteilungszyklen an verschiedenen Stellen der Wachstumszone. In der Darstellung sind die Periodenlängen auf gleichen Maßstab gebracht.

Stellen mit etwas größerer Mitosenzahl etwa in der Umgebung der Ordnungszahl 50—60 betrachten.

Auch sonst ist über die Genauigkeit der Theorie noch ein Wort zu sagen. Der von uns berechnete Zyklus bezieht sich immer auf eine bestimmte Stelle mit einer bestimmten Ordnungszahl. Im Laufe der Zeit treten durch diese Stelle verschiedene Zellen hindurch. Wir haben eben in Wirklichkeit nicht dieselben Zellen ins Auge

---

[1]) Die statistische Methode ist an sehr proximalen Stellen schon wegen der kleinen Kernzellen schlecht anwendbar.

gefaßt, sondern dieselbe Stelle[1]). Daraus folgt, daß nicht etwa jede Zelle an einer Stelle den ganzen charakteristischen Zyklus durchläuft, sondern sie durchläuft streng genommen an jeder Stelle nur einen kleinen Teil desselben und wird dann proximalwärts verschoben, wo sie nun wieder ein Stückchen entsprechend dem für die neue Stelle charakteristischen Zyklus weiterläuft usw.[2]). Wir könnten nun aus dem berechneten Zyklus unter Berücksichtigung der mittleren Verschiebungsgeschwindigkeiten an jeder Stelle den mittleren Entwicklungsgang einer Zelle konstruieren, die sich zu einer bestimmten Zeit an einer bestimmten Stelle in einem bestimmten Entwicklungszustand befindet. Wir sehen aber davon ab, um den mathematischen Apparat nicht unnötig zu komplizieren. Wenn wir in späteren Rechnungen das Schicksal von bestimmten Zellen während der Versuchszeit verfolgen müssen, so werden wir den normalen Zyklus dieser Zellen gleichsetzen dem Zyklus derjenigen Stelle, an der sich die Zelle etwa zur Mitte der Versuchszeit befunden hat. Die Berechtigung hierfür geben uns die kurzen Versuchsdauern von höchstens einer Stunde, während welcher Zeit die Verschiebung der Zellen höchstens 10—15 Zelllängen betragen kann, wie wir später sehen werden. Selbstverständlich werden wir die Theorie auch schon aus diesem Grunde nur als Näherungstheorie betrachten müssen.

e) Berechnung der Dauer des normalen Zellteilungszyklus in der Zwiebelwurzel an Hand von Erstickungsversuchen.

Die im vorhergehenden Abschnitt entwickelte Theorie gestattete uns, aus dem mikroskopischen Bild eines Schnittes durch die Zwiebelwurzel die relative Dauer der einzelnen Phasen des Zellteilungszyklus zu berechnen.

Es fehlt uns nur noch die Dauer des gesamten Zyklus, die Teilungsperiode, um das Bild vollständig zu machen. Diese Zahl, deren Kenntnis für die Deutung der Induktionseffekte von größter Bedeutung ist, kann aus dem mikroskopischen Bild der unbeeinflußten Wurzel in keiner Weise erschlossen werden.

Es wäre ein naheliegender Gedanke, die Wachstumsgeschwindigkeit auf der in der Botanik üblichen Weise zu messen, daß Marken an der Zwiebelwurzel angebracht werden und ihre Verschiebung (gemessen in Zellenzahlen) bestimmt wird. Auf diese Weise könnte aber nur das Wachstum des Plerom untersucht werden, und es steht in keiner Weise fest, daß das Plerom und das uns interessierende Periblem ihre Zellteilungen in gleichen Zeiten durchführen. Wir haben uns daher nach Mitteln zur Störung der Zellteilungen umgesehen, welche eine möglichst einfache Deutung der Versuchsergebnisse versprachen.

Seit Bataillon ist es bekannt, daß die Zellen von befruchteten, in Entwicklung befindlichen Froscheiern bei Erstickung in einem Oxydationsgift sämtlich in einer gewissen Phase der Mitose (Telophase) stehenbleiben. Man schloß daraus, daß in dieser Phase des Zellteilungszyklus ein Wechsel in den Stoffwechselvorgängen vor sich geht, indem in und nach der Mitose die Zellatmung stark anwächst. Es lag nahe, den Nachweis dieses Effektes auch bei der Zwiebelwurzel zu versuchen.

---

[1]) Die Ableitung des Zyklus haben wir allerdings so durchgeführt, als hätten wir eine bestimmte Zahl von Zellen ins Auge gefaßt. Die Begründung kann demnach nicht als streng angesehen werden. Das Ergebnis ist dennoch richtig infolge des Umstandes, daß die Verschiebungsgeschwindigkeit einer Zelle an einer bestimmten Stelle offenbar unabhängig ist von der Lage der Zelle im Zyklus, also von ihrem Entwicklungszustand, denn sie wird ja durch die distalwärts erfolgenden Teilungen bestimmt, die davon unabhängig verlaufen.

[2]) Dem Physiker ist der Unterschied zwischen der Betrachtung einer Stelle und eines Individuums aus der Hydrodynamik bekannt (Eulersche und Lagrangesche Betrachtungsweise).

Als Atmungsgift verwandten wir 5 proz. Schwefelkohlenstoff (Versuch 260 auf S. 174). Vier gleich lange Schwesterwurzeln wurden auf 20, 45, 60 und 110 Min. in die Schwefelkohlenstofflösung getan und nachher unmittelbar fixiert. Zur Kontrolle wurden einige unbeeinflußte Schwesterwurzeln gleichzeitig fixiert.

Die Auszählung des Versuches erfolgte folgendermaßen: In Längsschnitten der Kontrollwurzel und der erstickten Wurzeln wurden die verschiedenen Stadien im Bereich ungefähr zwischen der Ordnungszahl 20 und 80 in Abschnitten der Ordnungszahl von je 20 ausgezählt. Einige Auszählungen wurden auch mehrfach vorgenommen (an beiden Seiten des Gefäßbündels), um ein Urteil über die Genauigkeit der Auszählung zu gewinnen. Bei der Auszählung wurden 4 Stadien unterschieden: 1. neugeborene Zellen; 2. reife Kerne; 3. mitotische Figuren; 4. Zellen in Rückbildung (Ruhezellen). (Definitionen auf S. 54.)

Die Auszählung ergab augenfällig ein Resultat ungefähr im erwarteten Sinne. Es zeigte sich in den erstickten Wurzeln ein mit der Erstickungszeit anwachsender Prozentsatz der reifen Kerne, dagegen ergab sich keine Zunahme der mitotischen Figuren, sondern eine Abnahme. Auch die anderen Stadien nahmen mit der Vergiftungszeit immer mehr ab, so daß in dem Versuch von 110 Min. Dauer der Prozentsatz aller Stadien zusammengenommen nur 5 % betrug gegen 95 % der reifen Kerne. Daneben sehen wir mit der Erstickungszeit anwachsende pathologische Erscheinungen, die Zellen schrumpfen etwas, die Kerne werden auch etwas kleiner, ihre Färbbarkeit ändert sich, und besonders nach $1^1/_2$ Stunden und darüber treten die Nucleoli besonders scharf hervor.

Wir können dieses Resultat so deuten, daß auch im pflanzlichen Zellteilungswachstum der Sauerstoffbedarf in einer bestimmten Phase des Teilungszyklus stark zunimmt. Diese Phase umfaßt aber nicht nur die Mitose, sondern auch schon den Übertritt der reifen Kerne in die Mitose.

Im folgenden soll versucht werden, auf Grund der im vorhergehenden Abschnitt entwickelten Anschauungen über den Teilungszyklus eine quantitative Theorie der Beeinflussung dessen durch die Erstickung zu geben.

Die einfachste Annahme, die den beobachteten Erscheinungen annähernd gerecht wird, fassen wir folgendermaßen:

Während nicht zu langer Versuchszeiten bleibt der gesamte Zyklus unverändert, bis auf das Stadium der Mitose und den Eintritt in dieses Stadium. Wir nehmen an, daß vor dem Eintritt in die Mitose durch das Oxydationsgift gewissermaßen eine Schranke aufgerichtet wird, durch welche nur ein Bruchteil ε der bis zu diesem Stadium entwickelten Zellen, also der voll ausgereiften Zellen, in die Mitose eintreten kann. Würden wir uns aber mit dieser Annahme allein begnügen, so hätten wir zu erwarten, daß die im darauffolgenden Stadium befindlichen, also die neugeborenen Zellen, für kurze Erstickungszeiten in unveränderter Zahl bleiben, denn die Schranke vor der Mitose kann sich ja erst nach einer Zeit ϑ_3 äußern. Im Gegensatz hierzu zeigt der Versuch eine starke Abnahme der neugeborenen Zellen schon nach 20 Min. Wir müssen daher noch die ergänzende Annahme machen, daß die Beeinflussung sich auch auf die die ganze Phase der Mitose erstreckt. Und zwar berücksichtigen wir diesen Einfluß in der einfachsten Weise, indem wir annehmen, daß die normale Entwicklungsgeschwindigkeit in der Mitose auf einen Bruchteil λ vermindert wird. Wir werden sehen, daß diese einfache Annahme eine recht gute Annäherung an die beobachteten Verhältnisse gibt.

Die Rechnung wird sehr anschaulich gemacht durch die im vorhergehenden Abschnitt entwickelte graphische Darstellung. In Bild 39 ist der normale Zyklus für $n = 50$ in der unbeeinflußten Kontrollwurzel dargestellt. Die Versuchswurzeln waren leider nicht unwesentlich verschieden von den durchschnittlichen Wurzeln, mit denen wir sonst in unseren Versuchen zu tun hatten. Wie sich erst aus der Auszählung ergab, war das Meristem abnorm lang. Auffällig war aber auch die geringe Zahl von Mitosen und neugeborenen Zellen verglichen mit den durchschnittlichen Zahlen in anderen Wurzeln, an Stellen, in denen der Prozentsatz reifer Kerne derselbe ist. Man sieht dies sofort, wenn man den Zyklus in Bild 39 mit dem Zyklus für $n = 50$ in Bild 38 vergleicht. Die Auszählung eines derartigen Versuches ist aber so zeitraubend (wie man wohl aus den Tabellen auf S. 175—177 sofort sehen wird), daß der Versuch an anderen Wurzeln noch nicht wiederholt werden konnte.

Wir berechnen zuerst die Abnahme der Mitosen. Der Beobachtung zugänglich ist nur die relative Zahl α_3. Die Änderung derselben nennen wir $\varDelta\alpha_3$, die ergab sich im Versuch als negativ. Denken wir uns z. B. 100 Zellen zu Beginn des Versuches, so befinden sich davon $z_3 = \alpha_3 \cdot 100$ im Stadium 3. Berechnen wir zuerst

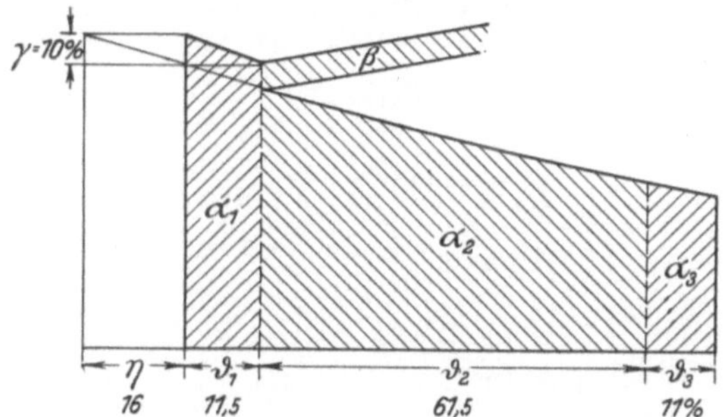

Bild 39. Der normale Zellteilungszyklus der Versuchswurzeln an der Stelle mit der Ordnungszahl $n = 50$.

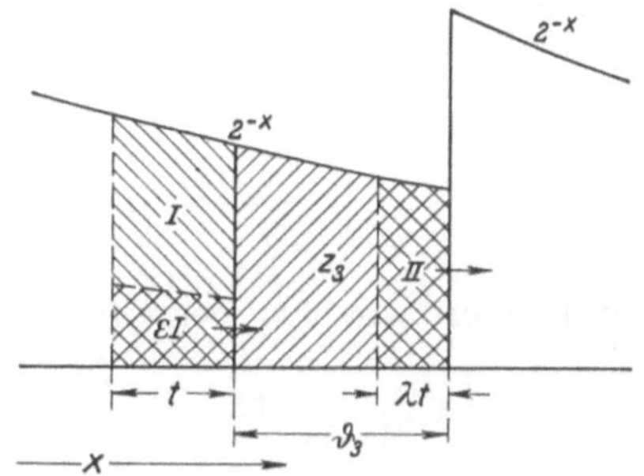

Bild 40. Eintritts- und Austrittszahlen für den Mitosenzustand während der Versuchszeit t.

die Vermehrung von z_3, die wir $\varDelta z_3$ nennen, in der Zeit t, gerechnet vom Anfang des Versuches. Als Zeiteinheit nehmen wir wieder die Verdoppelungszeit T an.

Die Zunahme von z_3 ist gleich der Differenz der in der Zeit t in das Stadium eingetretenen und der ausgetretenen Zellen. Normalerweise würden in das Stadium 3 diejenigen Zellen eintreten, die sich zur Zeit $t = 0$ höchstens eine Strecke t vor der Mitose befunden haben. Die Anzahl dieser wird in Bild 40 durch die Fläche I dargestellt. Von diesen tritt infolge der Erstickung nur ein Bruchteil ε ein. Es werden daher eintreten:

$$\varepsilon I = \varepsilon \cdot 2^{\vartheta_3} \cdot \int_{1-t}^{1} 2^{-x} \cdot dx = \varepsilon \, \frac{2^{\vartheta_3}}{2\log 2} \, (2^t - 1) \text{ Zellen} \qquad (1)$$

oder mit ausreichender Annäherung für kurze Zeiten:

$$\varepsilon \cdot I \cong \frac{\varepsilon}{2} \, 2^{\vartheta_3} \cdot t \text{ Zellen.} \qquad (2)$$

Austreten werden dagegen, infolge der im Verhältnis λ verminderten Fortentwicklungsgeschwindigkeit, in derselben Zeit nur die in der Fläche II befindlichen Zellen.

Deren Zahl ist

$$II = \int\limits_{1-t}^{1} 2^{-x} \cdot dx = \frac{1}{2\log 2}\,(2^{\lambda t} - 1) \sim \frac{1}{2}\,\lambda t\,. \tag{3}$$

Folglich ist die Zunahme der Zellen im Stadium 3:

$$\varDelta z_3 = \varepsilon I - II = \tfrac{1}{2}\,[\varepsilon \cdot 2^{\vartheta_3} - \lambda] \cdot t\,. \tag{4}$$

Hieraus müssen wir $\varDelta\alpha_3$ berechnen. Dies ist die Differenz von α_3 zur Zeit l und von α_3 zur Zeit $t = 0$. Es ist

$$\alpha_3' = \frac{z_3 + \varDelta z_3}{z}\,, \tag{5}$$

wo z die Summe aller betrachteten Zellen zur Zeit t ist. Es ist offenbar

$$z = z_0 + II,$$

wobei

$$z_0 = \int\limits_{0}^{1} 2^{-x} \cdot dx = \frac{1}{2\log 2}\,, \qquad II = \frac{1}{2}\,\lambda t$$

also

$$z = \frac{1}{2\log 2}\,(1 + \log 2 \cdot \lambda t)\,. \tag{6}$$

Andererseits ist

$$z_3 = \frac{1}{2\log 2}\,(2^{\vartheta_3} - 1)\,, \qquad \alpha_3 = (2^{\vartheta_3} - 1)\,. \tag{7}$$

Nun können wir $\varDelta\alpha_3$ berechnen aus

$$\varDelta\alpha_3 = \frac{z_3 + \varDelta z_3}{z} - \alpha_3 = \log 2 \frac{(\varepsilon - \lambda) \cdot 2^{\vartheta_3} \cdot t}{1 + \log 2 \cdot \lambda t}\,. \tag{8}$$

Drücken wir hierin noch 2^{ϑ_3} durch α_3 aus, so erhalten wir die einfache Formel

$$- \varDelta\alpha_3 = \log 2 \frac{(\lambda - \varepsilon)(1 + \alpha_3)}{1 + \log 2 \cdot \lambda t}\,t\,. \tag{9}$$

(Wir haben die Abnahme ausgedrückt, nicht die Zunahme, da erstere sich positiv ergibt.)

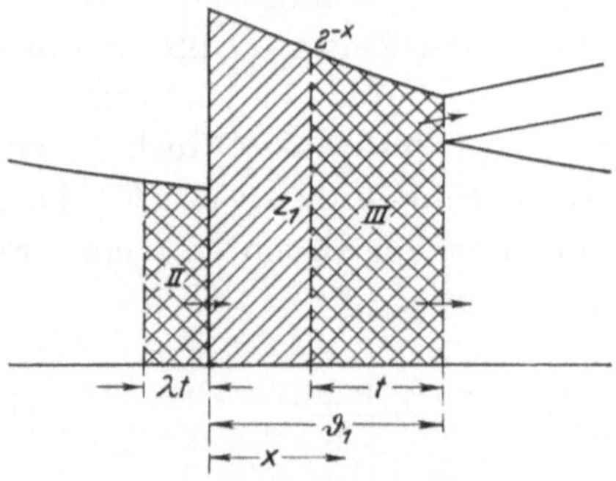

Ganz ähnlich rechnen wir auch die Abnahme von α_1 aus. Das zugehörige Schaubild zeigt das Bild 41. Der Eintritt ist nun durch das Doppelte von Fläche II dargestellt, da die Zellen sich bei $x = 0$ verdoppeln, den Austritt stellt die Fläche III dar. Der Eintritt ist also λt, der Austritt berechnet sich zu $2^{-\vartheta_1} \cdot t$. So rechnen wir aus:

$$- \varDelta\alpha_1 = 2 \cdot \log 2 \frac{2^{-\vartheta_1}(1 - \lambda) \cdot t}{1 + \log 2 \cdot \lambda t}\,. \tag{10}$$

Bild 41. Eintritt und Austritt für das Stadium der Neugeburt während der Versuchsdauer t.

Berücksichtigen wir die Formel

$$\alpha_1 = 2(1 - 2^{-\vartheta_1})\,, \tag{11}$$

die wir im vorhergehenden Abschnitt abgeleitet haben, so ergibt sich die einfache Formel:

$$- \varDelta\alpha_1 = \log 2 \frac{(1 - \lambda)(2 - \alpha_1)}{1 + \log 2 \cdot \lambda t}\,t\,. \tag{12}$$

Durch Division der beiden Formeln für $\Delta\alpha_1$ und $\Delta\alpha_3$ erhalten wir:

$$\frac{\Delta\alpha_1}{\Delta\alpha_3}\cdot\left(\frac{1+\alpha_3}{2-\alpha_1}\right)=\frac{1-\lambda}{\lambda-\varepsilon}. \tag{13}$$

Mit Hilfe dieser Formel können wir aus dem Verhältnis der gleichzeitigen Abnahme der neugeborenen Zellen und der Mitosen einen Zusammenhang zwischen λ und ε aufstellen.

Aus dem Versuch ergeben sich die Mittelwerte (graphisch und rechnerisch interpoliert) für $n = 50$:

$$\begin{array}{lcccl}
\text{Für} & t = 0 & t = 20 \text{ min} & & \\
\alpha_1 & 15,5 & 8,5 & \Delta\alpha_1 = 7 & \\
\alpha_3 & 7,5 & 5,5 & \Delta\alpha_3 = 2 & \end{array}\Big\}\,\%$$

Daraus folgt:

$$\frac{1-\lambda}{\lambda-\varepsilon}=\frac{7}{2}\,\frac{1,075}{1,845}\sim 2 .$$

Aus dieser Formel können wir folgendes folgern: Die untere Grenze von ε ist $\varepsilon = 0$. Daraus ergibt sich auch die untere Grenze von λ, denn es folgt aus der letzten Formel

$$\lambda = \tfrac{1}{3} + \tfrac{2}{3}\varepsilon .$$

Wir werden aus dem kleinsten Wert von λ eine **obere Grenze** für die Zyklusdauer berechnen können. Nehmen wir also an:

$$\varepsilon = 0 \qquad \lambda = \tfrac{1}{3} ,$$

d. h. vollkommene Sperrung des Eintritts in die Mitose, Verlangsamung der Entwicklungsgeschwindigkeit in der Mitose auf ein Drittel.

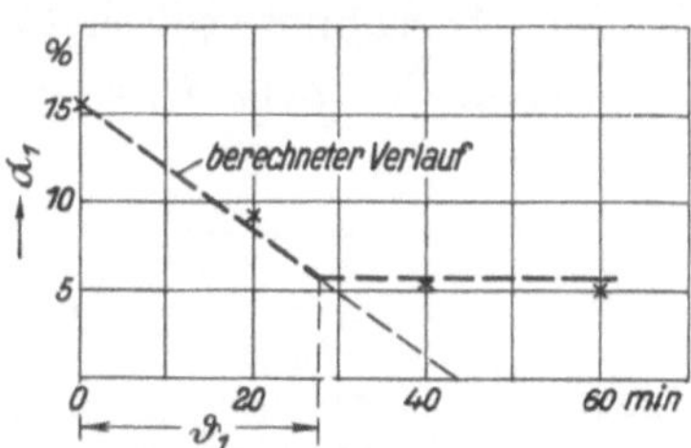

Bild 42. Zeitlicher Verlauf der prozentualen Zahl der neugeborenen Zellen im Erstickungsversuch.

Sehen wir zu, ob diese Annahme eine gute Übereinstimmung mit dem zeitlichen Verlauf von α_1 und α_3 liefert. — Die Formel (12) für die Abnahme von α_1 gilt offenbar, wie man aus dem Bild 41 leicht erkennt, nur für $t < \vartheta_1$. Nach dieser Zeit treten aus Stadium 1 solche Zellen aus, die sich für $t = 0$ noch in der Mitose befunden haben. Bis zur Zeit $t = \vartheta_3/\lambda$ gehören auch die eintretenden zu diesen Zellen. Da also die Zahl der eintretenden wie der austretenden Zellen von $t = \vartheta_1$ an in gleichem Maße vermindert ist, so hört die Abnahme von α_1 von dieser Zeit bis zur Zeit $t = \vartheta_3/\lambda$ auf, α_1 erreicht einen vorläufigen Grenzwert. Die größte Abnahme ist also:

$$-\Delta\alpha_{1_{\max}} = \log 2\,\frac{(1-\lambda)(2-\alpha_1)}{1+\log 2\cdot\lambda\vartheta_1}\;\vartheta_1 = 0,69\,\frac{0,67\cdot 1,845}{1+0,69\cdot 0,33\cdot 0,115}\cdot 0,115 = 9,7\% .$$

Es ergibt sich also ein Grenzwert von α_1 zu $15,5 - 9,7 = 5,8\%$.

Berechnen wir nun die Zeit, in welcher α_1 zu Null abnehmen würde, wenn die Abnahme für $t = \vartheta_1$ aufhören würde. Wir setzen also:

$$-\Delta\alpha_1 = \log 2\,\frac{(1-\lambda)(2-\alpha_1)}{1+\log 2\cdot\lambda t} + = \alpha_1 = 0,155 ,$$

und berechnen aus den oben gegebenen Zahlen für λ und α_1

$$t = 0,183$$

d. h. die Zeit, nach welcher die Anfangstangente von α_1 die Nullinie schneidet und die sich aus dem Bild 42 zu ungefähr 45 Min. ergibt, ist mindestens 18,3 % der Verdoppelungszeit. Daraus folgt für die Verdoppelungszeit in Minuten ausgedrückt als obere Grenze:

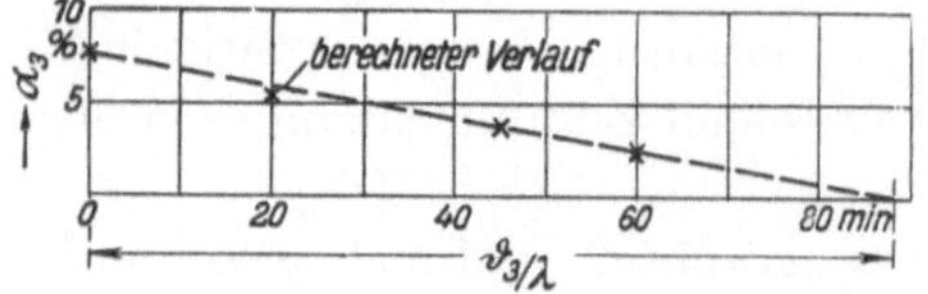

Bild 43. Zeitlicher Verlauf der prozentualen Mitosenzahl im Erstickungsversuch.

$$T = \frac{45}{0,183} = 245 \text{ Minuten} \simeq 4 \text{ Stunden}$$

Für die Zyklusdauer ergibt sich aber, da $\eta = 16\%$ ist (s. Bild 39),

$$T' = 0,86 \cdot 4 \simeq \textbf{3,5 Stunden.}$$

Mit diesen Werten können wir nun den theoretischen Verlauf von α_1 und α_3 konstruieren. Wir sehen, daß die berechnete Linie sich ausgezeichnet den experimental beobachteten Werten anschmiegt.

Berechnen wir nun den Verlauf von α_2, der Zahl der reifen Kerne. Da wir $\varepsilon = 0$ angenommen haben, so ist der Austritt gleich Null. Den Eintritt berechnen wir am einfachsten für die Zeit ϑ_1. In dieser Zeit ist nämlich gerade die Zahl $(1 - \gamma)\alpha_1$ in 2 übergetreten. Die Zunahme der gesamten Kernzahl ist unterdessen, auf die Einheit berechnet, wie man leicht einsieht: $\frac{1}{2}\lambda \cdot \alpha_1 \cdot 2^{\vartheta_1}$. Es ist also die Zunahme von α_2 in der Zeit $\vartheta_1 = 0,115 \cdot 240 = 28$ Min.

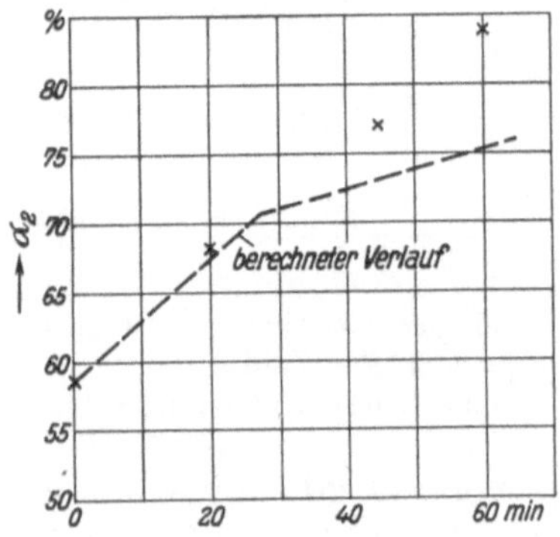

Bild 44. Zeitlicher Verlauf der prozentualen Zahl der reifen Kerne im Erstickungsversuch.

$$\frac{\alpha_2 + (1 - \gamma)\,\alpha_1}{1 + \frac{1}{2}\lambda\alpha_1 \cdot 2^{\vartheta_1}} - \alpha_2 = \frac{1 - \gamma - \frac{1}{2}\lambda \cdot 2^{\vartheta_1}\alpha_2}{1 + \frac{1}{2}\lambda\alpha_1 \cdot 2^{\vartheta_1}}\,\alpha_1$$

zahlenmäßig:

$$\frac{1 - 0,1 - \frac{1}{2} \cdot 0,33 \cdot 1,08 \cdot 0,58}{1 + \frac{1}{2}0,33 \cdot 1,08 \cdot 0,155}\, 0,155 = 12\%$$

Wir haben hier angenommen, daß γ durch die Vergiftung unverändert bleibt. Von der Zeit $\vartheta_1 = 28$ Min. an wird nun die Zunahme von α_2 offenbar im Verhältnis $\lambda = {}^1/_3$ kleiner. In den nächsten 28 Min. beträgt also die Zunahme nur noch 4 %. Wir haben den so berechneten Verlauf in das Bild 42 eingetragen. Es zeigt sich bis zu 20 Min. eine sehr gute Übereinstimmung mit dem beobachteten Verlauf. Für spätere Zeiten, also längere Erstickungszeiten, sehen wir dagegen eine sehr starke und immer größer werdende Abweichung von der berechneten Linie. Die immer größere Zunahme von α_2 geht auf Kosten der Abnahme von β, die sich aus unserer Theorie in dieser Größe selbstverständlich nicht ergeben kann. Dieses auffällige Ergebnis müssen wir in dem Sinne deuten, daß bei längeren Versuchsdauern die Ruhezellen pathologischen Veränderungen unterliegen, in welchem Zustande man sie leicht für reife Kerne nimmt. Dieses Ergebnis ist sehr überraschend, wir können aber unserer Rechnung, da sie nur auf den Zahlen der unverkennbaren Mitosen und neugeborenen Kerne und zudem nur auf dem Anfang der Versuchszeit basiert, in der die pathologischen Veränderungen anscheinend noch nicht merklich sind, dennoch eine gewisse Zuverlässigkeit zusprechen.

Wir haben 3,5 Stunden als obere Grenze für den mittleren Zyklus in der Versuchswurzel in Versuch 260 an der Stelle $n = 50$ gefunden. Möglicherweise ist diese Zahl tatsächlich etwas hoch, schon aus dem Grunde, weil vielleicht auch das Stadium 1 etwas durch die Erstickung verlangsamt ist. Wir werden daher in unseren späteren Rechnungen 3 Stunden als die Länge des Zyklus annehmen, ohne selbstverständlich dieser Zahl einen anderen als Orientierungswert zuzuerkennen.

f) Die Zellbildungsgeschwindigkeit des Meristems.

Wir können den im vorhergehenden Abschnitt berechneten Wert für die Dauer des mittleren Zellteilungszyklus noch einer ungefähren Kontrolle unterziehen, indem wir die Zahlen der Zellen berechnen, die in einer Säule des Periblems in einem Tage neu gebildet werden.

Wir nehmen als Zeiteinheit wieder die Verdoppelungszeit an. Dann ist die Zahl der auf eine Zelle in der Zeit dt neugebildeten Zellen (s. Bild 37):

$$\varrho_1 \cdot dt.$$

ϱ_1 berechnet sich auf die Gesamtzellenzahl Eins aus der Gleichung:

$$2\varrho_1 \int_0^1 2^{-x} \cdot dx = \frac{2\varrho_1}{2 \cdot \log 2} = 1$$

zu:

$$\varrho_1 = \log \text{nat } 2 = 0{,}693.$$

In der mittleren Periodenlänge ist dann die Zunahme:

$$\varrho_1(1 - \eta).$$

Wir haben im vorhergehenden Abschnitt die Zyklusdauer zu ungefähr 3—3,5 Stunden berechnet. Machen wir nun die Annahme, daß die Zyklusdauer an den verschiedenen Stellen des Meristems ungefähr die gleiche ist und das lediglich die

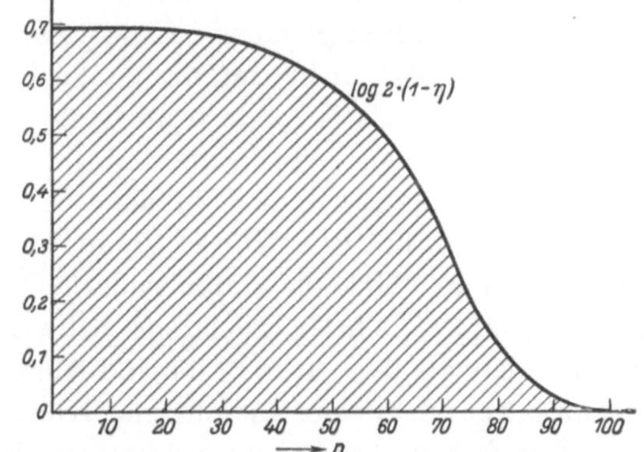

Bild 45. Die Zellbildungsgeschwindigkeit als Funktion der Ordnungszahl. Der Flächeninhalt gibt die Zahl der in einem Teilungszyklus neugebildeten Zahlen einer Zellsäule an.

Verdoppelungszeit, also η sich mit der Ordnungszahl ändert. Unter dieser Annahme können wir sofort die während eines Zyklus in einer ganzen Zellsäule stattfindende Zellvermehrung berechnen durch Bildung folgenden Integrals:

$$Z_{T'} = \log 2 \int_0^{\infty} [1 - \eta(n)]\, dn.$$

Wir haben dieses Integral graphisch ausgewertet in Bild 45 für das in Bild 33 dargestellte Durchschnittsbild des Meristems. In einem Zyklus, also in etwa 3 Stunden, beträgt die pro Zellsäule gebildete Zellenzahl etwa 45 Zellen.

Nehmen wir an, daß täglich etwa 5 Perioden stattfinden, daß aber die Zellneubildung während der Nacht aussetzt, so erhalten wir für jede Zellsäule etwa

$$200—250 \text{ Zellen/Tag.}$$

Da das Längenwachstum von Zwiebelwurzeln während der Zeit des stärksten Wachstums etwa 20—25 mm täglich beträgt, so heißt dies, daß die Durchschnittslänge ausgewachsener Zellen etwa 0,1 mm beträgt. Allerdings kann das Streckungswachstum nach der Verkümmerung des Meristems u. U. noch etwa 10 Tage fortdauern, so daß man auf etwa die dreifache Länge kommen kann. Dies steht mit unseren Beobachtungen in befriedigender Übereinstimmung.

2. Der Induktionseffekt in der Zwiebelwurzel.

a) Beschreibung des Induktionseffektes.

Wir haben bei der Zusammenfassung unserer Versuchsergebnisse den Induktionseffekt so weit beschrieben, wie es für das Verständnis der Verwendung der Zwiebelwurzel als Indikator für die „mitogenetischen Strahlen" und der ultravioletten Strahlen gleicher Eigenschaften erforderlich war. Wir sahen, daß die sehr deutliche Störung der axialen Symmetrie des Zellteilungswachstums an einer zirkumskripten Stelle des Meristems einen unzweifelhaften Beweis der auftreffenden Strahlung liefert, und daß die Stelle des Ausschlages (innerhalb unserer Versuchsfehler) mit der Stelle übereinstimmt, in der das enge Strahlenbündel oder die in späteren Versuchen stets benutzte Strahlenebene die Wurzel trifft.

Um den Effekt genauer zu analysieren, müssen wir ihn erst genau beschreiben. Wir müssen jetzt nicht nur die Frage beantworten: Wie groß ist die Abweichung von der Symmetrie?, sondern auch die viel weitgehendere Frage: Wie groß ist die Abweichung gegen den Normalzustand? Genau würde das heißen: Wie wäre das mikroskopisch-statistische Bild der beeinflußten Stelle, wenn wir keine Induktion vorgenommen hätten? Diese Frage ist selbstverständlich streng genommen unbeantwortbar. Um sie annähernd zu beantworten, müßten wir eine sehr große Anzahl von möglichst gleich langen Schwesterwurzeln zur gleichen Zeit unter gleichen Umständen an derselben Stelle induzieren und eine ebenfalls große Zahl von unbeeinflußten Schwesterwurzeln zur Kontrolle heranziehen.

Wir haben diesen sehr mühsamen Weg nicht beschritten und die Frage auf anderem Wege angenähert zu beantworten gesucht:

Auf S. 56 haben wir das Meristem (genauer das Periblem im Meristem) statistisch beschrieben, indem wir die relativen Anteile der einzelnen typischen Zellbilder, die Zahlen α_1, α_2, α_3 und β in Abhängigkeit von der (mittleren) Ordnungszahl n graphisch aufgetragen haben. Diese Verteilungsbilder sind zwar bei den einzelnen Wurzeln recht verschieden, ihr Charakter ist aber immer derselbe.

Ähnliche glatt verlaufende Kurven erhalten wir auch, wenn wir die Summe aller im Zyklus befindlichen Kerne in Abhängigkeit vom Abstand von der Wurzelspitze auftragen. In unseren Versuchsprotokollen finden sich sehr zahlreiche solche Kurven, gesondert für beide Wurzelhälften aufgetragen. Man beachte z. B. die negativen Versuche (also unbeeinflußte Wurzeln) Nr. 20, 102, 109, 112, 125, 127, 129, 151, 152, 168, 248. Man sieht, daß die beiden Linienzüge für zu- und abgewendete Seite die meisten Schwankungen, die wohl von ungleich starken Schnitten herrühren, gemeinsam mitmachen. Wenn man von diesen gemeinsamen Schwankungen absieht, bemerkt man noch mehr den außerordentlich regelmäßigen Anstieg dieser Kurven.

Wenn man nun die Linienzüge bei positiven Versuchen betrachtet, so sieht man an den Stellen des Ausschlages ein Auseinandergehen der beiden Linienzüge. An den beiden Enden des Ausschlages gehen sie dann — oft ziemlich plötzlich — wieder zusammen und bilden wieder einen gegen die Wurzelspitze regelmäßig ansteigenden Linienzug.

Es sind allerdings nur wenige von unseren positiven Versuchen auf einer langen Strecke rechts und links vom Ausschlag ausgezählt. Beispiele für solche Versuche, in denen sich dieser Verlauf gut verfolgen läßt, sind die Versuche 9, 25, 144, 176 und 227. Wir haben drei von diesen in dem Bild 46 nochmals dargestellt.

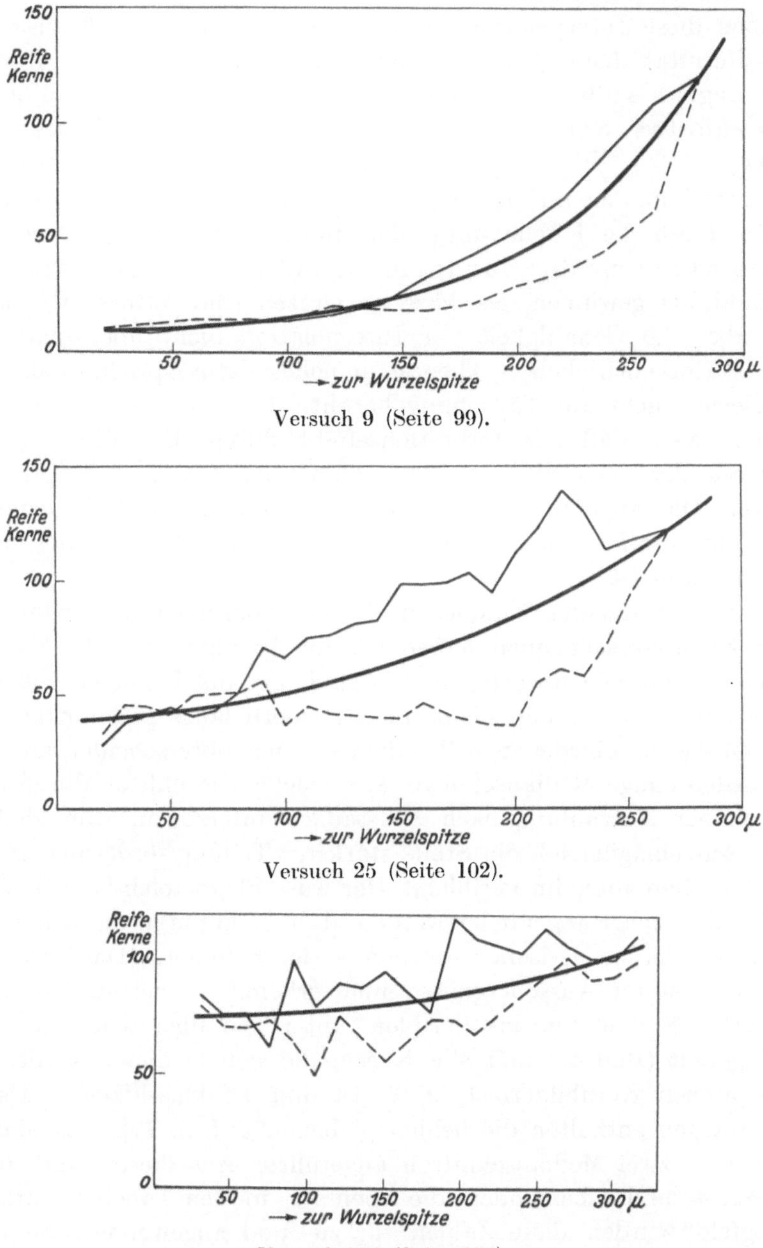

Versuch 9 (Seite 99).

Versuch 25 (Seite 102).

Versuch 176 (Seite 154).

Bild 46. Ergebnis dreier Induktionsversuche. Aufgetragen ist die Zahl der in der zugewendeten und in der abgewendeten Hälfte der Querschnitte gezählten Zellenzahl (Zählkriterium s. Bild 30.) Die stark ausgezogene Kurve stellt den interpolierten normalen Verlauf dar.

Wir führen nun die — sicher sehr plausible — Annahme ein, daß die Beeinflussung der Zellteilungen durch die „mitogenetischen Strahlen" sich nur auf wenig mehr Querschnitte erstreckt, als in welchen ein Ausschlag merklich ist. Dann dürfen wir die Linienzüge etwas rechts und links der Ausschlagstelle als normal ansehen und wir können das fehlende Kurvenstück innerhalb des Ausschlagbereiches durch graphische Interpolation ergänzen, wobei wir den allgemeinen Charakter der Kurven in unbeeinflußten Wurzeln vor Augen halten.

Wir haben diese Interpolation für drei Versuche in Bild 46 ausgeführt. Das augenfällige Resultat dieser Konstruktion haben wir schon früher erwähnt. Der Ausschlag ergibt sich aus einer Zunahme der Zellen im Zyklus auf der zugewendeten Seite und aus einer Abnahme an der abgewendeten Seite.

Die gesamte Zunahme auf der zugewendeten Hälfte wird durch die Fläche über, die Abnahme durch die Fläche unter der interpolierten Kurve dargestellt. Man sieht, daß die Abnahme der Zunahme ungefähr die Wage hält, man könnte sogar den Eindruck gewinnen, als wäre im ganzen eine geringe Abnahme erfolgt. Wir dürfen aber die Genauigkeit der Interpolation nicht überschätzen, obschon auch in der später entwickelten Theorie manches dafür spricht, daß diese Beobachtung vielleicht nicht auf Täuschung beruht.

Wir sehen also, daß der Induktionseffekt durch die Worte: ,,Zellteilungsvermehrung auf der bestrahlten Seite'' vollkommen falsch und einseitig charakterisiert wäre. Die angeführte Tatsache legt auch schon den Gedanken nahe, daß der Induktionseffekt eine komplizierte Gesamtreaktion eines ganzen Bereiches im Meristem ist.

Um nun einen genaueren Einblick in die Veränderungen zu gewinnen, die während der Induktion vor sich gehen, haben wir eine Anzahl induzierter Zwiebelwurzeln einer genauen Auszählung unterzogen. Es sind dies die Versuche 256 und 261 (s. S. 173). Diese Wurzeln wurden nicht quer, sondern längs geschnitten, da man in Längsschnitten die verschiedenen Zellstadien genauer unterscheiden kann. Von den Schnitten wurden einige Medianschnitte, also solche, die nahezu durch die Wurzelachse gehen, einer Auszählung nach Zellstadien unterzogen. Die Medianschnitte enthalten im Ausschlagbereich die Stelle stärkster Teilungsförderung und die Stelle stärkster Teilungshemmung im Periblem. Der Ausschlagbereich konnte nach einigem Probieren ziemlich sicher abgegrenzt werden, d. h. es konnten die beiden Ordnungszahlen angegeben werden, zwischen welchen er sich befindet. (Die Grenze ist — wie man aus vielen unserer Ausschlagdiagramme erkennt — bei starken Ausschlägen ziemlich scharf.) Nun wurde das Periblem unter und über dem Ausschlagbereich in Felder eingeteilt (Bild 47) und alle Kerne, die sich in diesen Feldern befinden, nach den typischen Kernbildern 1, 2, 3, 4a und 4b klassifiziert. Das Resultat dieser Auszählungen enthalten die beiden Tabellen auf S. 173. Es sind in ihnen die Zahlen aus je zwei Medianschnitten angeführt. Aus diesen sind die relativen Anteile α_1, α_2, α_3 und β berechnet, die ebenfalls in den Tabellen enthalten sind. Im Ausschlagfeld wurden diese Zahlen für zu- und abgewendete Seite gesondert berechnet, in den anderen Feldern wurden beide Hälften gleich zusammengezählt und so ein Mittelwert gewonnen. Schließlich wurden aus den relativen Zahlen für beide Schnitte Mittelwerte berechnet und in die besonderen Tabellen auf S. 173 und 76 eingetragen. Es soll bemerkt werden, daß die Abweichungen zwischen den einzelnen Schnitten recht beträchtlich sind, doch ist die Auszählung so zeitraubend, daß vorerst keine größere Schnittzahl berücksichtigt werden konnte.

Die α- und β-Werte rechts und links vom Ausschlag wurden nun graphisch aufgetragen, und es wurden nun durch graphische Interpolation die „normalen" Werte dieser Zahlen an der Ausschlagstelle ermittelt. Hierbei wurde der in Bild 33 dargestellte Charakter dieser Kurven berücksichtigt.

Durch Vergleich dieser interpolierten Werte mit den in den Ausschlagfeldern gefundenen Werte der α und β finden wir nun die uns interessierenden Änderungen dieser Werte gegen den Normalzustand, die wir $\Delta\alpha_1$, $\Delta\alpha_2$, $\Delta\alpha_3$ und $\Delta\beta$ nennen wollen. — Auf diese Werte werden wir unsere Berechnung basieren, deren Ziel sein wird, aus dem beobachteten Effekt, d. h. aus den Änderungen $\Delta\alpha$ und $\Delta\beta$ auf das (mittlere) Schicksal der einzelnen Zelle während der Beeinflussung der Wurzel durch Strahlen zu schließen.

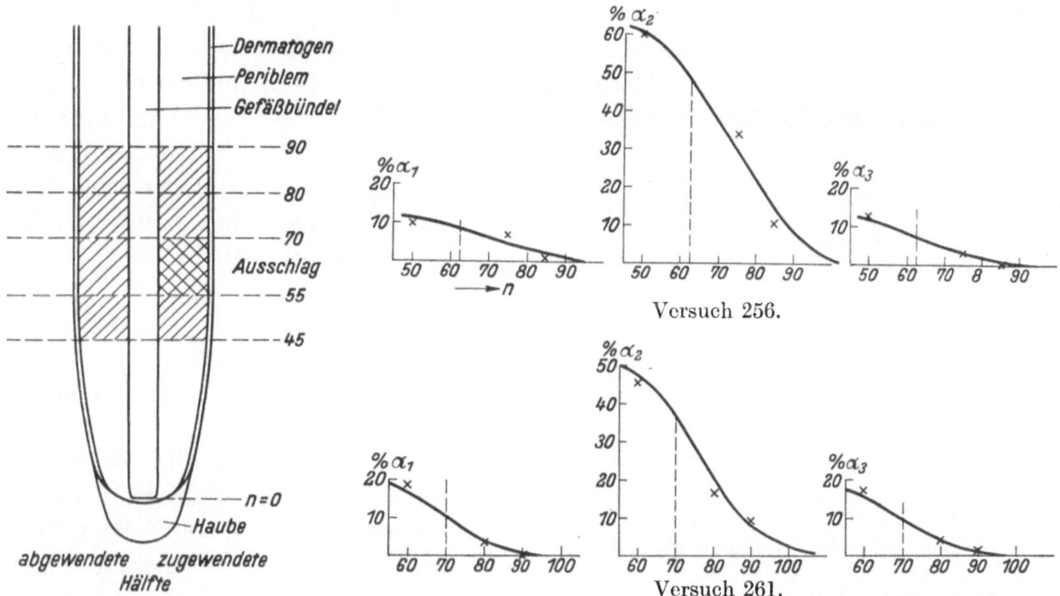

Bild 47. Schema der Auszählung der Medianschnitte in Versuch 256 und 261.

Bild 48. Ermittlung der normalen Werte der Zahlen α an der Ausschlagsstelle durch Interpolation.

Wir sehen, daß unser Zahlenmaterial zu gering ist, als daß wir darauf mit voller Sicherheit bauen könnten. Wir werden daher trachten müssen, aus den etwas unsicheren Daten nur solche Schlüsse zu ziehen, die von dem Fehlen dieser Daten möglichst weitgehend unabhängig sind.

Auf den ersten Blick können wir aus den Änderungen der Zahlen α und β gegen den Normalzustand nur feststellen, daß die Änderungen an der zu- und an der abgewendeten Hälfte im allgemeinen entgegengesetztes Vorzeichen haben. Weiteren Aufschluß kann nur die Rechnung geben.

b) Analyse des Induktionseffektes.

Die Frage, deren Beantwortung wir jetzt unternehmen, lautet folgendermaßen: Wie wird durch den Induktionseffekt die Entwicklung der Zellen im Ausschlagbereich auf der zugewendeten und auf der abgewendeten Seite beeinflußt?

Im normalen, unbeeinflußten Zyklus wird der mittlere Entwicklungsgang einer Zellengruppe während kurzer Zeiten mit guter Annäherung durch den Zellteilungszyklus dargestellt, den wir aus den durch Interpolation gewonnenen Zahlen α und β berechnen können. Der Zyklus ist in diesem Falle nur eine Näherung, denn jetzt müssen wir eine Zellengruppe (nicht eine Stelle) ins Auge fassen (s. die Ausführungen auf S. 62).

Fassen wir zu Beginn der Versuchszeit eine bestimmte Zellenzahl im beeinflußten Gebiet in der zugewendeten Hälfte ins Auge. Während der Versuchszeit gehen mit diesen bestimmte Veränderungen vor sich, indem eine bestimmte Zahl von Zellen die Grenzen der Stadien passiert. Wir führen nun folgende Bezeichnungen ein:

Wir nennen s_0 die während der Versuchszeit aus der Mitose ausgetretenen, also sich verdoppelnden Kerne. Die Anzahl der in das Stadium 1 (neugeborene Zellen) eintretenden Kerne ist also $2\,s_0$. Die aus dem Stadium 1 ausgetretenen Zellen nennen wir s_1. Von diesen tritt ein Teil γ' in den Ruhezustand 4 über, der Rest in das Stadium der reifen Kerne. Wir dürfen γ' selbstverständlich nicht gleich dem γ des unbeeinflußten Zyklus setzen, sondern wir werden diese Zahl auch be-

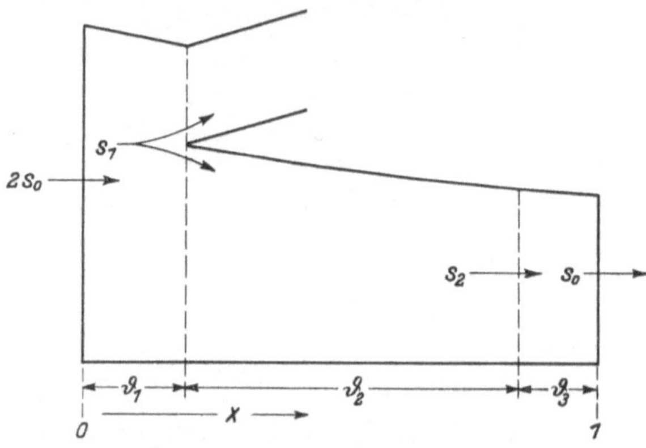

Bild 49. Zur Definition der Durchtrittszahlen s_0, s_1, s_2.

rechnen müssen. Schließlich nennen wir s_2 die Anzahl der aus 2 in das Mitosenstadium 3 eintretenden Zellen. (Bild 49).

Wir wollen nun die Durchtrittszahlen s_0 bis s_2 aus den beobachteten Änderungen $\varDelta\alpha - \varDelta\beta$ für beide Hälften des Ausschlagbereiches berechnen.

Wir beziehen die Zahlen s_1 ebenso wie die Zahlen α und β auf die ursprüngliche Zellenzahl 1. (Es heißt dieses selbstverständlich nicht so viel, daß wir nur eine Zelle ins Auge fassen.)

Die Änderung der Zellenzahl in einem bestimmten Stadium ist stets die Differenz zwischen Eintritt und Austritt. Die ursprüngliche Gesamtzellenzahl ist 1, daher stellen α_1 bis β die Zahlen in den einzelnen Stadien dar. Zu Ende der Versuchszeit ist die Gesamtzellenzahl $1 + s_0$. Daraus berechnen wir die Änderung der α und β ähnlich wie im vorhergehenden Abschnitt über die Erstickungsversuche:

$$\varDelta\alpha_1 = \frac{\alpha_1 + (2\,s_0 - s_1)}{1 + s_0} - \alpha_1 = \frac{(2\,s_0 - s_1) - s_0\,\alpha_1}{1 + s_0}$$

oder

$$(2 - \alpha_1)\,s_0 - s_1 = (1 + s_0)\,\varDelta\alpha_1 . \tag{1}$$

Führen wir in diese Gleichung ein α_1 nach dem Versuch, also

$$\alpha_1' = \alpha_1 + \varDelta\alpha_1 ,$$

so können wir die Gleichung auch einfacher schreiben:

$$(2 - \alpha_1')\,s_0 - s_1 = \varDelta\alpha_1 . \tag{2}$$

Ebenso erhalten wir für die Änderungen der anderen Stadien:

$$- \beta' \cdot s_0 + \gamma'\,s_1 = \varDelta\beta , \tag{3}$$

$$- (1 + \alpha_3')\,s_0 + s_2 = \varDelta\alpha_3 . \tag{4}$$

Die Gleichung für $\varDelta\alpha_2$ haben wir nicht angesetzt, da sich diese aus den anderen ergibt, da ja immer

$$\varDelta\alpha_1 + \varDelta\alpha_2 + \varDelta\alpha_3 + \varDelta\beta = 0$$

sein muß. Wir sehen, daß s_2 nur in der dritten Gleichung vorkommt, die ersten beiden können daher für sich betrachtet werden. Man sieht sofort, daß für $\varDelta\alpha_1 = \varDelta\beta = 0$, also für stationäres Wachstum die Gleichungen nur dann verträglich sind, wenn

$$\gamma = \frac{\beta}{2 - \alpha_1} \tag{5}$$

ist. Diese Gleichung haben wir schon früher auf S. 59 benutzt, aber dort noch nicht bewiesen.

Für den normalen ungestörten Verlauf ergeben sich aus den Gleichungen sehr einfache bestimmte Verhältnisse der Durchtrittszahlen s_0, s_1, s_2, dagegen wird ihr absoluter Wert unbestimmt, was ja selbstverständlich ist, da man aus dem unbeeinflußten Bild der Wurzel niemals die absoluten Teilungszeiten ermitteln kann.

Die Verhältnisse der Durchtrittszahlen sind für ungestörten Verlauf:

$$\frac{s_1}{s_0} = 2 - \alpha_1 \tag{6}$$

$$\frac{s_2}{s_0} = 1 + \alpha_3 \tag{7}$$

oder in einer Gleichung vereinigt:

$$s_1 : s_2 : s_0 = (2 - \alpha_1) : (1 + \alpha_3) : 1 . \tag{8}$$

In den beiden Gleichungen (2) und (3) kommen nun die drei Unbekannten s_0, s_1 und γ' vor. Wir können daher nicht alle drei berechnen, sondern werden uns damit begnügen, unter plausiblen Annahmen Näherungswerte für s_1/s_0 und für γ' abzuleiten. — Aus (2) und (3) berechnen wir:

$$\gamma' = \left(\beta' + \frac{\varDelta\beta}{s_0}\right)\frac{s_0}{(2 - \alpha_1')\,s_0 - \varDelta\alpha_1}, \tag{9}$$

$$\frac{s_1}{s_0} = \frac{\beta' \cdot \varDelta\alpha_1 + (2 - \alpha_1')\,\varDelta\beta}{\gamma'\,\varDelta\alpha_1 + \varDelta\beta}, \tag{10}$$

$$\frac{s_2}{s_0} = 1 + \alpha_3' + \frac{\gamma' \cdot (2 - \alpha_1') - \beta'}{\gamma' \cdot \varDelta\alpha + \varDelta\beta}\,\varDelta\alpha_3 . \tag{11}$$

In diesen Gleichungen kommt außer den beobachtbaren Größen α_1, α_3, β und $\varDelta\alpha_1$, $\varDelta\alpha_3$, $\varDelta\beta$ noch die Durchtrittszahl s_0 in der Formel (9) vor. Wir werden nun γ' näherungsweise berechnen, indem wir für s_0 den Wert für unbeeinflußtes Wachstum mit dem Teilungszyklus von 3 Stunden einsetzen. Als Näherung für schwache Ausschläge ist diese Annahme offenbar berechtigt. Aber auch für starke Ausschläge wird diese Annahme eine Berechtigung erhalten durch das Ergebnis der Ausrechnung einiger Versuche, welches wir hier vorwegnehmen. Es zeigt sich nämlich, daß auch durch starke Induktion die relativen Werte der Zeiten für die einzelnen Stadien im Zyklus nur wenig verändert wurden[1]). Da sich aber die relativen Teilzeiten nur

---

[1]) Diese Rechnungen wurden zwar unter der Annahme des unveränderten s_0 ausgeführt, man darf aber nicht etwa denken, daß dieses Ergebnis daraus zwangsweise folgt, also daß wir die Annahme auf sich selbst stützen wollen.

wenig ändern, so liegt es nahe, näherungsweise anzunehmen, daß der Zyklus als Ganzes auch nur wenig verändert wird.

Wir setzen also s_0 gleich dem normalen Wert bei dreistündigem Gesamtzyklus. Im normalen Zyklus ist s_0 in der Zeit t, wenn der Zyklus als Zeiteinheit angenommen wird,

$$s_0 = 2^{t \cdot (1 - \eta)} - 1 . \tag{12}$$

Angenähert ist

$$s_0 = 0{,}69 \cdot t \cdot (1 - \eta)$$

also für eine Stunde, d. h. für $t = {}^1/_3$

$$s_0 = 0{,}23 \, (1 - \eta) . \tag{13}$$

Hier hat η die auf S. 60 definierte Bedeutung. $(1 - \eta)$ ist das Verhältnis von Zyklusdauer zur Verdopplungszeit. Wir können η berechnen aus der Gleichung:

$$2^{-\eta} = 1 - \gamma . \tag{14}$$

Mit Hilfe der Gleichungen (5), (9), (10), (11) und (13) können wir nur die Auszählungsergebnisse von Versuch 256 und 261 auswerten. Es stehen uns hierfür die in den folgenden Tabellen vereinigten Werte zur Verfügung:

Versuch 256.
(Schwacher Ausschlag.)

Seite	Stadium	1	2	3	4
Zugewendet {	$\alpha'\,\%$	11	51,5	6,5	31
	$\varDelta\,\alpha\,\%$	+2,5	+3,5	0	—6
Normal . . .	$\alpha\,\%$	8,5	48	6,5	37
Abgewendet {	$\varDelta\,\alpha\,\%$	—3,2	— 3	—1,3	+ 7,5
	$\alpha'\,\%$	5,3	45	5,2	44,5

Versuch 261.
(Starker Ausschlag.)

Seite	Stadium	1	2	3	4
Zugewendet {	$\alpha'\,\%$	11	41	11	37
	$\varDelta\,\alpha\,\%$	+ 1	+ 4	+ 2	— 7
Normal . . .	$\alpha\,\%$	10	37	9	44
Abgewendet {	$\varDelta\,\alpha\,\%$	—2	—11	—2	+15
	$\alpha'\,\%$	8	26	7	59

Diese Werte wurden in die obengenannten Gleichungen eingeführt, woraus sich folgende Zahlen ergaben:

Versuch 256. Die für den normalen Wert charakteristischen Werte sind:

$$\gamma = 19\,\% \qquad \eta = 31\,\% \qquad s_0 = 16\,\% .$$

Zugewendete Seite: Aus der Formel (9) wurde berechnet:

$$\gamma' = -3{,}7\,\% \text{ abgerundet } \gamma' = 0 .$$

Mit diesem Wert von $\gamma' = 0$ wurde berechnet aus Formel (10) und (11):

$$s_1 : s_2 : s_0 = 1{,}78 : 1{,}065 : 1 ,$$

während im normalen Zyklus ist

$$s_1 : s_2 : s_0 = 1{,}915 : 1{,}065 : 1 .$$

Abgewendete Seite: Aus Formel (9) wurde berechnet:

$$\gamma' = 43\,\%$$

$$s_1 : s_2 : s_0 = 2{,}13 : 0{,}95 : 1 .$$

Versuch 261. Die für den normalen Zyklus charakteristischen Werte sind:

$$\gamma = 23\,\% \qquad \eta = 38\,\% \qquad s_0 = 14{,}5\,\% .$$

Zugewendete Seite. Aus der Formel (9) wurde berechnet:

$$\gamma' = -3{,}5\,\% \text{ abgerundet } \gamma' = 0 .$$

Mit diesem Wert von $\gamma' = 0$ wurde berechnet aus Formel (10) und (11):

$$s_1 : s_2 : s_0 = 1,87 : 1,21 : 1 \, ,$$

während im normalen Zyklus ist:

$$s_1 : s_2 : s_0 = 1,9 : 1,09 : 1 \, .$$

Abgewendete Seite. Aus Formel (9) wurde berechnet:

$$\gamma' = 80\%$$
$$s_1 : s_2 : s_0 = 2,06 : 0,93 : 1 \, .$$

Das augenfälligste Resultat dieser Rechnungen ist die charakteristische Veränderung des Ausscheidungskoeffizienten γ. Wir erinnern nochmal an die Bedeutung dieser wichtigen Zahl. Sie gibt an, ein wie großer Prozentsatz der neugeborenen Zellen aus dem Zyklus ausscheidet und in den Ruhestand übergeht.

Wir sehen nun aus beiden Versuchen, daß der Ausscheidungskoeffizient an der zugewendeten Seite verschwindet, d. h.: **Unter der Wirkung der Induktion bleiben die während der Versuchszeit voll ausgebildeten neugeborenen Zellen so gut wie sämtlich im Zyklus und entwickeln sich weiter zu reifen Kernen, während normalerweise ein bestimmter Prozentsatz von diesen aus dem Zyklus ausscheiden und das Streckungswachstum beginnen würde. An der abgewendeten Seite dagegen scheiden bedeutend mehr Zellen aus dem Zyklus aus, als normalerweise der Fall wäre.** Auf der abgewendeten Seite erreicht der Ausscheidungskoeffizient in dem sehr starken Induktionseffekt in Versuch 261 sogar den Wert von 80% gegen 23% normalerweise.

Dieses Resultat tritt so stark hervor, daß wir es trotz der umständlichen Herleitung und der Näherungsannahme, die wir dabei gemacht haben, als weitgehend gesichert ansehen können. Es ist auch ganz verständlich, daß die Entwicklungsphase, in welcher die Zelle gewissermaßen entscheidet, ob sie im Zyklus bleiben oder ausscheiden soll, den empfindlichsten Punkt des Zellebens darstellt und daß die Strahlenwirkung daher vorzugsweise an diesem Punkt angreift.

Aus den relativen Werten der Durchtrittszahlen s_0, s_1, s_2, die wir in beiden Versuchen berechnet haben, lassen sich nicht ohne weiteres Schlüsse ziehen. Bevor wir ihren Inhalt analysieren, wollen wir aber eine andere Frage aufwerfen: Ist es nicht möglich, daß die Änderung des Ausscheidungskoeffizienten γ die einzige Ursache des beobachteten Induktionseffektes ist? Wir wollen diese Frage zu entscheiden suchen, indem wir nun die Annahme einführen, daß durch die Induktion die Entwicklungsgeschwindigkeiten, also die mittleren Zeiten der einzelnen Entwicklungsphasen unverändert bleiben; unter dieser Annahme wollen wir die Änderungen der Zahlen α und β berechnen und sie mit den beobachteten vergleichen.

Das Ergebnis läßt sich ohne Rechnung übersehen. Die Versuchsdauer betrug in beiden Versuchen eine Stunde. Die mittlere Dauer des Stadiums 2, der reifen Kerne, beträgt aber in dem Versuch 256 etwa 2,3, im Versuch 261 etwa 1,9 Stunden, wenn wir einen 3stündigen Gesamtzyklus annehmen. D. h. während der einstündigen Versuchsdauer hätte normalerweise noch keine Zelle, von denen die zu Beginn des Versuches auf der zugewendeten Seite überzählig im Zyklus geblieben sind, in die Mitose gelangen können. Ebensowenig könnte sich im Prozentsatz der Mitosen auf der abgewendeten Seite die übernormale Zahl der aus dem Zyklus ausgeschiedenen Zellen in einer Abnahme bemerkbar machen. Die Zahlen α_1 und α_2 müßten also auf zu- und abgewendeter Seite nach so kurzen Versuchsdauern übereinstimmen. In reifen Kernen und Mitosen dürfte kein prozentualer Ausschlag zu sehen sein[1]).

Vergleichen wir dieses Ergebnis mit den in den Tabellen verzeichneten Resultaten, so sehen wir, daß dies nicht zutrifft. Zählen wir Mitosen und neugeborene Kerne zusammen, so finden wir auch in diesen einen prozentualen Ausschlag. — Im Versuch 256 ist der Prozentsatz der Stadien 17,5 auf der zugewendeten gegen 10,5 auf der abgewendeten Seite, im Versuch 261 22 gegen 15%. Wenn auch die Prozentsätze dieser Stadien wegen ihrer Kleinheit weniger genau sind als diejenigen der reifen Kerne, so ist dieser Ausschlag doch schon sicher über der Fehlergrenze.

Die Veränderung von γ ist also nicht die einzige Wirkung der Strahlen auf den Zyklus). Die Veränderung des Ausscheidungskoeffizienten ist zwar der auffälligste und stärkste Effekt und liefert den weitaus stärksten Teil des nach unserer Zählmethode enthaltenen Ausschlages[2]). Es scheint aber, daß außer der Vermehrung der Zellen im Zyklus noch ein zweiter Effekt wirksam ist, welcher in der Veränderung der Teilzeiten des Zyklus besteht[3]). Anders ausgedrückt: Nicht nur die Ausscheidungskoeffizienten werden verändert, sondern auch die Entwicklungsgeschwindigkeiten in den einzelnen Phasen. Es ist auch klar, daß nur eine ungleiche Beeinflussung der verschiedenen Phasen eine Erklärung liefern kann. Denn eine gleichmäßige Beschleunigung und Verzögerung des ganzen Zyklus innerhalb gewisser Grenzen würde das Resultat nicht verändern[4]). Wir sehen auch gleich, daß unsere Ergebnisse uns nur die relativen Geschwindigkeiten liefern können. Dagegen wäre es wohl möglich, aus sehr vielen Versuchen von verschiedener Dauer auch die absoluten Geschwindigkeiten auszurechnen in ähnlicher Weise, wie wir es bei der Nachrechnung der Erstickungsversuche getan haben. Unser Zahlenmaterial reicht aber für solche Rechnungen noch bei weitem nicht aus.

Wir wollen bemerken daß unser Zahlenmaterial (die beiden Versuche 256 und 261) auch für ausreichend genaue Berechnung der relativen Geschwindigkeiten unzureichend ist. Wenn wir diese Rechnung doch unternehmen, so tun wir dies mehr in der Absicht, den Weg zur Ermittlung dieser Größen zu zeigen.

Die bisherige Rechnung lieferte aus auf beiden Seiten der Medianschnitte im Ausschlagbereich die Werte

$$\gamma' \qquad \text{und} \qquad s_1 : s_2 : s_0 \, .$$

[1]) Allerdings wäre in Querschnitten ein absoluter Ausschlag zu sehen, denn durch die Veränderung der Zahlen γ würde die Durchschnittslänge der Zellen auf der zugewendeten Seite verkleinert, auf der abgewendeten vergrößert. Es würde die zugewendete Hälfte eines Querschnittes daher mehr Zellen und auch mehr Mitosen enthalten als die abgewendete.

[2]) Die Veränderung des Ausscheidungskoeffizienten reicht auch vollkommen aus, um über die Versuchsergebnisse von Gurwitsch Rechenschaft zu geben, denn Gurwitsch fixierte seine Versuchswurzeln im allgemeinen nach 2 bis 2,5 Stunden und hat nach 30- bis 40 minutiger Versuchsdauer noch keinen Ausschlag erhalten.

[3]) Allerdings könnte auch eine sehr starke Streuung der individualen Entwicklungsgeschwindigkeiten einen Ausschlag schon nach kurzen Versuchsdauern hervorrufen. S. Seite 82.

[4]) Wir sagen „in gewissen Grenzen", weil eine sehr starke Beschleunigung des ganzen Zyklus auf der zu- und abgewendeten Seite im Verein mit den Änderungen von γ recht wohl über die beobachteten Erscheinungen Rechenschaft geben könnte. Die Annahme, daß γ sich auf beiden Seiten in entgegengesetztem Sinne ändert, daß aber der Zyklus auf beiden Seiten stark beschleunigt wird (auch bei schwacher Induktion!) erscheint, uns so unwahrscheinlich, daß wir von der Diskussion absehen wollen.

Aus diesen Zahlen und aus den Versuchsergebnissen wollen wir nun die Entwicklungsgeschwindigkeiten, und zwar nur deren relative Werte berechnen. Wir definieren den Begriff „Entwicklungsgeschwindigkeit" wie folgt: Wie auf S. 57 denken wir uns die Aufteilung der Zellbilder unendlich verfeinert. Die Lage jedes Zellbildes im Zyklus legen wir wieder fest durch die Zeit x, welche im normalen (mittleren) Zyklus von der Neugeburt ($x = 0$) bis zu diesem Stadium verstreicht. Wir nehmen als Einheit von x diesmal am besten die Zyklusdauer an. Wenn nun unter irgendwelchen Umständen die Zellen im Mittel die Zeit dt brauchen, um von x nach $x + dx$ zu gelangen, so definieren wir dx/dt als die Entwicklungsgeschwindigkeit $v(x)$ an der Stelle x. Wenn wir auch als Einheit von t die Dauer des normalen Zyklus annehmen, dann ist im ungestörten Wachstum die Entwicklungsgeschwindigkeit für alle x, d. h. für alle Phasen gleich der Einheit. Wir wiederholen, daß unsere Rechnung nur die relativen Geschwindigkeiten liefern kann, wir werden daher im beeinflußten Zyklus die Entwicklungsgeschwindigkeit für irgendeine Stelle, am besten für $x = 0$ (Neugeburt), gleich Eins setzen.

Nehmen wir nun an, wir hätten zu irgendeiner Zeit eine bestimmte Zellenzahl herausgegriffen und klassifiziert. Die Verteilungsfunktion der Zellen sei $\varrho(x)$. Dann tritt während der Zeit dt durch die Stelle x hindurch die Zellenzahl

$$v(x)\varrho(x)dt$$

und während der Zeit t die Zahl

$$s = \int_0^{} v(x,t)\varrho(x,t)dt \, . \tag{15}$$

Für kurze Versuchszeiten können wir nun angenähert setzen:

$$s(x) = v(x) \cdot \varrho(x) \cdot t \, . \tag{16}$$

Überstrichen bedeutet wie üblich einen Mittelwert. Die Durchtrittszahl s ist also proportional dem Produkt aus der mittleren Entwicklungsgeschwindigkeit $\bar{v}$ und der mittleren Dichte $\bar{\varrho}$ während der Versuchszeit an der Stelle x.

Wir kennen nun bereits die relativen Werte von s, wir müssen noch die relativen Werte von $\bar{\varrho}$ berechnen. Wir setzen $\bar{\varrho}$ angenähert

$$\bar{\varrho} = \tfrac{1}{2}(\varrho + \varrho'), \tag{17}$$

wo ϱ die Dichte zu Anfang, ϱ' zu Ende der Versuchszeit bedeutet. Die Anfangsdichte ϱ ergibt sich aus der schon bekannten Konstruktion des normalen Zyklus. Um die Enddichten ϱ' zu gewinnen, müssen wir folgendermaßen vorgehen: Wir greifen aus der Versuchszellenzahl $(1 + s_0)$ 100 Zellen heraus, denn aus 100 Zellen ursprünglich werden am Ende angenähert $(1 + s_0)$ mal soviel Zellen. Wir müssen nun ihre Verteilungskurve konstruieren unter Berücksichtigung des oben berechneten Ausscheidungskoeffizienten γ'. Die Verteilungskurve $\varrho'(x)$ mußte also bei $x = \vartheta_1$, einen Sprung im Verhältnis γ' haben. Um dies zu vermeiden, nehmen wir von den einzelnen Stadien folgende Zahlen: $(1 + s_0) \cdot (1 + \gamma') \, \alpha_1$, $(1 + s_0)\alpha_2$, $(1 + s_0) \, \alpha_3$. Diese müssen offenbar eine glatte Verteilungskurve ergeben, denn es sind diese ja nur die im Zyklus bleibenden Zellen.

Wir konstruieren aus diesen Zahlen zuerst die Integralkurve von ϱ', also die Kurve, deren Ordinatenabschnitte unmittelbar den Flächen der Abschnitte von ϱ' proportional sind. Die Konstruktion ist in Bild 50 dargestellt. Durch graphische

Differentiation (Tangentenkonstruktion) gewinnt man daraus die Kurve der Enddichten ϱ'. Es soll bemerkt werden, daß man nach einiger Übung auch durch Probieren zum Ziel gelangen kann.

Wie in Bild 50 zu sehen, stehen uns für die Konstruktion der Integralkurve nicht nur vier, sondern sechs Punkte zur Verfügung[1]), denn wir müssen uns ja den Zyklus zum Kreise geschlossen oder — was dasselbe ist — rechts und links fortgesetzt denken. Die Genauigkeit der Konstruktion ist also nicht so gering wie man vielleicht zu glauben versucht wäre.

Auf solche Weise wurden in Bild 51 die Verteilungskurven ϱ' für die Versuche 256 und 261 konstruiert, in beiden Fällen für die zu- und abgewendete Seite[2]). Nun kann die Mittelwertskurve $\bar\varrho = \frac{1}{2}(\varrho + \varrho')$ ohne weiteres gezeichnet werden[3]). Wir haben die relativen Werte der Durchtrittszahlen s in einem beliebigen Maßstab in die Zeichnungen eingetragen. Schließlich erhalten wir die mittleren Durchtrittsgeschwindigkeiten aus Formel (16) zu

$$\bar v(x) = \frac{s(x)}{\bar\varrho(x)} \cdot \frac{1}{t},$$

also durch Division der beiden Kurven s und $\bar\varrho$, wieder in einem beliebigen, selbstverständlich unbekannten Maßstab. Man erhält eine glatte Kurve, die den Verlauf der mittleren Entwicklungsgeschwindigkeiten während des Induktionsversuches wiedergibt.

Wir betonen wieder, daß wir unser Zahlenmaterial noch nicht für ausreichend betrachten, als daß wir aus den so gewonnenen Geschwindigkeitsbildern sichere Schlüsse ziehen dürften. Wir können auch nicht überrascht sein, daß die Geschwindigkeits-

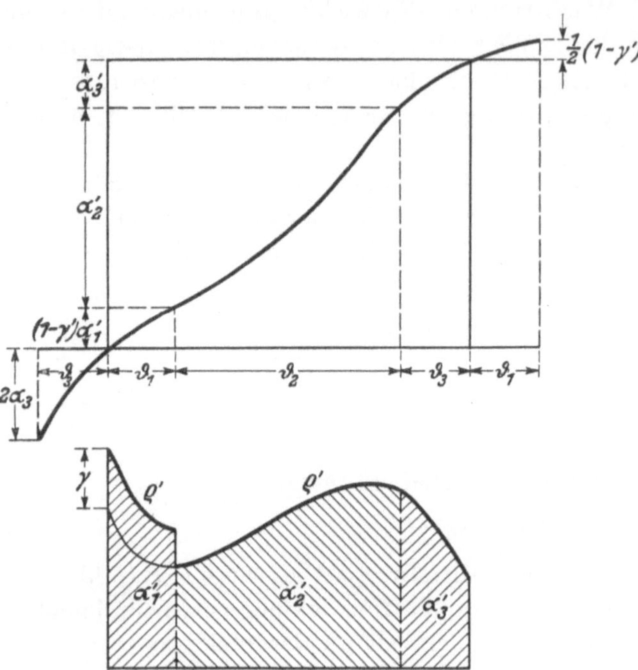

Bild 50. Ermittlung der Verteilungsdichte der Entwicklungsphasen aus den Zahlen α_1', α_2', α_3' und γ' bei beliebiger Abweichung von der Stationarität. Die ϱ'-Kurve wird aus der oberen durch Differentiation gewonnen.

---

[1]) Dies bedeutet fünf an Stelle von drei Punkten für die ϱ'-Kurve.

[2]) Die Konstruktion von ϱ' ist in den Abbildungen nicht dargestellt, um das Bild nicht undeutlich zu machen.

[3]) Die Mittelwertskurve $\bar\varrho$ soll eine möglichst gute Annäherung an den zeitlichen Mittelwert von ϱ während der Versuchsdauer geben. Man darf darum nicht schematisch überall den arithmetischen Mittelwert von ϱ und ϱ' eintragen, denn dann würde sich für $x = \vartheta_1$ ein Sprung von $\frac{1}{2}(\gamma + \gamma')$ ergeben, während sich nach den Voraussetzungen unserer Theorie sofort bei Versuchsbeginn ein Sprung von der Größe γ' einstellt. Wir haben daher in den Konstruktionen $\bar\varrho$ an der Stelle ϑ_1 mit einem Sprung γ' gezeichnet und die Kurve dann, wie in den Bildern zu sehen ist, stetig in die arithmetische Mittelwertskurve übergeführt. Wäre keine Streuung der Entwicklungsgeschwindigkeiten vorhanden, so hätte allerdings sowohl die s- wie die $\bar\varrho$-Kurve an der Stelle: $x = (\vartheta_1 + \text{Versuchsdauer})$ einen Sprung von der Größe $(\gamma' - \gamma)$. Dies haben wir bei beiden fortgelassen und beide Kurven von ϑ_1 an stetig gezeichnet.

kurven in den beiden Versuchen zwar im Charakter einigermaßen ähnlich sind, aber in den Einzelheiten weitgehend differieren. Wir erkennen, daß die größte Geschwindigkeit an der zugewendeten, positiv beeinflußten Seite in beiden Versuchen ungefähr bei dem Übertritt der reifen Kerne in die Mitose zu finden sind. Im Versuch 256 ist die Geschwindigkeit auf der abgewendeten, im Versuch 261 auf der zugewendeten Seite fast konstant geblieben und es zeigt im ersten Falle nur die zugewendete, im zweiten Falle nur die abgewendete Seite bedeutendere Geschwindig-

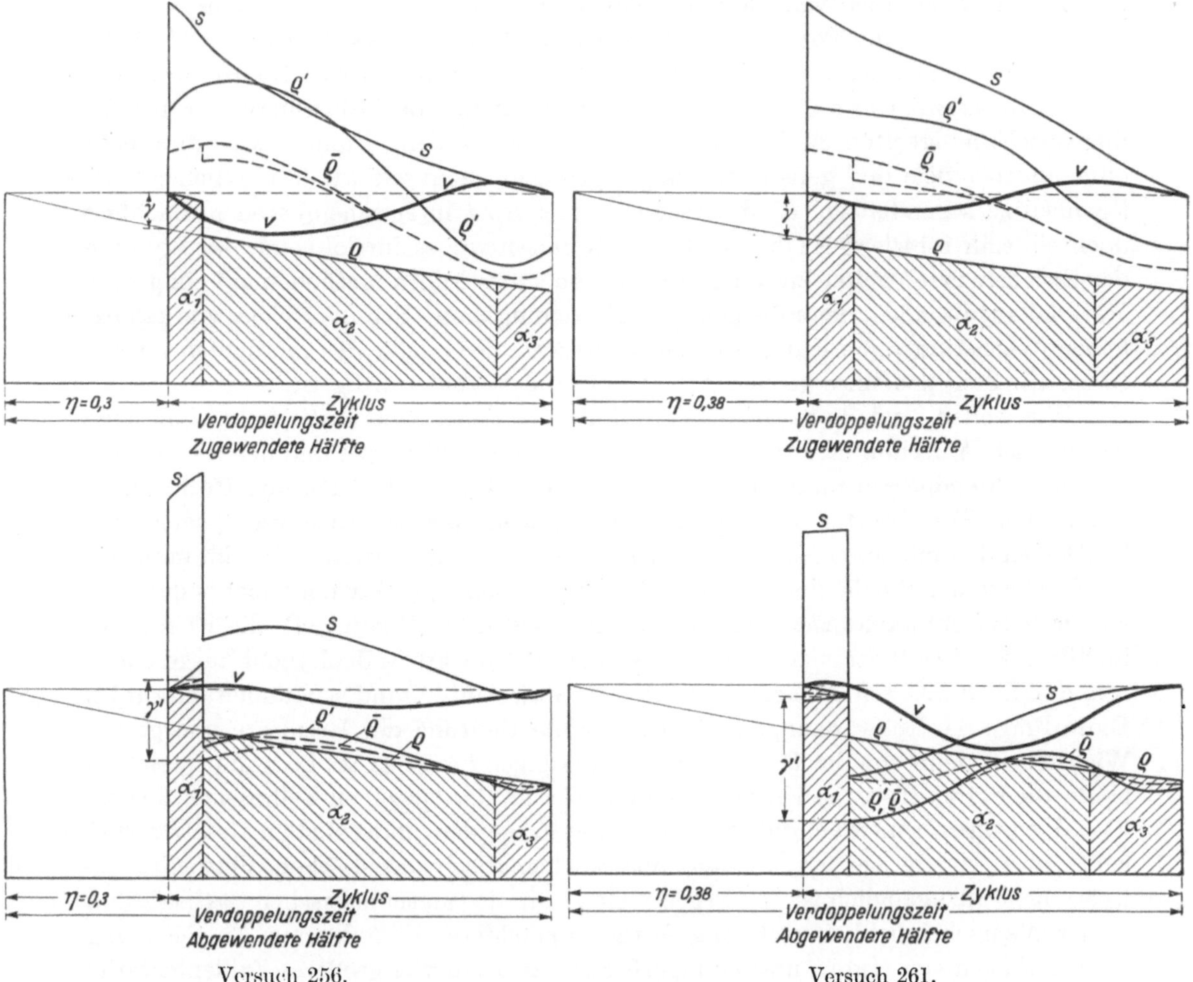

Bild 51. Graphische Ermittlung der mittleren Entwicklungsgeschwindigkeiten während der Versuchsdauer in den Versuchen 256 und 261. ϱ ist die normale Verteilungsfunktion, ϱ' die Verteilung nach dem Versuch, $\bar{\varrho}$ der Mittelwert von ϱ während der Versuchszeit, s die Kurve der Durchtrittszahlen, v die Entwicklungsgeschwindigkeit.

keitsänderungen. Dies ist selbstverständlich auf die Zufälligkeiten der Interpolation zurückzuführen.

Mit ziemlicher Sicherheit können wir aber aus allen Geschwindigkeitsdiagrammen sehen, daß die relative Änderung der Geschwindigkeit in ziemlich mäßigen Grenzen geblieben ist. Hätten wir die Werte für den normalen Verlauf etwas anders interpoliert, so würden die Geschwindigkeitsänderungen 10 % kaum überschreiten. Der Effekt der Geschwindigkeitsänderung ist also — wenn er überhaupt existiert —

sicherlich sehr klein. Wir können daraus auch schließen, daß unsere Annahme, daß die absolute Geschwindigkeit sich auch nur wenig verändert, viel Wahrscheinlichkeit besitzt.

Um den Effekt der Veränderungen der Geschwindigkeiten genau prüfen zu können, sind wohl Versuche vorzuziehen, in welchen die induzierte Stelle mehr distal liegt und nur wenig Zellen im begonnenen Streckungswachstum enthält. An solchen Stellen kann vielleicht die starke Änderung von γ den schwächeren Effekt der Änderung der relativen Geschwindigkeiten nicht so stark verdecken[1]).

Zusammenfassend können wir also sagen, daß der Ausschlag hauptsächlich, vielleicht ausschließlich durch die Änderung des Ausscheidungskoeffizienten γ entsteht. Der Effekt der Beeinflussung der Entwicklungsgeschwindigkeiten müßte noch weiter geklärt werden. Freilich wird dies nicht ohne äußerst viele und genaue Zählungen gelingen, denn wie wir ja hinreichend Gelegenheit zu sehen hatten, ist die Zwiebelwurzel trotz ihrer scheinbaren Einfachheit doch ein sehr schwieriges Objekt. Dennoch halten wir es für lohnend, das Studium der Zwiebelwurzel weiter zu vertiefen und die statistischen Methoden auf ein großes Material anzuwenden, denn die genaue Erforschung dieses Schulbeispieles von pflanzlichem Wachstum verspricht uns einen Einblick in die Gesetze des geordneten Wachstums, ein Ziel, das eines großen Arbeitsaufwandes wohl würdig ist.

Wir wollen noch kurz die Frage streifen, wie weit die statistischen Methode geeignet ist, Aufschluß über den Lebenslauf einer einzelnen Zelle und der Wirkungen, der sie währenddessen unterworfen ist, zu geben. Wir sind in unseren Rechnungen immer von Mittelwerten ausgegangen und haben daraus Mittelwerte berechnet. Wir haben den mittleren Entwicklungsgang der Zellen im normalen und im induzierten Periblem der Wachstumszone verfolgt; wir wissen zunächst noch nichts darüber, wie groß die Schwankungen um diese Mittelwerte sind. Wenn z. B. die Reifedauer im Mittel zu etwa 2 Stunden errechnet worden ist, so wäre es doch nicht ausgeschlossen, daß diese Zeit schon normalerweise etwa zwischen $^1/_2$ und 4 Stunden schwankt. Diese Frage der Schwankungen ist aber für die Deutung der Resultate von großer Wichtigkeit, denn von der Größe der Schwankungen hängt es ab, ob und in welchem Maße wir in den statistischen Gesetzen das Gesetz der einzelnen Zelle sehen dürfen.

Wir wollen bemerken, daß diese wichtige Frage der „individualen Gesetzmäßigkeit", wie wir sie nennen können, der mathematisch-statistischen Betrachtungsweise nicht unzugänglich ist. Es liegen vielmehr in der mathematischen Statistik und in der Wahrscheinlichkeitsrechnung fertig ausgebildete Methoden zur Entscheidung solcher Fragen vor. Ihre Anwendung erfordert aber ein viel größeres Zahlenmaterial

---

[1]) Nach der Ansicht von Gurwitsch, der ja stets nur Mitosen gezählt hat, besteht die Strahlenwirkung in einer Verkürzung der Reifezeit (d. h. der Dauer des Stadiums 2 in unserer Bezeichnungsweise). Dies trifft, wie man aus unseren Diagrammen sieht, in Versuch 256 und 261 nur für den letzten Abschnitt der Reife zu und ist zudem selbstverständlich nur relativ zu verstehen. Der Effekt könnte ebensogut durch eine Verzögerung des Austritts aus der Mitose entstehen, wenn auch dies freilich unwahrscheinlich erscheint. Gurwitschs Versuche, die über diese Frage entscheiden sollen und in denen sich bei 30—40 minutiger Versuchsdauer noch kein Ausschlag ergibt, scheinen uns nicht beweisend zu sein, zumal wir nach 60 Minuten kräftige Ausschläge erhalten. — An eine Veränderung der Zahl der im Zyklus teilnehmenden Zellen hat Gurwitsch nicht gedacht, da er alle Zellen als im Zyklus befindlich ansieht. Die Abnahme der Mitosenhäufigkeit mit der Ordnungszahl erklärte er früher dadurch, daß eine lange Zelle eine geringere Teilungswahrscheinlichkeit hat als eine kurze, neuerdings so, daß die Reifedauer langer Zellen größer ist als die von kurzen. Darum kann er als Erklärung des Ausschlages folgerichtig nur eine Änderung der Entwicklungsgeschwindigkeiten ansehen.

als zur einfachen Bildung der Mittelwerte erforderlich ist. Darum müssen wir diese Frage vorläufig vollständig unbeantwortet lassen.

Die genannte Frage hängt aufs engste mit dem von vielen Biologen als fundamental betrachteten Problem zusammen, ob der Zellteilungszyklus eine „kausale Kette binnenzelliger Prozesse" bildet, d. h. ob eine Zelle aus inneren in der Zelle liegenden Ursachen den ganzen Zyklus durchläuft oder ob hierzu äußere Ursachen nötig sind. Diese Fragestellung läßt sich wohl schwer von einer Spur Metaphysik befreien. Realere Bedeutung hat folgende Frage: Entwickelt sich jede Zelle, die nach der Teilung scheinbar im Zyklus geblieben ist, also das Bild eines reifen Kernes bietet, zur Mitose? Auf diese Frage können wir wohl eine Antwort erwarten, aber nur durch eine weitgehende Verfeinerung des statistischen Apparates[1]).

Bei dem augenblicklichen Stand müssen wir auch diese Frage offen lassen. Wenn wir auch alle Rechnungen so ausgeführt haben, als würde jede Zelle sich unmittelbar nach der Neugeburt darüber entscheiden, ob sie im Zyklus bleibt oder ausscheidet, so würde sich dennoch an unseren Ergebnissen nur wenig ändern, wenn wir annehmen würden, daß ein Teil dieser Zellen sich erst nach einer mehr oder weniger weit gediehenen Entwicklung zum reifen Kern aus dem Zyklus ausscheiden würde. Es sind lediglich Wahrscheinlichkeitserwägungen, die uns veranlassen, unserer Annahme den Wert einer guten Näherung beizumessen (s. S. 53).

c) Die Strahlenwirkung auf die Wachstumszone der Zwiebelwurzel.

Nachdem unsere ersten Induktionsversuche uns von der Existenz des von Gurwitsch entdeckten Effektes überzeugt hatten, schlossen wir uns zunächst Gurwitschs[2]) Erklärung der Strahlenwirkungen an: In jedem wachsenden Gewebe sind „mitogenetische Strahlen" vorhanden, welche, das Vorhandensein einer Anzahl noch unbekannter „Ermöglichungsfaktoren" vorausgesetzt, die Zellteilungen veranlassen. Im Grundversuch addieren wir nun zum vorhandenen inneren Strahlenfeld der Indikatorwurzel einen Teil der nach außen emittierenden Strahlung einer zweiten Wurzel. Der durch die Addition entstandenen Verstärkung der Strahlen entspricht eine Steigerung der Zellteilungen an der bestrahlten Stelle, die sich in einer Erhöhung der Mitosenzahl äußert.

Bereits unsere ersten Versuchsergebnisse machten Ergänzungen und Erweiterungen dieser Anschauungen erforderlich.

Schon in unseren ersten Versuchen mußten wir erkennen, daß der (auch von Gurwitsch nur als provisorisch betrachtete) Ausdruck „mitogenetische" Strahlen sicherlich zu eng gefaßt ist. Wir sehen, daß der Effekt sich nicht nur auf das

---

[1]) Wir können aber heute schon sagen, daß sicherlich ein großer Teil der reifen Kerne sich zur Mitose entwickelt. Dies folgt schon aus der einfachen Tatsache, daß in einer Indikatorwurzel, die eine halbe Stunde lang exponiert worden ist, nach einer „Entwicklung" in Wasser von 2 bis 3 Stunden ein kräftiger Ausschlag in Mitosen zu sehen ist, der dann allmählich verschwindet, wenn die Entwicklungsdauer noch weiter verlängert wird. Für einen großen Teil der Zellen — vielleicht für alle — genügt also der einmal, vermutlich kurz nach der Neugeburt, erhaltene Impuls, um sie zur weiteren Entwicklung zu befähigen.

[2]) Nach Gurwitschs Auffassung muß eine Erhöhung der Strahlenintensität nicht stets eine Erhöhung der Teilungsintensität zur Folge haben. In der Wachstumszone der Zwiebelwurzel liegt vielmehr ein günstiger Fall vor, indem nicht alle teilungsbereiten Zellen wirklich zur Teilung kommen, infolge nicht ausreichender Intensität des normalen Strahlungsfeldes. In erwachsenen, normalen Geweben ist dagegen nach Gurwitsch eine Strahlung stets vorhanden, es mangelt lediglich an Teilungsbereitschaft, an den „Ermöglichungsfaktoren".

6*

Mitosenstadium beschränkt, sondern auch andere Phasen der Zellteilung umfaßt. Dies ist auch keineswegs überraschend, wenn man die Mitose auch nur als eine, allerdings sehr auffallende Phase des Teilungszyklus betrachtet. Wenn man auch mit Recht annehmen darf (was ja die Erstickungsversuche sehr wahrscheinlich machen), daß unmittelbar vor und in der Mitose ein starker Wechsel im Zellstoffwechsel vor sich geht, so durfte man doch nicht von vornherein auf ein besonderes Verhalten des Mitosenstadiums gegenüber einem neuen Agens schließen und sein Augenmerk ausschließlich auf diese richten. Die praktischen Folgen der Veränderung des Zählungskriteriums haben wir schon mehrfach ausführlich erörtert.

Bald erkannten wir auch, daß die geringe Ausdehnung des Effektes, die schon von Gurwitsch in Längsschnitten beobachtet und von uns auch in Querschnitten gefunden wurde, ihren Grund nicht in der Enge des „mitogenetischen Strahlenbündels" hatte. In mehrfachen Versuchen (Drahtschattenversuche) konnten wir nachweisen, daß der Ausschlag sich zumeist auf einen weit kleineren Bereich erstreckt, als die Breite des Strahlenbündels beträgt. Diesen Konzentrationseffekt konnten wir uns gut erklären durch eine chemische Substanz, die im Meristem in begrenzter Menge vorhanden ist oder ihr in begrenzter Menge zuströmt, und welche außer den Strahlen als „Ermöglichungsfaktor" für das Zustandekommen der Zellteilungen erforderlich ist. Man kann sich die Wirkung dieser Substanz vorstellen wie die Wirkung des Entwicklers auf die belichtete photographische Platte, ein zur Erklärung von Strahlenwirkungen oft gebrauchtes Bild. Wenn der Entwickler in begrenzter Menge vorhanden ist, werden nur die am stärksten belichteten Stellen der Platte entwickelt.

Eine weitere, viel folgenschwerere Entdeckung war aber, daß der Ausschlag sich zusammensetzt aus Zellteilungsförderung an der zugewendeten und aus einer Zellteilungshemmung an der abgewendeten Seite. Letztere Erscheinung kann nicht ohne weiteres durch zu kleine Mengen des „Entwicklers" erklärt werden. Es hätte vielmehr angenommen werden müssen, daß die stärker betrahlten Zellen den Entwickler an sich ziehen auf Kosten der weniger bestrahlten, daß also durch die stärkere Bestrahlung gewissermaßen eine Selbstverstärkung eintritt. Dies ist aber gleichbedeutend mit Labilität der gleichmäßigen Verteilung der Zellteilungen in gewissen Grenzen, man müßte also den Effekt gewissermaßen als eine Kipperscheinung ansehen[1]. Man darf freilich diesen Ausdruck nicht allzu wörtlich nehmen, denn in Wirklichkeit stellt sich die gleichmäßige Verteilung längere Zeit nach der Bestrahlung automatisch wieder ein[2]. Es erscheint aber unabweisbar, daß der Effekt wesentliche Merkmale einer Kipperscheinung aufweist.

Die Tatsachen des Strahlenantagonismus brachten für uns eine bedeutende Erschwerung des Verständnisses der Strahlenwirkungen mit sich.

Es schien uns unverständlich, wieso die Antagonisten imstande sind, schon bei geringen Intensitäten die Induktionswirkung der wirksamen Strahlen völlig aufzuheben, dagegen keine sichtbare Wirkung auszuüben, wenn sie allein zur Einwirkung kommen. Wir suchten lange Zeit nach einer Störung der Symmetrie der Zell-

---

[1] Die in der Physik eingebürgerte Bedeutung dieses Ausdruckes ist: Übergang aus einem stabilen Gleichgewichtszustand in einen zweiten stabileren, bei Labilwerden des ersten Zustandes durch einen Impuls.

[2] Wir wollen aber an dieser Stelle an die merkwürdige Erscheinung erinnern, daß man an gesunden Zwiebeln hier und da Wurzeln findet, die sich zu einer immer engeren Schraube gewunden haben.

teilungen, nach einem negativen Ausschlag irgendwelcher Art. Unsere Erwartung eines derartigen Effektes begründeten wir folgendermaßen: Wenn die Zellteilungen im normalen Wachstum der Wurzel durch ein bestimmtes inneres Strahlungsfeld veranlaßt werden, so müßte man doch annehmen dürfen, daß auch die Wirkung dieses normalen Strahlungsfeldes dem Antagonistengesetz unterliegt, daß also auch die normalen Zellteilungen durch die Antagonisten zum Stillstand gebracht werden könnten. Nun müßte man aber annehmen dürfen, daß sich auch dieser Effekt, falls er vorhanden ist, in einer einseitigen Störung des Teilungswachstums der Wachstumszone äußert. Zahlreiche Absorptionsaufnahmen, die wir an den oberflächlichen Zellschichten der Wachstumszone ausgeführt haben, machten nämlich eine starke Absorption der Antagonisten in der Wurzel wahrscheinlich. Allerdings war es bei diesen Aufnahmen, von denen einige in Bild 52 dargestellt sind, wegen der Kleinheit des untersuchten Objektes nicht gut möglich, die wahre Absorption von der Schwächung durch Streuung zu trennen. (Das Wurzelgewebe stellt für die ultravioletten Strahlen, wie auch für die sichtbaren Strahlen ein stark trübes Medium dar.) Infolgedessen dürfen wir aus diesen Aufnahmen keine quantitativen Schlüsse ziehen. Immerhin erscheint der Schluß zulässig, daß die wahre Absorption doch so stark ist, daß die der Strahlenquelle zugewendete Wurzelhälfte eine vielfach größere Strahlenmenge erhält als die abgewendete. Wir glaubten nun, daß sich die zu erwartende asymmetrische Wirkung auch irgendwie in einer Asymmetrie der Verteilung der Teilungsbilder äußern müßte, in analoger Weise, wie es ja bei der Induktionswirkung der Fall ist. Unsere sorgfältigen Zählungen, die sich auf alle Zellbilder erstreckten, ergaben aber in keinem Fall eine Störung der Symmetrie der Teilungsbilder durch die Antagonisten.

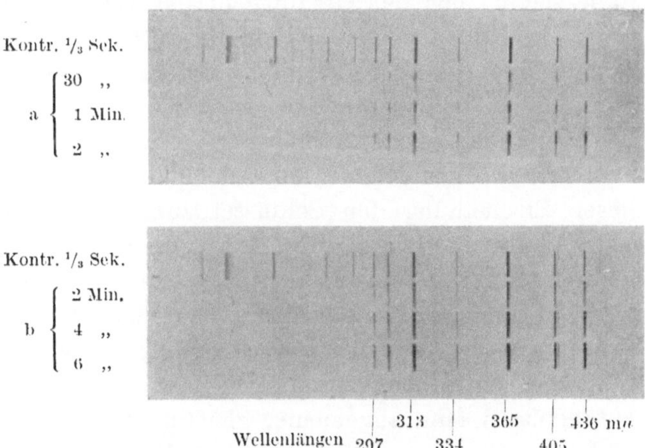

Bild 52. Absorptionsspektrum der oberflächlichen 4—6 Zellschichten der Wachstumszone zweier Zwiebelwurzeln, aufgenommen mit dem Licht der Quecksilberbogenlampe. Der mit dem Rasiermesser von der Wurzel abgeschälte Schnitt lag unmittelbar vor dem Spektrographenspalt, mit der Spitze nach unten. Unter diesen Umständen tritt auch die Streuung durch die Gewebe, die ein sehr trübes Medium darstellen, als scheinbare Absorption stark in Erscheinung. Man darf daher aus den Aufnahmen nicht ohne weiteres quantitative Schlüsse ziehen.

Darum schlossen wir vorläufig, daß die antagonistischen Wellenlängen das Wachstum an sich überhaupt nicht beeinflussen. Dieser Schluß hätte aber folgerichtig die Konsequenz nach sich gezogen, daß wir eine Erregung von Zellteilungen durch „mitogenetische Strahlen" als normal betrachten müßten. Die Bedeutung der Strahlen im normalen Wachstum erschien daher vollkommen problematisch.

Erst in der letzten Zeit ist es uns gelungen, eine Wirkung der Antagonisten auf das Wachstum nachzuweisen[1]). Diese Wirkung war ebenso einfach wie überraschend

---

[1]) Den Anlaß zu diesen Versuchen gab die von Herrn Hausser ausgesprochene Vermutung, daß die Wirkung der Antagonisten vielleicht einer allgemeinen Narkose ähnlich sein könnte.

ausgeprägt: Die Bestrahlung nicht abgetrennter Zwiebelwurzeln mit dem Gesamtlicht der Quecksilberbogenlampe ergab nämlich eine außerordentlich starke Krümmung der Versuchswurzeln in Richtung der Strahlenquelle und darauffolgend eine temporäre und bei längeren Bestrahlungen bleibende Wachstumshemmung der Wurzeln! Bereits eine Bestrahlung aus einem Abstand von 30 cm im Quarzgefäß von 10 Minuten Dauer ergab nach etwa einer Stunde Krümmungen von etwa 45°. Bestrahlungen von 20 Minuten und darüber ergaben Krümmungen von stets fast genau 90°. In einigen Fällen war der Krümmungswinkel sogar noch größer, so daß die Wurzelspitzen sich nach oben richteten. Die Krümmung setzte ziemlich scharf am proximalen Ende der Wachstumszone an, also an der Stelle, an der das Streckungswachstum der in der Wachstumszone neugebildeten Zellen beginnt. Das distale Stück der Wachstumszone, in dem sich nur wenig Zellen in Streckungswachstum befinden, bleibt beinahe gerade, so daß die Wurzeln nahezu scharf geknickt aussehen. Eine vorläufige Untersuchung ergab, daß diese Wirkung von der Wellenlänge 313 mμ, noch stärker aber von 302 und 297 mμ hervorgerufen wird. In weit schwächerem Maße zeigte auch das Gesamtlicht der Wellenlängen kürzer als 280 mμ eine Wirkung. Es sind also tatsächlich die antagonistischen Wellenlängen, die die Krümmungen und die anschließende vorübergehende oder bleibende totale Wachstumshemmung in hohem Maße verursachen[1]).

Wenn wir auch diesen erst in der letzten Zeit entdeckten Effekt noch in keiner Weise ausreichend erforschen konnten, so scheint es doch wohl zulässig, in dieser Erscheinung den Schlüssel zum Verständnis der Antagonistenwirkung zu sehen. Es scheint so, daß die Antagonisten eine starke Hemmung bzw. völlige Aufhebung der Wachstumstätigkeit hervorrufen und dadurch auch den Induktionseffekt vereiteln können. Merkwürdig ist nur, daß dieser sehr ausgeprägte und, wie ja die Krümmung der Versuchswurzeln zeigt, stark asymmetrische Effekt sich unseren Zählungen entziehen konnte. Die plausibelste Erklärung hierfür ist wohl, daß die Antagonisten eine allgemeine, gleichmäßige Hemmung aller Phasen des Teilungszyklus verursachen. Eine derartige Wirkung läßt sich ja, wie wir auf S. 56 ausgeführt haben, aus der Auszählung fixierter mikroskopischer Schnitte in keiner Weise erkennen. Wenn aber durch die Antagonisten der Ausscheidungskoeffizient nicht verändert wird, so müßte unserer Beobachtung auch der krasseste Fall von Asymmetrie, z. B. vollkommener Stillstand der Teilungstätigkeit in der zugewendeten Hälfte, unbeeinflußter normaler Zyklus in der anderen Hälfte, vollkommen entgehen. Der Krümmungseffekt hat sich bei unseren fast stets abgetrennten Indikatorwurzeln anscheinend nicht geäußert. Der Beobachtung mikroskopischer Schnitte könnte sich übrigens auch dieser Effekt entziehen, denn wenn in der durchschnittlichen Größe der Zellen in der zugewendeten und in der abgewendeten Hälfte kein Unterschied besteht, so würde ein paralleler Schnitt auch durch eine gekrümmte Wurzel in beiden Hälften gleichviel Zellen enthalten.

Wir wollen noch zeigen, in welcher Weise eine Deutung der antagonistischen Strahlenwirkung denkbar ist. Wir betonen, daß unsere Erklärung, die auf Analogie bekannter Beispiele von Strahlenantagonismus bei photochemischen Prozessen auf-

---

[1]) Die im nächsten Abschnitt beschriebenen Krümmungen, die mit der Linie 334 mμ erhalten worden sind, haben einen deutlich verschiedenen Verlauf. Bei dieser Linie krümmt sich die Wurzel erst von der Strahlenquelle weg und erst nach längerer Bestrahlung nach der Seite der Strahlen (Bild 56).

gebaut ist, nur eine unter sehr vielen möglichen Deutungen dieser Erscheinung ist. Wir wählen zur Erläuterung ein besonders einfaches Modell.

Nehmen wir an, um die Begriffe zu fixieren, daß der Induktionseffekt hervorgerufen wird durch einen chemischen Stoff B, der unter der unmittelbaren Wirkung der „mitogenetischen Strahlen" gebildet wird. Dieser Stoff B werde aus einem Stoff A gebildet, welcher die in Bild 53 dargestellte Absorptions- oder vielmehr Empfindlichkeitskurve besitzt (A kann auch ein lichtunempfindlicher Stoff sein, und wir müssen dann nur einen Sensibilisator für den Prozeß $A \to B$ mit der in den Abbildungen dargestellten Erregungskurve annehmen). B soll nun selber lichtempfindlich sein, seine Absorptions- oder Empfindlichkeitskurve ist in Bild 53 mit B bezeichnet. Durch Licht der antagonistischen Wellenlängen soll B in A zurückverwandelt oder zerstört werden. Wenn aber nun die von A, nicht aber von B absorbierten Wellenlängen wirken, dann wird B nicht zerstört und kann die Zellteilungen in der Nähe veranlassen[1]).

Wir befinden uns hier freilich auf dem Boden der reinen Spekulation. Unser Zweck ist es aber auch nicht, eine Erklärung der Erscheinungen zu geben, sondern nur zu zeigen, daß eine solche Erklärung leicht möglich ist.

Es ist klar, daß aus den in Bild 53 dargestellten Anregungskurven oder Absorptionskurven von A und B sich ein ähnlicher Verlauf der Empfindlichkeitskurve der Zwiebelwurzel ergeben würde, wie wir ihn experimentell gefunden haben. Möglicherweise ist das Bild ein gut brauchbares Modell, doch hat es bei

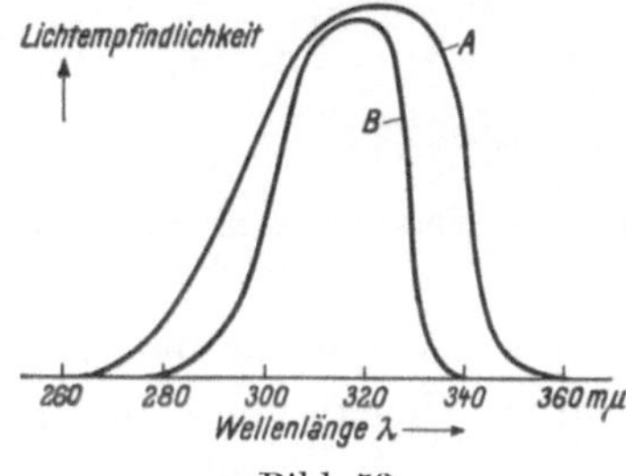

Bild 53.
Zur Erklärung des Antagonisteneffektes. Absorptionskurven der hypothetischen Stoffe A und B.

dem derzeitigen Stand unserer Kenntnisse wenig Zweck, es genauer auszuführen. Alle diese Betrachtungen wollen wir ausdrücklichst auf die Zwiebelwurzel beschränken. Nur bei der Zwiebelwurzel haben wir ja ein Antagonistengesetz nachweisen können, nichts berechtigt uns vorläufig zu einer Verallgemeinerung desselben.

V. Entwicklungsbeeinflussung von Amphibien.
Parthenogenese mit Licht. Krümmungsversuche.

In diesem Kapitel wollen wir drei Versuchsreihen behandeln, die gedanklich mit den übrigen Versuchen zusammenhängen, in bezug auf die Versuchsanordnung jedoch und in bezug auf die Versuchsobjekte von den übrigen Versuchen abweichen.

Bald nach der Untersuchung der Wirkung spektral zerlegten ultravioletten Lichtes auf die Wachstumszone der Zwiebelwurzel unternahmen wir eine Unter-

---

[1]) Experimentelle Beispiele für einen Strahlenantagonismus bei photochemischen Prozessen hat zuerst M. Trautz gefunden (Phys. Zeitschr. Jahrg. 7, Nr. 24, S. 899. 1926). Trautz hat seine experimentellen Befunde, die bei verschiedenen Oxydationsvorgängen einen Antagonismus von roten und violetten Strahlen dartun, auch schon auf ähnliche Weise erklärt. Einen von biologischem Standpunkt sehr interessanten Fall von photochemischem Strahlenantagonismus fanden Rosenheim und Webster (Nature, August 1927). Sie fanden, daß bei der Vitaminisierung von Ergosterin durch Bestrahlung mit ultraviolettem Licht die Wellenlängen kürzer als 270 mμ das D-Vitamin zerstören, daß also eine ungefilterte Bestrahlung eine schwächere Ausbeute ergibt als eine gefilterte, die nur die Wellenlängen oberhalb von 270 mμ wirken läßt.

suchungsreihe zur Prüfung der Lichtwirkung auf embryonal wachsende tierische Organismen. Als Versuchsobjekte wählten wir für die erste Meßreihe befruchtete Axolotleier, die alle aus demselben Laich stammten, vier Tage nach der Befruchtung. Der Laich wurde in Portionen von je etwa 20 Eiern in Glasschalen verteilt und mit einer Wasserschicht bedeckt. Diese Schalen wurden dann während verschieden langen Zeiten mit monochromatischem, ultraviolettem Licht verschiedener Wellenlängen bestrahlt. Die Versuchsanordnung ist in Bild 54 dargestellt. Zum Versuch diente wieder der große Quarzspektrograph von Herrn Hausser. An die Stelle des Spektrums wurde eine Blende gebracht mit einem Ausschnitt von der Form einer Spektrallinie. (Bei einem Spektrographen mit reiner Quarzoptik sind die Spektrallinien infolge des Astigmatismus der Linsen ziemlich stark gekrümmt.) Durch diese Blende fielen also die Strahlen der zu untersuchenden Wellenlänge, welche nach Verlassen der Blende ein divergierendes Strahlenbündel bildeten. In dieses Bündel wurde jeweils eine Glasschale mit den Axolotleiern gebracht. Untersucht wurden

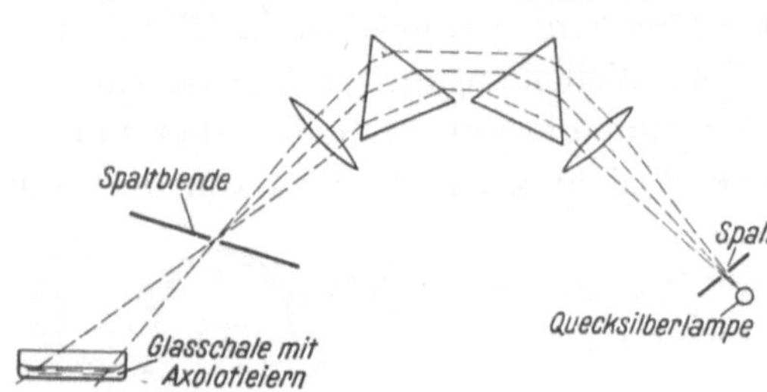

Bild 54. Versuchsanordnung zur Bestrahlung von Amphibieneiern.

in dieser Versuchsreihe die Linien 346, 334, 313 und 280 mμ Aronsschen Amalgamlampe. (Spektrum s. in Bild 18 auf Seite 34.) Die Versuchsergebnisse enthält die nachstehende Tabelle (s. a. Seite 179):

Bestrahlungsversuche an einem Laich von Axolotl.
Vier Tage nach der Befruchtung. Alle Tiere im Blastulastadium.

Wellenlänge / Bestrahlungsdauer Min.	Kontrolle	346				334				313				280 mμ		
		1	5	30	60	1	5	30	60	1	5	30	60	1	5	30
Nach Tagen 3	0	0	0	++	++	0	0	0	0	0	—	——	——	0	0	0
Nach Tagen 5	0	0	0	+	++	0	0	+	+	—	——	——	——	0	0	0
Nach Tagen 9	0	0	0	0	+	0	0	+	0	——	——	——	——	0	0	—

+ bedeutet schwache, ++ starke Entwicklungsbeschleunigung.
— bedeutet schwache, —— starke Entwicklungshemmung. 0 bedeutet: wie Kontrolle.

Wir wollen auf die Einzelheiten, die sich aus dieser Tabelle ergeben, um so weniger eingehen, als wir ja die Intensitäten, die in diesem Versuch zur Wirkung gekommen sind, in absolutem Maß nicht angeben können. Über die relativen Dosen geben die Bestrahlungszeiten und die Intensitätskurve in Bild 18 Auskunft. Wir sehen aber deutlich, daß bei den Axolotleiern nur die Linien 346 und 334 mμ eine entwicklungsbeschleunigende Wirkung hatten. Die Linie 313 verursachte dagegen starke Entwicklungshemmung; eine Entwicklungssteigerung war auch bei den kleinsten Dosen nicht festzustellen. Die Linie 280 schließlich hatte überhaupt keine deutlich erkennbare Wirkung. Eine gewisse Analogie mit der Wirkung der Strahlen auf die Zwiebelwurzel ist unverkennbar, wir können aber zunächst nicht sagen, ob diese Analogie nicht nur eine rein äußerliche ist.

Eine weitere Portion des gleichen Laiches wurde acht Tage später, also zwölf Tage nach der Befruchtung, als die Tiere sich noch in der Eihülle kurz vor dem Ausschlüpfen befanden, mit dem unzerlegten Licht einer Quecksilberbogenlampe (Je-

sionekbrenner) aus 30 cm Abstand bestrahlt. Unter der Bestrahlung fingen alle
Tiere an. sich wild zu bewegen. Mehrere schlüpften aus und verendeten bald. Nach
halbstündiger Bestrahlung wurde ein Teil der noch nicht ausgeschlüpten Tiere heraus-
genommen. Auch diese schlüpften bald aus, viel früher als die Kontrolltiere, entwickelten sich aber später normal. Der Rest der Tiere, der eine volle Stunde lang
bestrahlt wurde, war dagegen schon zu Ende der Bestrahlung tot oder moribund.
Es ist also unzweifelhaft, daß starkes ultraviolettes Licht eine heftige, schädigende
Wirkung auf die Kaulquappen ausübt.

Eine weitere Versuchsreihe unternahmen u. a. wir mit befruchteten Eiern von
Bufo vulgaris. Ein Teil dieser Eier wurde, wie in dem vorhergehenden Versuch mit
spektral zerlegtem Licht, ein anderer Teil mit der Siemens Aureollampe aus 25 cm
Abstand bestrahlt (140 Volt 8 Amp.). Das Ergebnis einer Versuchsreihe ist in der
nachfolgenden Tabelle zusammengestellt (s. auch S. 181):

Bestrahlungsversuche an einem Laich von Bufo vulgaris.
Zwei Tage nach der Befruchtung, im Blastulastadium. 20 Tiere je Schale.

Strahlenquelle	Kontrolle	Aureollampe		Aronssche Amalgamlampe									
Wellenlänge in mμ				365			334			313			
Bezeichnung der Schale .	G	J	M	H	K	L	N	O	U	Q	R	T	S
Bestrahlungsdauer in Min.	0	60	tägl. 30	30	60	30	60	120	tägl. 30	30	60	120	tägl. 30
Zahl der ausgeschlüpften Tiere am 5. Tag	3	6	5	0?	15	18	2	0	0	15	13	13	6

Wir sehen, daß das Verhalten der Bufo vulgaris-Eier etwas anders ist als das
der Axolotleier. Sowohl die Linie 365 und 334 wie auch 313 mμ haben bei nicht
allzu großen Dosen Wachstumsbeschleunigung erzielt[1]). Eine hemmende Wirkung
ergab sich nur bei 334 mμ und bei langer Bestrahlung. Auch hier ist eine Analogie
zu den Zwiebelversuchen in gewissem Umfange vorhanden, doch scheint die Wellenlängenabhängigkeit eine andere zu sein. Auch eine Antagonistenwirkung in dem
Sinne wie bei der Zwiebelwurzel scheint hier nicht vorhanden zu sein, denn das
unzerlegte Licht ist ja in hohem Maße wirksam.

Eine weitere Versuchsreihe wurde etwas später an unbefruchteten Amphibieneiern ausgeführt mit dem Ziele, eine künstliche Befruchtung (Parthenogenese) durch
Bestrahlung zu erzielen. Den Anlaß zu diesen Versuchen bildeten aber Überlegungen
anderer Art.

Versuche über künstliche Befruchtung wurden zuerst von J. Loeb ausgeführt, der Seeigeleier durch Veränderung der chemischen Beschaffenheit ihres
Milieus zu Teilung anregen konnte. Wir wollen hier in diesem Rahmen darauf verzichten, näher auf diese grundlegenden und wohl allgemein bekannten Versuche
einzugehen. Sie wurden seitdem durch eine Anzahl verschiedener Autoren wiederholt und weiter ausgebaut. Einen weiteren und sehr wichtigen Schritt zur Klärung
des Problems der Parthenogenese bedeuteten die Versuche Bataillons. Dieser
Autor hatte Froscheier dadurch zur Teilung angeregt, daß er sie mit einer feinen

---

[1]) Photographien der Versuchsschalen G, J, L, N und O s. auf Tafel III. Bei älteren Bufo
vulgaris-Larven wurde durch 313 mμ eine geringe Wachstumshemmung erzielt.

Nadel oberflächlich an einer Stelle verwundete. Diese Versuche führen nur in einigen Prozenten sämtlicher Fälle zu positivem Resultat. In einigen der Fälle gelang es Bataillon, durch Stich unbefruchteter Eier Kaulquappen, ja sogar Frösche zu bekommen. Durch diese Versuche wurde das Problem der Befruchtung von einer ganz neuen Seite beleuchtet. Bei der normalen Befruchtung durch das Spermatozoon dringt dieses in das Ei hinein und setzt dadurch eine Wunde. Unmittelbar nach seinem Eindringen bildet sich bekanntlich eine widerstandsfähige Haut um das Ei, die das weitere Eindringen von Spermatozoen verhindert. Parallel mit diesem Vorgang geht die Auflösung des weiblichen Eikerns und die Vorbereitung zur ersten Teilung. Durch die Versuche Bataillons erschien diese Wundsetzung als eigentliche Ursache der ersten Teilung und mithin des ersten Aktes der Befruchtung besonders bedeutungsvoll. Diese Anschauung wurde durch die bekannten Hertwigschen Versuche unterstützt. Diesem Autor ist es gelungen. durch Spermatozoen Befruchtung hervorzurufen, die durch Röntgenstrahlen so weit geschädigt waren, daß ihr Kern bereits abgestorben war und als toter Körper im weiterentwickelten Ei nachgewiesen werden konnte. Durch diese Versuche ist es wohl einwandfrei bewiesen, daß die Befruchtung bereits durch das Eindringen des Spermatozoons in das Ei und die dadurch hervorgerufene Wunde veranlaßt werden kann und sehr wohl ohne Vereinigung des weiblichen und männlichen Eikernes erfolgen kann, diese vielmehr vielleicht nur ein sekundäres Geschehen ist.

Durch die Versuche Gurwitschs fand die Natur des Wundreizes, der nach den oben beschriebenen Versuchen die ausschlaggebende Rolle bei der Befruchtung zu spielen scheint, eine von den bisherigen Ansichten abweichende Erklärung. Man nahm bisher an, daß bei jeder Wundsetzung durch die Zerstörung der Gewebe, d. h. der Zellen, Stoffe gebildet werden (oder schon vorhandene befreit), von Haberland Wundhormone genannte, die imstande sind, neue Mitosen hervorzurufen und dadurch die durch die Wunde gesetzte Lücke schließen. Man schrieb also dem Wundreiz im wesentlichen chemische Natur zu. Gurwitsch machte zuerst die Annahme, daß neben diesen chemischen Faktoren, die unzweifelhaft vorhanden sind, physikalische Faktoren, d. h. Strahlen zur Klärung der Natur des Wundreizes herangezogen werden müssen. Dieser Gedankengang führte ihn zu dem im Abschnitt II unserer Arbeit beschriebenen Corneaversuch. Dieser Versuch macht die Existenz von Strahlen nach jeder Wundsetzung, die aus dem zerstörten Gewebe ausgehen und in seiner Umgebung Kernteilungen verursachen, sehr wahrscheinlich.

Nach dieser Auffassung entstehen die Mitosen um jede Wunde durch Strahlen, die aus dem zerstörten Gewebe hervorgehen. Der Stichversuch von Bataillon würde nach dieser Auffassung folgende Erklärung finden: Durch den Stich versetzt er in der Peripherie des Eies eine kleine Wunde; die in dieser erzeugten Strahlen treffen auf den Eikern und regen diesen zur ersten Teilung an. Diese Auffassung, eine kühne Hypothese, die durchaus noch nicht als gesichert gelten kann, regte uns zu den unten zu beschreibenden Versuchen an. Wir wollten den Stich durch die eigentliche Wirkung des Stiches ersetzen, also das Ei direkt mit den wirksamen Strahlen bestrahlen und dadurch Parthenogenese hervorrufen.

Als Versuchsobjekte dienten uns unbefruchtete Tritoneier und Rana-fusca-Eier. Diese wurden in reifem Zustande unter den nötigen Vorsichtsmaßregeln dem Leibe des Muttertieres entnommen und der Einwirkung verschiedener ultravioletter Strahlen ausgesetzt. Durch Absorptionsversuche stellten wir fest, daß die Eihülle unter

300 mμ alles absorbiert, es hatte deshalb nur Sinn, Strahlen über 300 mμ auf ihre parthenogenetische Wirksamkeit zu prüfen. Die Versuche wurden auch mit dem großen Quarzspektrographen von Herrn Haußer ausgeführt, wobei folgende Linien der Quecksilberdampflampe herangezogen wurden: 365 mμ, die uns in unseren Zwiebel- und Kaulquappenversuchen als wirksam erkannte Linie 334 mμ und die Linie 313 mμ. Die Eier wurden mit diesen Linien bestrahlt, und zwar verschieden lange. In bezug auf Einzelheiten verweisen wir auf das Versuchsprotokoll S. 181.

Es standen uns nur verhältnismäßig wenig Eier zur Verfügung, so daß jede Gruppe nur etwa 5 Eier enthielt. Bei dem etwa 1—2 proz. positiven Ausfall derartiger Versuche konnten wir mit wenig Wahrscheinlichkeit auf positives Resultat rechnen. Dennoch bekamen wir nach 5 minutiger Bestrahlung mit der Linie 334 mμ bei zwei Eiern ein einwandfrei positives Resultat. Die erste Querteilung erfolgte 3 Stunden nach der Bestrahlung. Eines der beiden befruchteten Eier entwickelte sich bis zum 32-Zellen-Stadium, das zweite bis zum 8-Zellen-Stadium (s. Bild 4 auf Tafel III). Die Eier, die mit 334 mμ länger als 5 Min. lang bestrahlt wurden, zeigten kurz nach der Bestrahlung erhebliche Schrumpfung und Zerfall. Ebenso die mit Wellenlänge 313 mμ bestrahlten. Die mit der Wellenlänge 365 mμ bestrahlten Eier wiesen gegenüber der Kontrolle keinerlei Unterschiede auf.

Derartige Versuche sind mit erheblichen technischen Schwierigkeiten verbunden. Es gelingt sehr selten, die Eier im richtigen Reifestadium zu bekommen. So kam es, daß wir nur in einer Versuchsreihe geeignete Eier zur Verfügung hatten. Ein Jahr später wiederholten wir die Versuche mit Froscheiern, dabei war die Ausbeute an positiven Resultaten mit 334 mμ noch geringer, 3 Eier unter einigen hunderten bestrahlten. Mit anderen Wellenlängen erhielten wir unter vielen hundert bestrahlten Eiern kein einziges positives Resultat. Die bereits erwähnten starken Schrumpfungs- und Zerfallserscheinungen nach länger dauernder Bestrahlung (nach mehr als 10 Min.) konnten auch hier beobachtet werden.

Soweit man aus der relativ geringen Anzahl unserer Versuche etwas schließen kann, konnten wir also durch Bestrahlung von geeigneter Dauer und Intensität mit 334 mμ bei Triton- und Froscheiern Parthenogenese hervorrufen. Wir sind uns bewußt daß der positive Erfolg der Bestrahlung nicht nur durch die oben beschriebene Gurwitschsche Theorie des Wundreizes erklärt werden kann. Es wäre auch die Annahme möglich, daß die Bestrahlung einen unspezifischen Reiz darstellt und wie jeder Reiz, sei er chemischer oder physikalischer Natur, bei reifen Eiern Befruchtung hervorruft. Dagegen spricht vielleicht die anscheinend vorhandene selektive Empfindlichkeit der Eier gegenüber der von uns als „mitogenetisch" erkannten Wellenlänge 334 mμ, die sich nicht nur in dem positiven Erfolg ausdrückt, sondern auch in starken Schädigungen bei zu langer Bestrahlungsdauer. Uns scheint die Erklärung im Sinne der Gurwitschen Auffassung vom Wundreiz als Strahlenreiz einige Wahrscheinlichkeit zu besitzen. Endgültiges hierüber könnte man erst nach ausgedehnten Versuchen mit geeignetem Versuchsmaterial, am besten mit Seeigeleiern, aussagen, die wir bisher aus äußeren Gründen nicht ausführen konnten.

Die zweite Versuchsreihe, die wir in diesem Kapitel beschreiben wollen, wurde auf Anregung von Herrn K. W. Haußer ausgeführt.

Als Nachweismittel für die Existenz der „mitogenetischen Strahlen" bedienten wir uns stets der mikroskopischen Auszählung des Effektes, der sich in einem Überschuß von Zellkernen in den von uns berücksichtigten Stadien an der zugewendeten Seite der bestrahlten Stelle kundgibt. Unter normalen Bedingungen ist die Verteilung nach allen Seiten hin eine annähernd gleichmäßige. Diesem Umstande ist es zu verdanken, daß die Zwiebelwurzel in den meisten Fällen geradlinig wächst. Eine Störung dieses Gleichgewichtes im Wachstum müßte sich also nicht nur mikroskopisch, sondern auch makroskopisch dadurch feststellen lassen, daß eine Krümmung nach der entgegengesetzten Seite hin erfolgt. Bei Zerstörungen müßte das

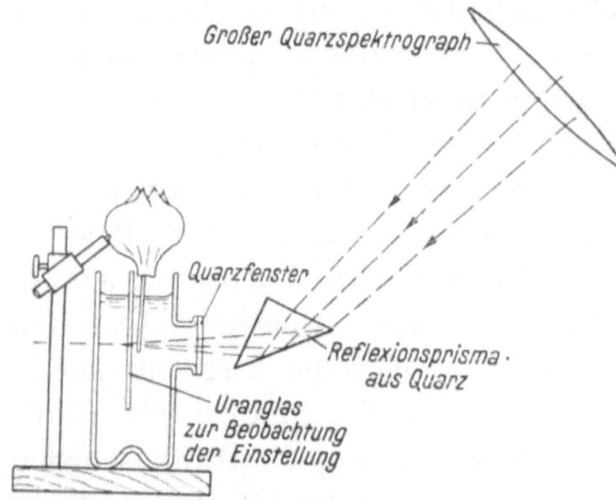

Bild 55. Versuchsanordnung für Krümmungsversuche an Zwiebelwurzeln mit ultraviolettem Licht.

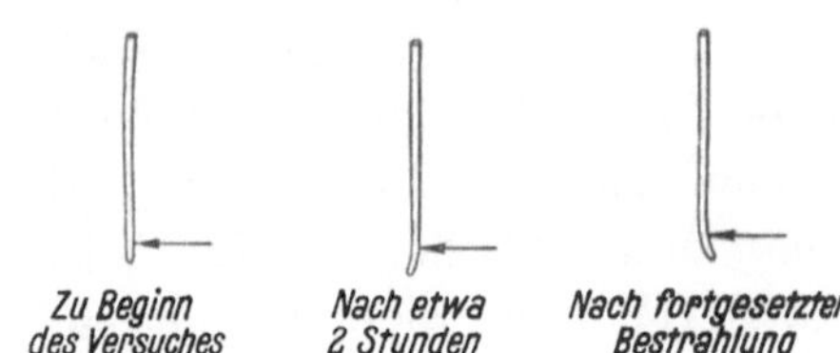

Bild 56. Krümmung von Zwiebelwurzeln unter einseitiger Bestrahlung mit der Linie 334 mμ.

Entgegengesetzte, also Krümmung nach der zugewendeten Seite hin, erfolgen infolge des Wachstumsüberschusses der entgegengesetzten Seite.

Diese Behauptung gilt jedoch nur mit Einschränkungen. Das Gesamtwachstum der Zwiebelwurzel ergibt sich nämlich aus der Summe zweier Komponenten, aus dem mitotischen Wachstum und aus dem Streckungswachstum durch Wassereinlagerung und Vergrößerung der „Ruhezellen". Von diesen beiden Komponenten hatten wir vorhin nur den ersten berücksichtigt. Wie wir sehen werden, kann man sie auch tatsächlich vernachlässigen, vorausgesetzt, daß man die Bestrahlung in der Wachstumszone oder unmittelbar darüber vornimmt.

Die Versuche wurden in dem großen, sehr lichtstarken Quarzspektrographen ausgeführt, wenn wir die Wirkung verschiedener Wellenlängen untersuchen wollten. Zur Beobachtung der makroskopisch-sichtbaren Wirkung der mitogenetischen Strahlen wurden zwei Zwiebelwurzeln unter Wasser aufeinander so eingestellt, daß die induzierte Wurzel zur Vermeidung des Einflusses des Geotropismus möglichst senkrecht stand.

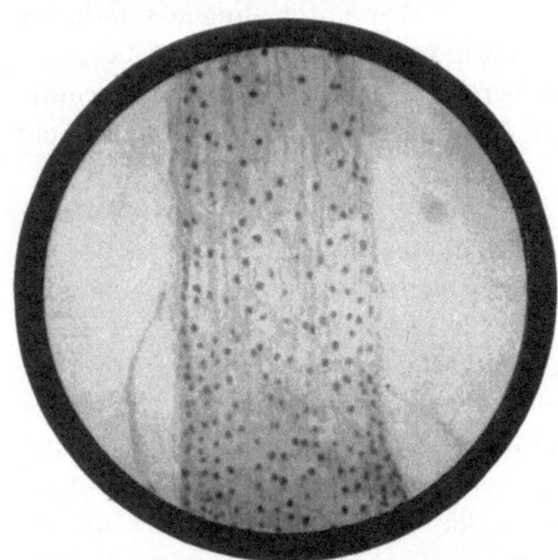

Bild 57. Längsschnitt durch eine längere Zeit einseitig mit 334 mμ bestrahlte Wurzel. Rechts sind Zellschädigungen zu sehen.

Die Versuche mit Induktion von Wurzel auf Wurzel ergaben keine einwandfrei eindeutigen Resultate. Die Wirkung des Geotropismus machte sich bei den verhältnismäßig langen Versuchszeiten (einige Stunden) recht unangenehm bemerkbar. Man sah wohl in einigen Versuchen die erwartete Krümmung der induzierten Wurzel nach der entgegengesetzten Seite hin, doch standen diesen Resultaten Krümmungen in derselben Einwirkungszeit nach der zugewendeten Seite gegenüber. Die Resultate ließen sich auch nicht mit der gewünschten Sicherheit reproduzieren. Diese Versuche müßten mit größerem Versuchsmaterial wiederholt werden und weiter ausgebaut werden, da sie u. E. geeignet zu sein scheinen, einiges über den zeitlichen Ablauf des Induktionseffektes auszusagen.

Die Versuche mit der Einstrahlung künstlichen Lichtes ergaben demgegenüber ganz einwandfreie Resultate. Bei der Versuchsanordnung, wie sie in Bild 55 zu sehen ist, ergab sich folgendes Resultat:

1—2 Stunden nach Beginn der Bestrahlung mit der Wellenlänge 334 mμ zeigt sich an der bestrahlten Stelle eine sehr deutliche Krümmung nach der abgewendeten Seite hin. Diese Krümmung bleibt etwa eine weitere Stunde bestehen, dann schwindet sie allmählich, und die Wurzel wird wieder gerade. Setzt man die Bestrahlung weiter fort, so bildet sich allmählich wieder eine Krümmung aus, und zwar eine noch viel stärkere als die erste nach der bestrahlten Seite hin (Bild 56). Diese zweite Krümmung ist die Folge der zerstörenden Wirkung langdauernder Bestrahlungen mit der Wellenlänge 334 mμ. Bild 57 zeigt einen Längsschnitt durch eine Wurzel in diesem Stadium. Man sieht deutlich die Erscheinung der Zellschädigung auf der zugewendeten Seite[1]).

VI. Zur Diskussion der Nachprüfung der Gurwitschschen Versuche durch andere Autoren.

Die Veröffentlichungen Gurwitschs über seine so überaus wichtigen und überraschenden Versuchsresultate blieben lange Jahre scheinbar ohne Widerhall. Trotzdem seine ersten Veröffentlichungen bereits 1924 erschienen sind und im Jahre 1926 auch eine ganz ausführliche Publikation in Buchform mit Beschreibung der Versuchsmethodik, Zusammenfassung aller Resultate und Erörterung ihrer theoretischen Bedeutung von ihm veröffentlicht wurde, sind, außer unserer kurzen Publikation (1927) die ersten Nachprüfungen erst Ende 1927 und Anfang 1928 veröffentlicht worden.

In deutscher Sprache wurden bisher die Versuche zweier Autoren zur Nachprüfung Gurwitschs in ihren Einzelheiten bekannt[2]): die von N. Wagner und B. Roßmann. Es ist nicht unser Zweck, diese Versuche ausführlich zu diskutieren, um so mehr, als Gurwitsch bereits zu ihnen Stellung genommen hat. Doch wollen wir einiges, das in der Diskussion zwischen Gurwitsch, Roßmann und v. Guttenberg nicht genügend stark hervorgehoben wurde[3]), erwähnen und dann die gesamte Fragestellung dieser Diskussion vom Standpunkte unserer Versuchsmethodik und Zählweise aus behandeln.

Beide Nachprüfer haben etwa mit gleicher Versuchsmethodik gearbeitet und sind dabei zu genau entgegengesetzten Schlußfolgerungen gelangt. Wagner glaubt,

---

[1]) Wir verweisen an dieser Stelle auch auf unsere in letzter Zeit ausgeführten Versuche, die auf Seite 85 kurz beschrieben sind.

[2]) Von den Arbeiten W. W. Sieberts über diesen Problemkreis liegen uns bisher nur kurze vorläufige Mitteilungen vor.

[3]) Leider ist die Polemik zwischen Gurwitsch und Roßmann, bzw. seinem Institutsleiter v. Guttenberg in einem sehr erregten und persönlichen Ton geführt worden. Durch gegenseitige persönliche Vorwürfe und Bezichtigung der „unsauberen Arbeitsweise" kann das in Frage stehende Problem keineswegs gefördert werden.

die Resultate Gurwitschs auf Grund seiner Nachprüfung bestätigen zu können, Roßmann dagegen lehnt sie mit voller Entschiedenheit ab.

In den Versuchen sind die Autoren nicht über die ursprüngliche Induktionsmethode des Gurwitschschen Grundversuches (Wurzel auf Wurzel) hinausgegangen. Vielmehr weist die Versuchsanordnung beider der Gurwitschschen gegenüber Mängel auf. Wagner stellt die beiden Wurzeln ganz frei, ohne Zuhilfenahme der zur genauen Einstellung der Wurzeln und auch zur Konzentrierung der Strahlen vorteilhaften Röhrchen. Roßmann verwendet sie zwar, läßt jedoch die induzierende Wurzel aus dem Röhrchen hinaushängen. Außerdem arbeiten beide Autoren beinahe stets im Dunkeln. Dies würde außer der Verringerung der Einstellgenauigkeit keinen großen Mangel bedeuten, da die Induktion von Zwiebel auf Zwiebel auch im Dunkeln geht. Bedenklicher ist, daß Roßmann stets mit etiolierten Zwiebeln gearbeitet hat. Wir wissen, daß die Etiolierung (vollkommene Entziehung des Lichtes beim Wachstum) einen sehr empfindlichen Eingriff, ganz besonders gerade in das Teilungswachstum bedeutet. Sind zwar auch im Meristem der etiolierten Wurzel immer noch Mitosen vorhanden, so kann ein verändertes Verhalten gegenüber der bei Licht gewachsenen Zellen, wie man sie im Induktionsversuch sonst stets verwendet, gerade für Strahlungseinflüsse von außen kaum bezweifelt werden.

Die Kritik eines neuen, fundamental wichtigen Effektes sollte nicht damit angefangen werden, wie dies Roßmann tat, daß man bei der Wiederholung von vornherein alles tut, um den an und für sich sehr schwachen, an der Grenze der Wahrnehmbarkeit liegenden Effekt, wie ihn Gurwitsch mitteilte und wie sie nur durch die kühne und geniale Intuition Gurwitschs erkannt werden konnte, möglichst abzuschwächen.

Dies gilt auch besonders für die Zählmethode Roßmanns. Wir glauben im vorhergehenden bereits des öfteren klar auseinandergesetzt zu haben, daß u. E. die Gurwitschsche Methode der Auszählung des Effektes in Längsschnitten und bei Berücksichtigung sämtlicher auch von der Induktionsstelle entfernt liegender Mitosen nicht die beste für die Erkennung des Effektes der Induktion ist, daß außerdem die Berücksichtigung der Mitosen allein nicht den gesamten Effekt einschließt, vielmehr nur einen variablen Teil desselben. So darf sich also mit anderen Worten die zukünftige Nachprüfung des Effektes nicht auf die Berücksichtigung der Mitosen allein beschränken. Um so weniger noch auf Berücksichtigung einzelner Teile der Mitosenperiode, wie dies Roßmann fordert und auch ausführt.

Es unterliegt gar keinem Zweifel, daß die späteren Stadien der Mitosenperiode leichter erkannt werden können als die frühesten Prophasen, trotzdem diese auch, wie wir aus einiger Erfahrung sagen können, mit ausreichender Sicherheit von den reifen Kernen (in der Diskussion „Ruhezellen" genannt) unterschieden werden können. Das bedeutet aber absolut nicht, daß man sie ohne weiteres vernachlässigen darf, wie dies Roßmann tut. Sie müssen vielmehr unterschieden und mitberücksichtigt werden, wenn man sich nur auf die Mitosen beschränken wollte, weil ein wesentlicher Teil des Ausschlages sich gerade in diesem Stadium befinden kann. Die Differenzierung der einzelnen Phasen der Mitosenperiode ist histologisch zwar sehr interessant, doch werden die Vorteile, die man mit ihrer leichten und genauen Erkennung gewinnt, außer dem eben geschilderten Fehler auch durch die Nachteile in der Statistik infolge der zu kleinen Zahlen mehr als aufgehoben.

Fassen wir also unsere Meinung nochmals kurz zusammen, so müssen wir folgendes sagen: Die ursprünglichen, unter Umständen sehr großen Ausschläge des Induktionseffektes, die sich aber stets auf einen ziemlich schmalen Bereich des Meristems konzentrieren, werden dadurch, daß man das ganze Meristem bei der Zählung mitberücksichtigt, schon so weitgehend verkleinert, daß sie oft hart an der Fehlergrenze liegen können. Die zur Erkennung und Messung des Ausschlages bessere Methode ist die der Querschnitte. Weiterhin genügt es nicht, die Mitosen allein zu berücksichtigen, da der Induktionseffekt hauptsächlich auch an anderen Punkten des Zellebens eingreift. Die Methode des Grundversuches liefert zwar, richtige Technik vorausgesetzt, überwiegend positive Resultate, doch ist es besser, zur Nachprüfung stärkere Strahlenquellen, wie sie uns z. B. im Zwiebelsohlenbrei vorliegen, zu verwenden.

Wir hoffen, daß die Nachprüfung bei Berücksichtigung dieser Umstände sehr viel leichter zur Klärung dieses fundamentalen Problems wird beitragen können als bisher.

VII. Versuchsprotokolle.

In diesem Abschnitt haben wir Auszüge aus den Protokollen von 125 Versuchen an Zwiebelwurzeln in chronologischer Reihenfolge zusammengestellt[1]), ferner eine Anzahl von Untersuchungen an anderen Objekten (Amphibieneier und Larven).

Bis auf die beiden Versuche 256 und 261 sind alle Indikatorwurzeln in Querschnitte zerlegt worden. Die Auszählung der Versuche erfolgte stets in der bereits auf S. 50 geschilderten Weise. Mit Hilfe des Vasiliuschen Projektionsapparates wurde jeder Querschnitt stark vergrößert (etwa 50—100 fach) auf Zeichenpapier projiziert. Auf dem Papier wurden die Umrisse des Periblems (außen durch das Dermatogen, innen durch das Gefäßbündel begrenzt) nachgezeichnet. Es wurden sodann alle bei der Auszählung berücksichtigten Zellkerne in die Zeichnung als Punkte eingetragen. Bei der Auszählung wurden alle großen runden Kerne berücksichtigt, die frei innerhalb der Zelle liegen (s. Bild 30). Nach der von uns verwendeten Färbemethode erscheinen alle Kerne so, die bei anderer Färbung in Längsschnitten und bei stärkerer Vergrößerung als reife Kerne, mitotische Figuren und als neugeborene Kerne erkannt werden können. In den Versuchsprotokollen werden alle diese Zellphasen der Kürze halber als reife Kerne bezeichnet. In Wirklichkeit umfassen also diese Zahlen auch noch die Anzahl der mitotischen Figuren und der neugeborenen Kerne, also alle diejenigen Zellbilder, die wir auf S. 55 als Entwicklungsphasen des Zellteilungszyklus gedeutet haben. Bei der Zählung wurden nicht berücksichtigt alle mehr oder weniger geschrumpften und mehr oder weniger an der Zellwand anliegenden Kerne, die wir als aus dem Zyklus ausgeschieden gedeutet haben. Wir haben diese auch „Ruhezellen" genannt. (Andere Autoren benutzen den Ausdruck Ruhezellen für alle Zellbilder mit Ausnahme der Mitose.)

In einigen Versuchen (Versuch 156b und Versuch 126) wurden die mitotischen Figuren besonders gezählt. Schließlich sind in einigen Versuchen (Versuch 110, 227) auch die „Ruhezellen" besonders gezählt worden.

---

[1]) Die Versuche, deren Protokolle wir hier nicht mitteilen, stellen zum Teil Wiederholungen der mitgeteilten Versuche dar, oder sie gehören Versuchsreihen an, die wir an anderer Stelle veröffentlichen wollen, da sie nur lose mit dem Gegenstand dieser Arbeit zusammenhängen.

In allen Protokollen haben wir das Auszählungsergebnis von sämtlichen von uns ausgewerteten Querschnitten mitgeteilt, und zwar in der Weise, daß die Zahlen für die zusammengehörigen Querschnittshälften übereinander liegen. Die Zahlen der zugewendeten Hälfte liegen über, die der abgewendeten Hälfte unter dem Strich. In vielen Versuchen sind diejenigen Schnitte, in welchen der Ausschlag zu sehen ist, durch fetteren Druck hervorgehoben. In jedem Versuch ist die Dicke der Schnitte (10 oder 15 μ) angegeben.

In negativen Versuchen, in welchen kein Ausschlag zu sehen ist, haben wir nicht die Zahlen für das ganze Meristem angegeben, sondern nur die Zahlen in den Schnitten nahe der Markierung. Selbstverständlich haben wir uns aber in allen Fällen durch gewissenhafte Durchsicht aller Schnitte davon überzeugt, daß auch an einer anderen Stelle kein Ausschlag zu sehen ist. Bei negativen Versuchen soll man daher unsere Angaben nur als Ausschnitt aus langen, vollkommen gleich verlaufenden Zahlenreihen ansehen, die mitzuteilen wir als überflüssig erachtet haben.

Die Zahlen der berücksichtigten Zellkerne haben wir in Schaubildern (Diagrammen) über der Länge der Wurzel als Abszisse aufgetragen; in den Bildern bedeuten stets:

dünne, stetige Linie: Kernzahlen in der zugewendeten Schnitthälfte;

dünne, unterbrochene Linie: Kernzahlen in der abgewendeten Schnitthälfte;

starke, stetige Linie: Relativer Ausschlag in Prozenten.

Der Ausschlag bedeutet in unserer Definition: Die Differenz der Kernzahlen zwischen den der zugewendeten und abgewendeten Schnitthälfte, dividiert durch die Zahl in der abgewendeten Hälfte.

Wir betonen, daß man in dem Ausschlag nur ein einfaches Mittel zur zahlenmäßigen Darstellung der Induktionswirkung sehen darf, daß man aber die Größe des Ausschlages keineswegs unmittelbar als Maß der Strahlenwirkung, selbstverständlich noch weniger als Maß der Strahlenintensität ansehen darf. Ein Ausschlag von z. B. 12 : 6 bedeutet selbstverständlich nicht dasselbe wie ein Ausschlag von 120 zu 60°. Ein ungefähres Maß des Gewichtes eines Ausschlages, also ein Maß der Beweiskraft eines positiven Induktionsversuches könnten wir gewinnen, wenn wir den Ausschlag auf die mittlere Schwankung an derselben Stelle als Einheit beziehen würden. Letztere Größe ist bei einer rein zufälligen, statistischen Erscheinung etwa der Wurzel aus der Summe der Individualzahlen, also etwa der Wurzel aus der Summe der Kernzahlen in einem Schnitte proportional. Nach dieser Auffassung (Reduktion der Ausschlagzahlen im Verhältnis der wahrscheinlichen Fehler) würde z. B. einem Ausschlag von der Größe 120 : 60 etwa das dreifache Gewicht zukommen wie einem Ausschlag 12 : 6. Wir haben aber von einer solchen Darstellung abgesehen und überlassen es dem Leser, das Gewicht der einzelnen Versuche abzuschätzen.

Bei einigen Versuchen, in welchen die Induktion in einem Bereich mit sehr kleinen Kernzahlen vorgenommen wurde, haben wir die Werte dargestellt, indem wir jeweils mehrere sukzessive Schnitte zusammengefaßt haben. Auf diese Weise lassen sich die zufälligen Schwankungen ausgleichen, ohne die systematischen Abweichungen zu verringern. Wir bezeichnen dieses Verfahren mit Ausgleichsmethode.

Wir machen noch darauf aufmerksam, daß die Tafeln II und III die Mikrophotographien mehrerer Schnitte enthalten, die einen anschaulichen Begriff vom Bild starker Ausschläge geben dürften.

Versuch 1.
(25. V. 1925.)

Zur Prüfung der statistischen Gleichmäßigkeit der Verteilung der in Teilung befindlichen Zellkerne in den von uns bei der Zählung berücksichtigten Stadien („reife Kerne", Kriterien s. auf S. 8 und S. 50) werden Serien von Querschnitten von Allium cepa-Wurzeln untersucht. Insgesamt wurden etwa 500 Schnitte ausgezählt. Die Zahlen bedeuten die Anzahl der reifen Kerne auf beiden Seiten einer gedachten Medianebene. Zum Beispiel folgen hier einige Schnitte:

Ergebnis (10-μ-Schnitte):

Zugewendete Seite   24, 20, 21, 26, 18, 19, 23, 22, 25, 33, 14, 30, 21, 47, 20.

Abgewendete Seite   22, 20, 20, 25, 18, 19, 27, 21, 23, 34, 18, 32, 22, 48, 25.

Resultat: Es ergibt sich in allen Schnitten übereinstimmend, daß die Verteilung der Zellkerne von einem bestimmten Reifestadium an auf beiden Seiten eines beliebig gezogenen Mediandurchmessers gleichmäßig ist. Die Schwankungen betragen etwa 10—25%, und zwar abwechselnd auf beiden Seiten. Schwankungen über diese Prozentzahl in mehreren Schnitten hintereinander fanden sich in keinem Falle.

Versuch 3.
(31. V. 1925.)

Induktion von Allium cepa auf A. c. (Gurwitschscher Grundversuch). Erste Apparatur. Abstand 30 mm. Dauer des Versuches 90 Min.

Ergebnis (10-μ-Schnitte):

Zugewendete Seite   22, 15, 23, 30, 27, 18, 22, 26, **40, 17, 30, 44, 54, 27, 60, 88,**

Abgewendete Seite   27, 15, 28, 32, 24, 16, 25, 33, **29, 14, 17, 22, 23, 17, 27, 33,**

    dann zwei große Ausschläge,   **72, 81, 55.**

    (nicht ausgezählt)   **34, 37, 34.**

Insgesamt befinden sich in den durch fetten Druck hervorgehobenen 11 Schnitten

auf der zugewendeten Seite 568 reife Kerne,
auf der abgewendeten Seite 307 reife Kerne.

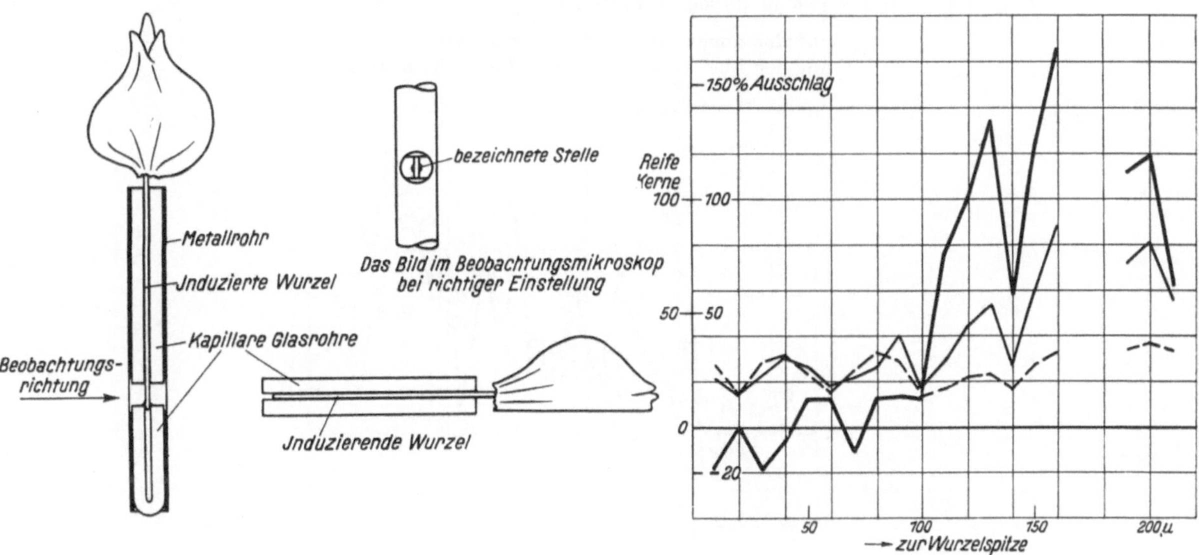

Bild 58. Versuchsanordnung zum Gurwitschschen Grundversuch.

Bild 59. Ausschlagsdiagramm zu Versuch 3.

Resultat: Aus diesem Versuch ergibt sich, daß im induzierten Bezirk ein starker Ausschlag in den reifen Kernen vorhanden ist. Erstes Beispiel eines Induktionseffektes.

Versuch 6.

(14. VI. 1925.)

Der Induktionsversuch wird in der Weise ausgeführt, daß die induzierte Wurzel bei dauernd guter Befeuchtung von der Zwiebel abgetrennt wird. Abstand 15 mm. Dauer 30 Min.

Ergebnis (10-μ-Schnitte):

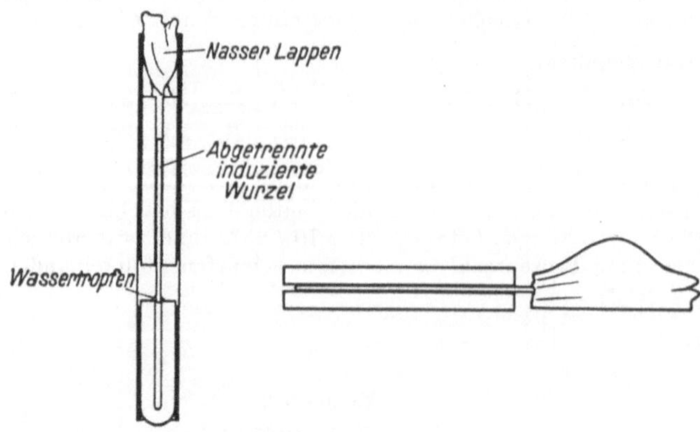

Bild 69. Versuchsanordnung zur Induktion von Wurzel von Allium. Cepa auf abgetrennte Wurzel.

Zugewendete Seite	10,	19,	20,	22,	17,	23,	21,	17,	13,	32,	21,	20,	29,	35,	36,	28,
Abgewendete Seite	8,	19,	17,	21,	20,	21,	18,	21,	15,	19,	21,	16,	23,	16,	24,	16,

36,	24,	37,	52,	32,	34,	41,	41,	45,	48,	51,	75,	55,	57,	80,	63,
25,	20,	26,	32,	23,	29,	30,	31,	23,	39,	34,	42,	40,	53,	45,	41,

85,	96,	100,	114,	108,	105,	112.
48,	50,	53,	51,	55,	81,	104.

Insgesamt befinden sich in diesen Schnitten

auf der zugewendeten Seite 1864 reife Kerne,
auf der abgewendeten Seite 1330 reife Kerne.

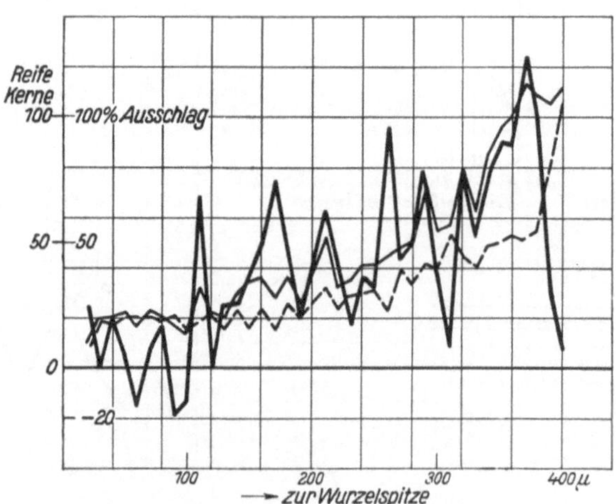

Bild 61. Ausschlagsdiagramm zu Versuch 6.

Resultat: Aus diesem Versuch ergibt sich neben der Bestätigung des Induktionseffektes die Möglichkeit, als Indikator eine abgetrennte Wurzel zu verwenden.

Versuch 9.

(14. VI. 1925.)

Zweck dieses Versuches ist die Untersuchung der Frage, ob auch Kaulquappen induzierende Wirkung auf die Zwiebelwurzel ausüben. Dazu wird aus dem Kopfe zweier $1^1/_2$ cm langen Rana fusca-Larven ein Brei hergestellt, und dieser in eine Röhre eingeführt auf die Wurzel eingestellt. Dauer des Versuches 30 Min. Abstand 10 mm.

Ergebnis (10-μ-Schnitte):

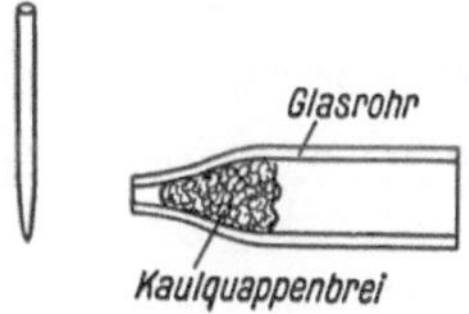

Bild 62. Versuchsanordnung zu Versuch 9.

Zugewendete Seite	9,	9,	11,	10,	8,	7,	13,	12,	8,	11,	8,	11,	9,	8,	19,	8,	18,	8,	14,	18,
Abgewendete Seite	15,	10,	6,	11,	11,	10,	11,	13,	15,	10,	11,	9,	18,	12,	15,	13,	19,	9,	13,	16,

17, 20, 26, 31, 41, 33, 38, 56, 59, 60, 59, 80, 78, 140, 109, 109.
22, 19, 18, 19, 19, 17, 23, 28, 35, 30, 26, 52, 45, 61, 46, 98.

Darauf folgen vier Schnitte mit sehr großen Ausschlägen (Photographie eines Schnittes s. in Bild 2), dann gleicht sich der Unterschied aus.

Insgesamt befinden sich in diesen Schnitten:

auf der zugewendeten Seite 1165 reife Kerne,
auf der abgewendeten Seite 805 reife Kerne.

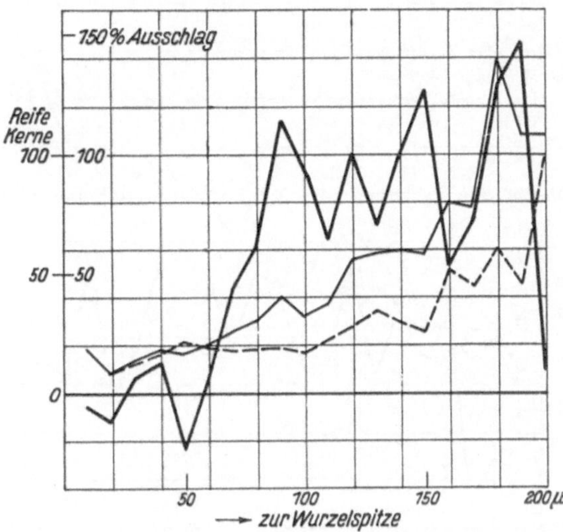

Bild 63. Ausschlagsdiagramm zu Versuch 9 (s. auch auf S. 71 die Darstellung des gleichen Versuches nach der Ausgleichsmethode).

Resultat: Kaulquappenbrei, aus dem Kopfe junger Larven hergestellt, übt auf die Zwiebelwurzel sehr starke Induktionswirkung aus.

Versuch 13.
(17. VI. 1925.)

Induktion von Allium cepa auf A. c. durch eine Glimmerplatte von 40 μ Dicke hindurch. Die induzierte Wurzel war nicht abgetrennt.
Dauer 90 Min. Abstand 10 mm.

Ergebnis (10-μ-Schnitte):

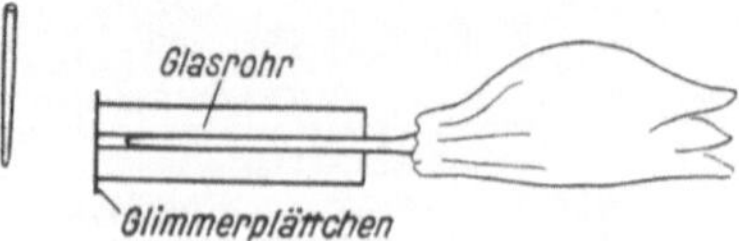

Bild 64. Versuchsanordnung.

Zugewendete Seite	20,	40,	30,	44,	47,	81,	75,	87,	49,	54,	62,	98,	83,	97,	97,	117,
Abgewendete Seite	26,	44,	43,	27,	33,	53,	61,	50,	38,	43,	39,	58,	62,	58,	57,	66,

106, 94, 117, 122, 148, 208, 245.

79, 80, 69, 98, 114, 170, 216.

In weiteren drei Schnitten wird die Zahl ganz gleich auf beiden Seiten.

Insgesamt: Auf der zugewendeten Seite 2121 reife Kerne,
auf der abgewendeten Seite 1578 reife Kerne.

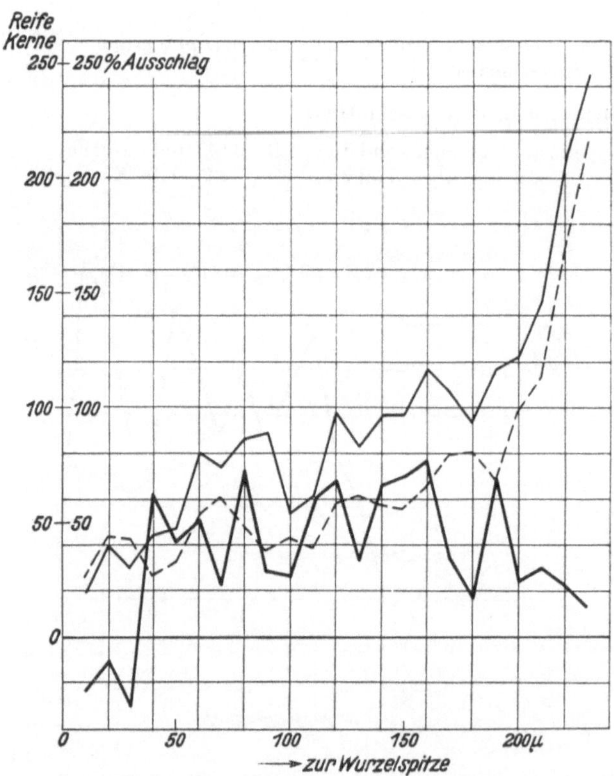

Bild 65. Ausschlagsdiagramm zu Versuch 13.

Resultat: Durch eine Glimmerplatte von 40 μ Dicke hindurch erhält man einen deutlichen Ausschlag.

Versuch 16.

(20. VI. 1925).

Induktionsversuch von Kaulquappenkopfbrei auf A. c. durch eine Glasplatte von 40 μ Dicke.
Abstand 15 mm. Dauer 90 Min.

Ergebnis (10-μ-Schnitte):

Zugewendete Seite 21, 25, 25, 36, 40, 35, 25, 44, 26, **33, 55, 37, 42, 36, 68, 32,**
Abgewendete Seite 28, 28, 23, 24, 25, 28, 14, 28, 35, **25, 31, 33, 25, 30, 41, 19,**

38, 65, 54, 48, 52, 44, 72, 71, 79, 67, 64, 76, 83, 94, 70, 78.
32, 31, 31, 34, 40, 23, 35, 50, 57, 36, 38, 66, 65, 75, 60, 88.

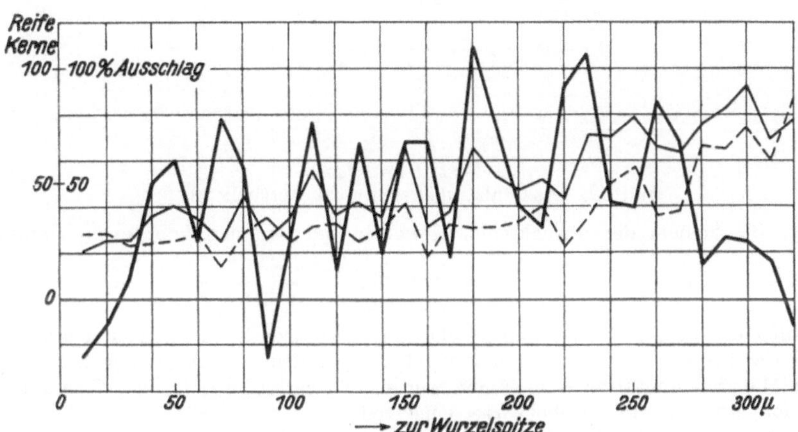

Bild 66. Ausschlagsdiagramm zu Versuch 16.

Resultat: Induktion durch eine Glasplatte von 40 μ hindurch ergibt ein deutliches positives Resultat.

Versuch 18—23.

(21. VI. 1925).

Prüfung der Induktionswirkung ausgewachsener Gewebe und Organe.

Zu diesem Zwecke werden nacheinander Muskelgewebe, Nervengewebe, Bindegewebe, Schilddrüse, Leberbrei, Gehirngewebe im Zwiebelversuch geprüft. Alle mit negativem Ergebnis.

Als Beispiel sei hier angeführt Versuch 20.

Bindegewebe, frisch einem Laubfrosch entnommen, wird auf nicht abgetrennte Zwiebelwurzel eingestellt. Abstand 10 mm. Dauer 60 Min.

Ausschnitt aus einer großen Zahlenreihe:

Ergebnis (10-μ-Schnitte):

Zugewendete Seite 23, 12, 25, 24, 23, 31, 20, 55, 51, 63, 59, 73, 120, 125.
Abgewendete Seite 18, 11, 27, 26, 22, 30, 28, 58, 49, 64, 63, 82, 137, 132.

  Versuchsprotokolle.

Insgesamt befinden sich auf der zugewendeten Seite 704 reife Kerne,
auf der abgewendeten Seite 767 „   „

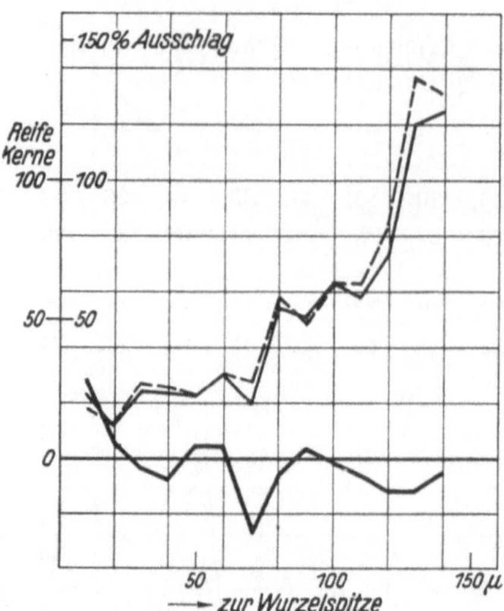

Bild 67. Ausschlagsdiagramm zu Versuch 20.

Resultat: Bei keinem der erwachsenen Geweben und Organen konnte ein Induktionseffekt
erzielt werden.

Versuch 25.
(23. VI. 1925).

Untersuchung der Frage, ob Carcinomgewebe „mitogenetische“ Strahlen emittiert.

Zu diesem Zwecke wird frisches Carcinomgewebe, das auf der Chirurgischen Universitäts-Klinik
frisch bei einer Mammaamputation entnommen wurde, fein zerkleinert, in eine Glasröhre eingeführt
und auf eine nicht abgetrennte Zwiebelwurzel eingestellt.

Dauer des Versuches 120 Min. Abstand 10 mm.

Das Carcinomgewebe wird später durch histologische Untersuchung als solches festgestellt.

Die Wurzelschnitte sind geschrumpft, so daß die Zellstruktur nicht mehr genau zu erkennen ist,
die Zellkerne und deren feinere Struktur ist jedoch noch gut feststellbar.

Ergebnis (10-μ-Schnitte):

Zugewendete Seite   28, 38, 41, 44, 41, 43, 51, **71, 66, 75, 79, 81, 82, 98, 98, 99,**

Abgewendete Seite   33, 46, 45, 42, 50, 51, 51, **56, 37, 45, 42, 41, 40, 40, 46, 41,**

103, 95, 112, 125, 140, 130, 113, 117, 120.

39, 37, 37, 56, 61, 58, 72, 93, 107.

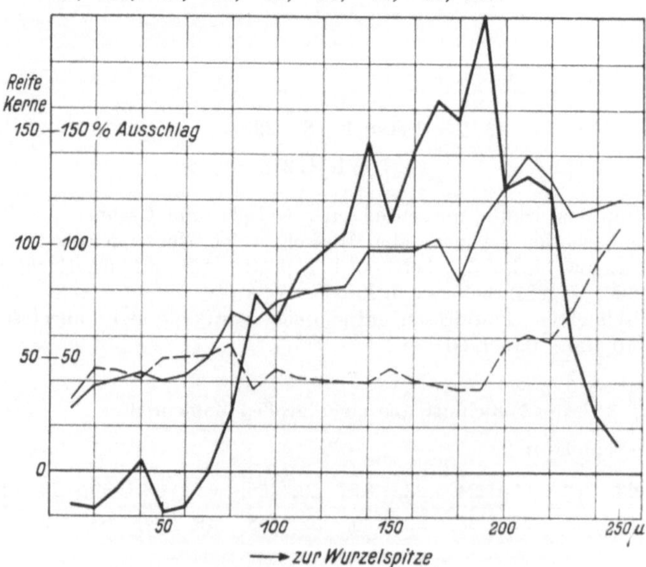

Bild 68. Ausschlagsdiagramm zu Versuch 25.

Resultat: Carcinomgewebe übt auf die Zwiebelwurzel starke Induktionswirkung aus.

Versuch 27.
(23. VI. 1925).

Eine weitere Portion desselben Carcinomgewebes, wie im Versuch 25, wird auf eine nicht abgetrennte Zwiebelwurzel eingestellt. Die eingestellte Stelle ist von der Wurzelspitze etwa 5 mm entfernt, wo in der Regel sehr wenig reife Kerne vorhanden sind.

Dauer des Versuches 90 Min. Abstand 3 mm.

Einige Schnitte sind weggeschwommen, so daß die Serie nicht ganz lückenlos ist.

Ergebnis (10-μ-Schnitte):

Zugewendete Seite　20, 18, 24, 23, 29, 18, 20, 32, —, —, —, —, 31, 43, 48, 36, 42,

Abgewendete Seite　20, 16, 34, 21, 21, 28, 13, 17, —, —, —, —, 17, 31, 22, 19, 16,

37, 49, 54, 48, 32, 43, 56, 50, 39, 28, 31, 33, 32, 43, 37, 44.

20, 22, 20, 20, 22, 20, 23, 16, 40, 24, 29, 28, 36, 56, 41, 42.

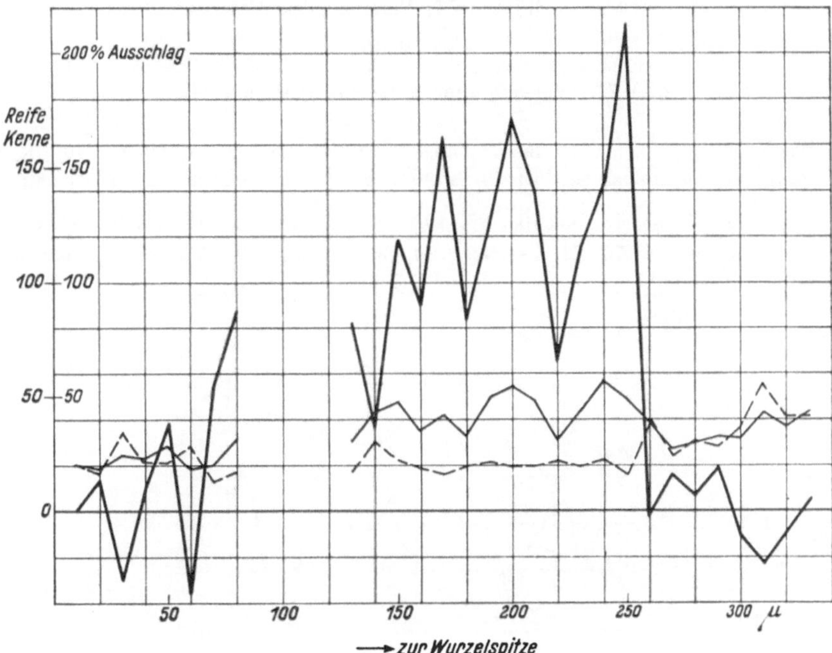

Bild 69. Ausschlagsdiagramm zu Versuch 27.

Resultat: Bestätigung des Versuches 25.

Versuch 30.
(25. VI. 1825).

Induktion durch eine dünne Aluminiumfolie von 10 μ Dicke. Strahlenquelle ist Zwiebelsohlenbrei, eingestellt auf nicht abgetrennte Wurzel.

Dauer des Versuches 120 Min. Abstand 5 mm.

Ergebnis (10-μ-Schnitte):

Zugewendete Seite　35, 23, 30, 33, 33, —, —, 39, 33, 53, —, 42, 53, 51.

Abgewendete Seite　27, 26, 31, 40, 23, —, —, 37, 40, 48, —, 45, 40, 43.

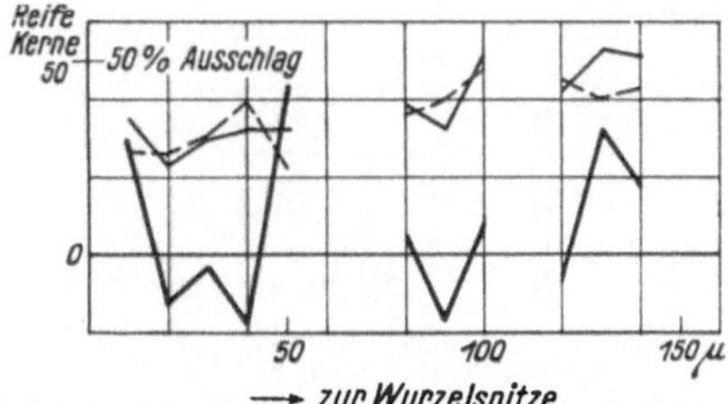

Bild 70. Ausschlagsdiagramm zu Versuch 30.

Resultat: Die Strahlen gehen durch die Aluminiumfolie von 10 μ Dicke nicht durch.

Versuch 34.

(23. XI. 1925).

Zwischen induzierende Röhre mit Kaulquappenbrei und induzierte Wurzel wird eine zweite abgestorbene Wurzel gebracht.

Es soll die Durchlässigkeit abgestorbener Zellen für die Strahlen geprüft werden.

Abstand 5 mm. Dauer 60 Min.

Ergebnis (15-μ-Schnitte):

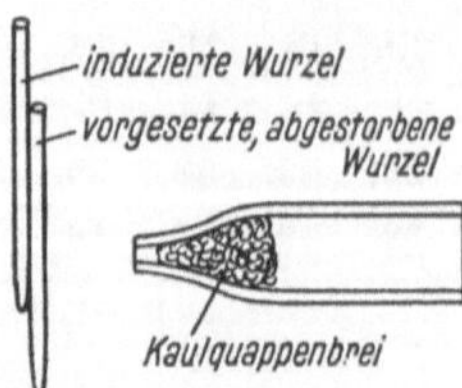

Bild 71. Versuchsanordnung zum Versuch 34.

Zugewendete Seite 35, 50, 50, 56, 71, 50, 55, 50, 69, 80, 44, 58, 58, 69, 80, 65, 76, 78, **112**, **78**,

Abgewendete Seite 38, 52, 42, 54, 67, 39, 40, **43**, 60, 88, 50, 55, 48, 60, 53, 50, 76, 78, **67**, **70**,

71, **69**, **85**, 78, 89, 105, 86, 102, 88, 71, 64, 106, 111, 75, 88, 83, 84.

53, **56**, **72**, 70, 71, 84, 59, 80, 86, 76, 62, 80, 77, 59, 72, 76, 68.

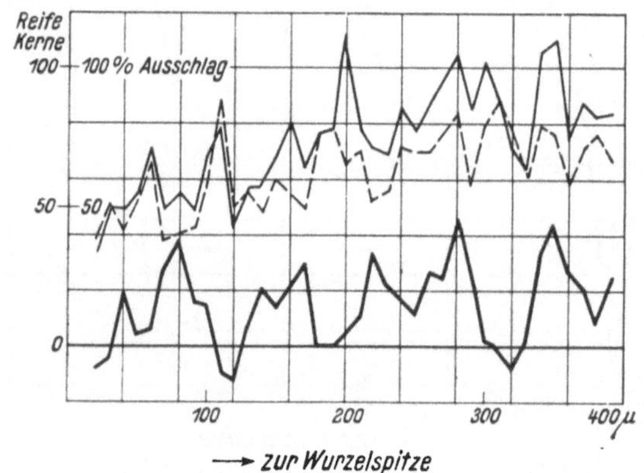

Bild 72. Ausschlagsdiagramm zu Versuch 34.

Resultat: Sehr schwacher, eben noch wahrnehmbarer Ausschlag.

Versuch 37.

(22. VIII. 1925).

Versuch zur Prüfung des Konzentrationseffektes in der induzierten Wurzel.

Zwischen Strahlungsquelle (Röhre mit Kaulquappenkopfbrei) und induzierte Zwiebelwurzel wird genau in der Mitte der Röhrenöffnung ein Draht von 0,4 mm Durchmesser eingefügt. Röhrenöffnung etwa 1 mm.

Dauer 90 Min. Abstand 5 mm.

Ergebnis (15-μ-Schnitte):

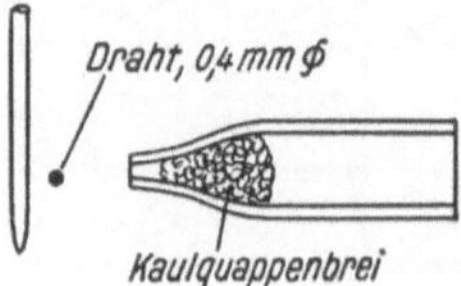

Bild 73. Versuchsanordnung zu den Versuchen 37 und 45.

Zugewendete Seite 36, 35, 28, 34, **74**, **46**, **43**, **48**, **44**, 42, 43, 26, 44, 31, 45, 20, 54, 33, 48, 59,

Abgewendete Seite 34, 36, 29, 50, **39**, **35**, **32**, **36**, **33**, 46, 41, 29, 50, 37, 43, 29, 55, 40, 53, 63,

hier folgen 20 Schnitte, 59, 58, 73, 70, 50, 97, 110, 75, 81.

53, 57, 67, 69, 41, 56, 79, 100, 79.

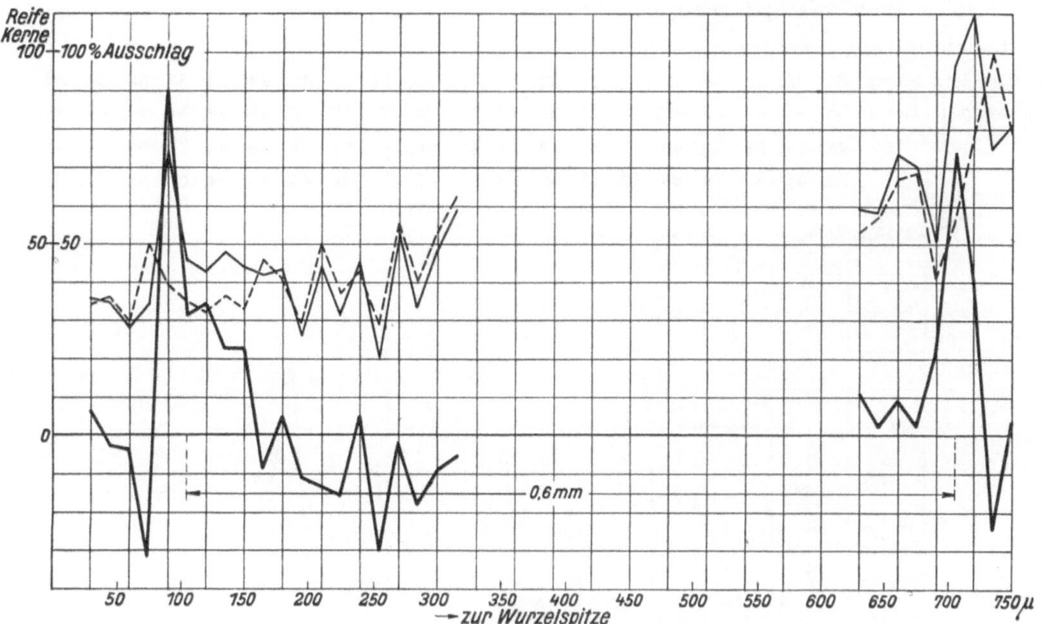

Bild 74. Ausschlagsdiagramm zu Versuch 37.

Resultat: Der Ausschlag ist oberhalb und unterhalb des Drahtes deutlich vorhanden. Hinter dem Draht, wo unter den gewöhnlichen Versuchsbedingungen der Ausschlag zu erkennen ist, keinerlei Beeinflussung. Es ist durch diesen Versuch bewiesen, daß das Strahlenbündel breiter ist als die Ausschlagszone.

Versuch 38.
(10. VII. 1925).

Zur Prüfung, ob bei embryonalen Organismen alle Gewebe strahlen oder ob diese Eigentümlichkeit nur bestimmten Teilen (bei der Zwiebel der Sohle, bei der Kaulquappe dem Kopf) zukommt, werden Kaulquappenbauchorgane in Breiform auf Zwiebelwurzel eingestellt. Apparatur wie üblich.

Dauer des Versuches 60 Min. Abstand 5 mm.

Ergebnis (15-*μ*-Schnitte):

Zugewendete Seite 9, 11, 9, 7, 10, 10, 7, 11, 13, 13, 14

Abgewendete Seite 10, 11, 10, 8, 11, 10, 10, 10, 14, 14, 14

und weiterhin auch ganz gleich beiderseits.

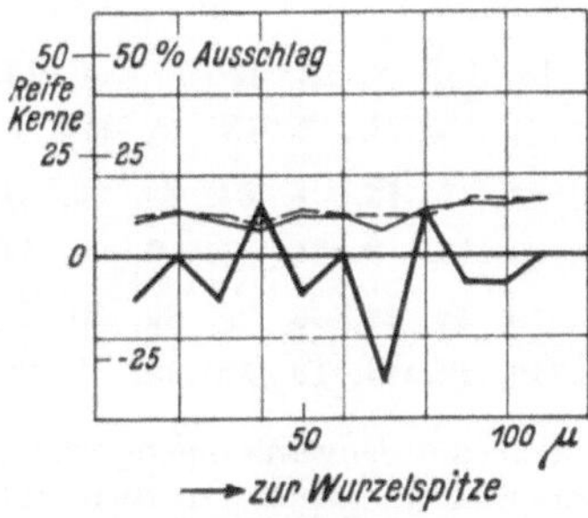

Bild 75. Ausschlagsdiagramm zu Versuch 38.

Resultat: Bei Kaulquappenbauchorganen ist keine Strahlung festzustellen. Dies bedeutet freilich noch keine Abwesenheit der Strahlenemission, sondern kann recht wohl auf starker Absorption beruhen.

Versuch 39.
(23. XI. 1925.)

Wiederholung des Carcinomversuches. Gewebe aus frisch exstirpiertem Mammacarcinom, fein zerkleinert und in einer Röhre von 1 mm Durchmesser auf nicht abgetrennte Zwiebelwurzel eingestellt. Dauer 90 Min. Abstand 10 mm.

Die histologische Nachprüfung ergibt Carcinom.

Ergebnis (15-μ-Schnitte):

Zugewendete Seite 32, 34, 49, 32, 42, 47, 33, 32, 42, 32, 63, 44, 40, 30, 60, 54, 42, 52, 55, 52,

Abgewendete Seite 38, 42, 44, 39, 40, 39, 24, 42, 49, 27, 46, 27, 30, 28, 21, 33, 27, 44, 37, 46,

48, 78, 61, 61, 59, 85, 61, 70, 78, 63, 78, 63, 74, 78, 70, 80, 70, 58, 69, 62.

52, 41, 42, 50, 36, 39, 45, 48, 42, 45, 41, 61, 31, 45, 46, 64, 67, 62, 73, 60.

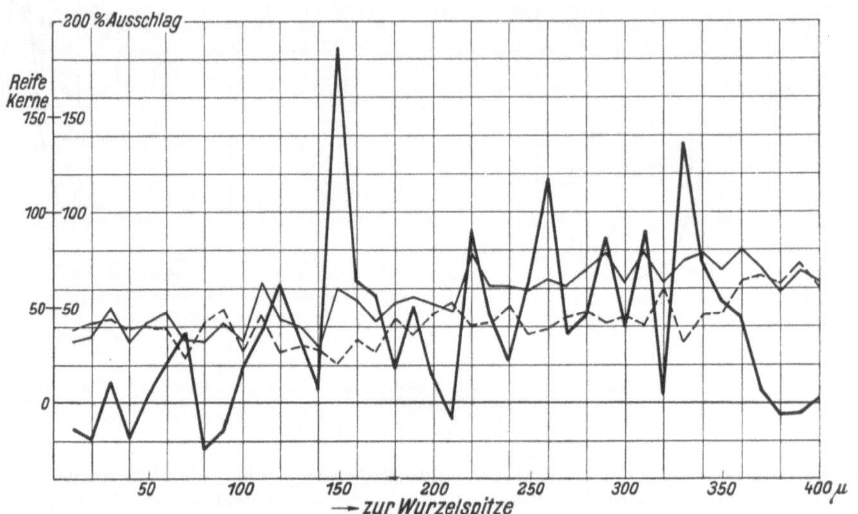

Bild 76. Ausschlagsdiagramm zu Versuch 39.

Resultat: Bestätigung des Resultates des ersten Carcinomversuches.

Versuch 40.
(9. XI. 1925.)

Als weiterer Vertreter der bösartigen Tumoren wird Sarkomgewebe im Zwiebelversuch geprüft. Benutzt wird ganz frisch entnommenes Operationsmaterial aus einem Oberschenkelsarkom, das fein zerkleinert und auf nicht abgetrennte Zwiebelwurzel eingestellt wird.

Abstand 10 mm. Dauer 60 Min.

Das Gewebe wird nachher histologisch untersucht und die Diagnose Sarkom (Rundzellensarkom) bestätigt.

Ergebnis (10-μ-Schnitte):

Zugewendete Seite 6, 18, 8, 10, 13, 13, 18, 16, 11, 17, 17, 25, 15, 25, 29, 32, 19, 22, 21, 19,

Abgewendete Seite 6, 7, 4, 7, 8, 10, 13, 13, 13, 15, 12, 5, 13, 20, 14, 12, 4, 6, 7, 10,

23, 28, 29, 32, 17, 15, 15, 21, 24, 28, 20, 21, 16, 19, 25, 18, 30, 30, 18, 35,

14, 13, 14, 20, 13, 12, 9, 11, 7, 6, 9, 13, 8, 10, 9, 11, 9, 8, 10, 15,

24, 22, 24, 45, 18, 24, 21, 26, 28, 30, 30, 29, 28, 28, 24, 26, 22.

12, 15, 23, 18, 19, 12, 11, 19, 18, 14, 32, 29, 32, 20, 22, 17, 25.

Da bei den kleinen Zellenzahlen die Schwankungen sehr groß sind, wurde das Diagramm, um eine glattere Ausschlagskurve zu erhalten, folgendermaßen gezeichnet. Die zugewendeten Hälften von je vier aufeinanderfolgenden Schnitten wurden zusammengezählt, ebenso die abgewendeten Hälften und daraus der mittlere Ausschlag für diese vier Schnitte berechnet. Dieser Punkt wurde über die Mitte der Schnittgruppe eingetragen. Dann wurde diese Rechnung nochmals wiederholt, diesmal waren aber die Vierergruppen um zwei Schnitte verschoben. Die so gewonnenen Punkte wurden dann mitten zwischen den ersten Punkten eingetragen. Auf die Weise erhält man eine teilweise Elimination der zufälligen Schwankungen.

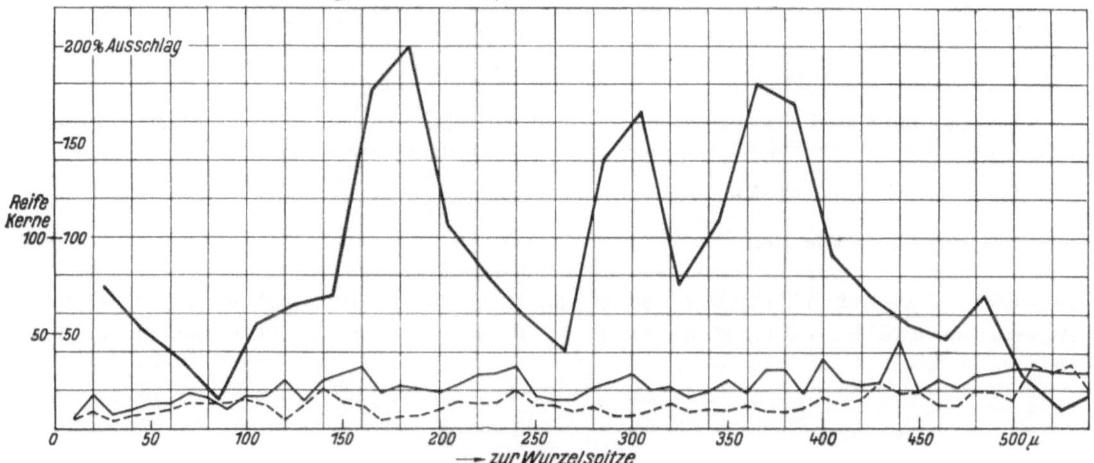

Bild 77. Ausschlagsdiagramm zu Versuch 40.

Resultat: Auch Sarkomgewebe übt eine Induktionswirkung auf die Zwiebelwurzel aus.

Versuch 43.
(30. XI. 1825.)

Prüfung der Absorptionsverhältnisse in der Zwiebelwurzel. Zwischen induzierende und induzierte Wurzel wird ein aus dem oberen, nahezu kernfreien Teil einer Zwiebelwurzel frisch herausgeschnittenes Stück gebracht. Abstand 10 mm. Dauer 90 Min. Dann werden beide Wurzeln, die induzierte und die dazwischengelegte, weiter verarbeitet und geschnitten.

Versuchsanordnung wie in Bild 71.

In der letzteren Wurzel waren überhaupt keine reifen Kerne zu finden. Bei der ersten, der dahinterliegenden Wurzel ergab sich ein positiver Induktionseffekt.

Ergebnis (15-μ-Schnitte):

Zugewendete Seite   47, 44, 30, 19, 27, 33, 21, 20, 30, 40, 27, 33, 20, 21, 27, 26, 28, 23, 22, 42,

Abgewendete Seite   32, 28, 20, 13, 18, 23, 27, 18, 18, 25, 24, 23, 18, 13, 15, 17, 27, 15, 22, 22,

27, 23, 26, 26, 30, 34, 34, 32, 36, 50, 47, 53, 57, 33, 56, 33, 35, 70.

27, 15, 29, 22, 20, 27, 18, 24, 21, 33, 32, 33, 36, 23, 46, 61, 33, 64.

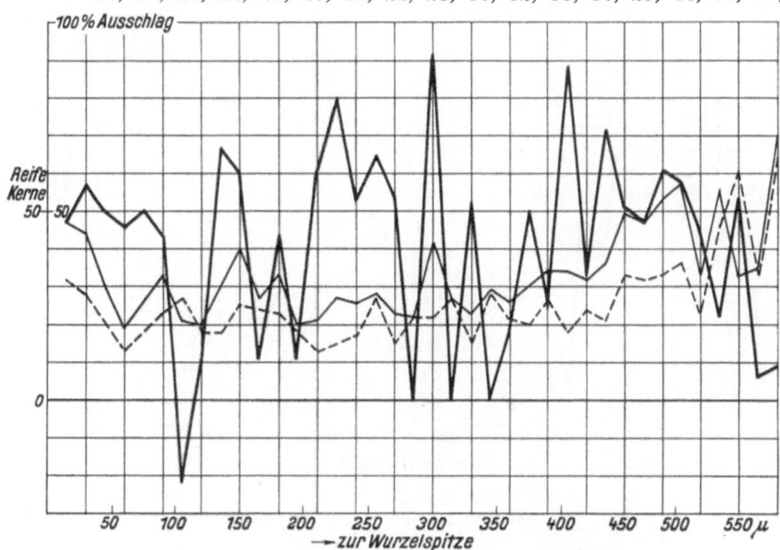

Bild 78. Ausschlagsdiagramm zu Versuch 43.

Resultat: Eine Wurzel, die keine teilungsfähigen Zellen enthält, ist anscheinend für die Strahlen durchgängig. In der zweiten hinter ihr gelegenen Wurzel ist die Wirkung deutlich feststellbar.

Versuch 45.

(3. XII. 1925.)

Wiederholung des Versuches zum Nachweis des Konzentrationseffektes.

Zwischen die Röhre mit Zwiebelsohlenbrei und die nicht abgetrennte Zwiebelwurzel wird genau in der Mitte der Röhrenöffnung ein Draht von 0,65 mm Durchmesser gelegt.

Dauer des Versuches 90 Min. Abstand 5 mm.

Ergebnis (15-μ-Schnitte):

Zugewendete Seite   32, 37, 47, 30, 47, **50, 62, 45, 45, 64, 54**, 65, 58, 72, 53, 89, 51, 52, 46, 46,

Abgewendete Seite   35, 48, 42, 43, 50, **34, 44, 44, 30, 45, 42**, 48, 31, 33, 43, 83, 45, 45, 58, 53,

53, 39, 47, 50, 50, 53, —, —, 64, 64, 53, 75, 48, 64, 62, 69, 66, 73, 66, —,

58, 46, 56, 70, 63, 64, —, —, 61, 61, 67, 63, 52, 64, 56, 57, 65, 77, 55, —,

112, —, 60, 77, 91, 71, 83, 79, 77, 85, 76, 98, 106, 93, 113, 106, 105, —,

117, —, 69, 76, 95, 77, 75, 83, 90, 78, 83, 110, 93, 96, 114, 109, 111, —,

105, **140, 141, 155, 116, 146, 134, 167**.

93, **118**, 95, **110**, 96, **110**, 89, **102**.

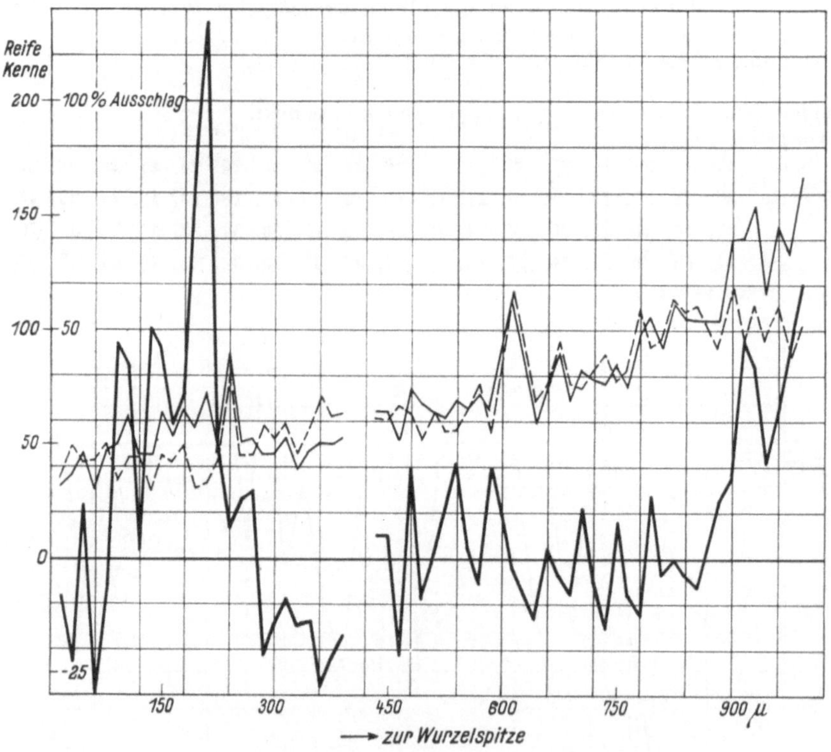

Bild 79. Ausschlagsdiagramm zu Versuch 45.

Resultat: Bestätigung des Versuches Nr. 37.

Versuch 46.

(3. XII. 1925.)

Zur Kontrolle des vorhergehenden Versuches wird derselbe unter genau den gleichen Bedingungen ohne Draht wiederholt.

Dauer 90 Min.   Abstand 5 mm.

Ergebnis (15-μ-Schnitte):

Zugewendete Seite 13, 26, 21, 19, 20, 41, 29, **30, 25, 24, 37, 34, 26, 33, 26, 27,**
Abgewendete Seite 12, 19, 19, 20, 16, 21, 31, **17, 16, 13, 26, 19, 11, 26, 14, 13,**

46, 33, 37, 38, 30, 41, 33, 28, 33, 43, 30, 44, 31.
19, 26, 25, 25, 17, 20, 25, 28, 19, 33, 24, 45, 40.

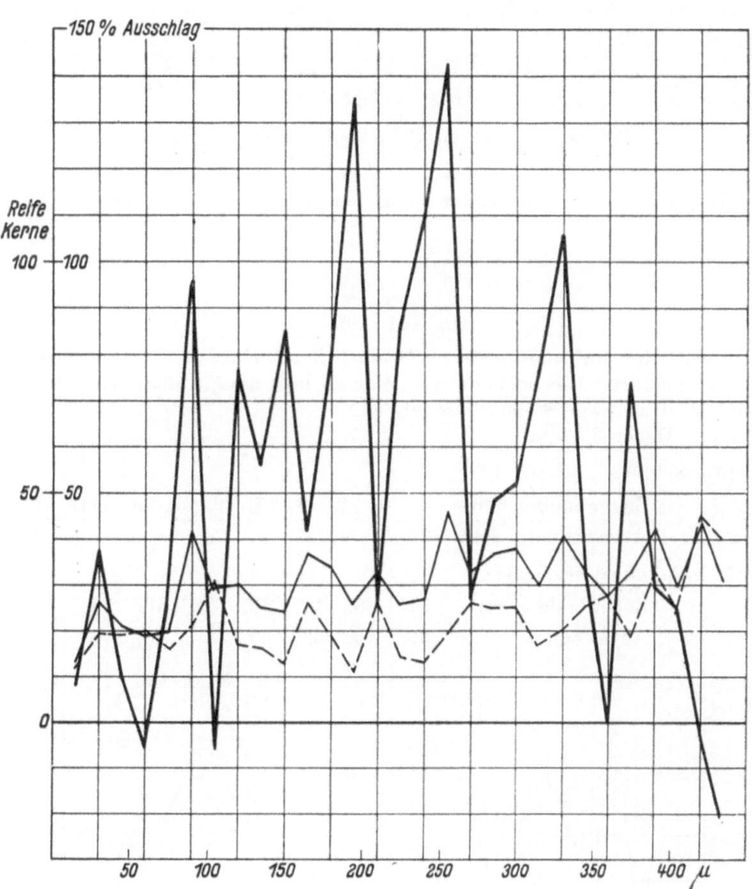

Bild 80.   Ausschlagsdiagramm zu Versuch 46.

(Der Abszissenmaßstab ist halb so groß wie in Bild 79.)

Resultat: Deutlicher Ausschlag in der Mitte der bestrahlten Zone.

Versuch 47.
(18. XII. 1925.)

Zur Klärung der Frage, ob im Grundversuch die Strahlen direkt aus der Sohle kommen oder ob vielleicht hierbei auch (oder vielleicht ausschließlich) das Strahlungsfeld der Wachstumszone in Frage kommt, werden sehr viel Wurzelspitzen von A. c. abgeschnitten und der daraus hergestellte Brei, in eine Röhre eingeführt, zur Induktion verwendet.

Dauer 90 Min. Abstand 5 mm.

Ergebnis (bestrahlte Zone, 15-μ-Schnitte):

Zugewendete Seite   21, 18, 11, **11, 20, 16, 24, 21, 28, 25, 23, 27, 26, 20, 32, 32, 35, 27, 26,** 31.

Abgewendete Seite   10, 11, 10,   8, **11,   8, 12, 11, 19,   9, 14, 18, 14, 16, 14, 20, 21, 15, 24,** 26.

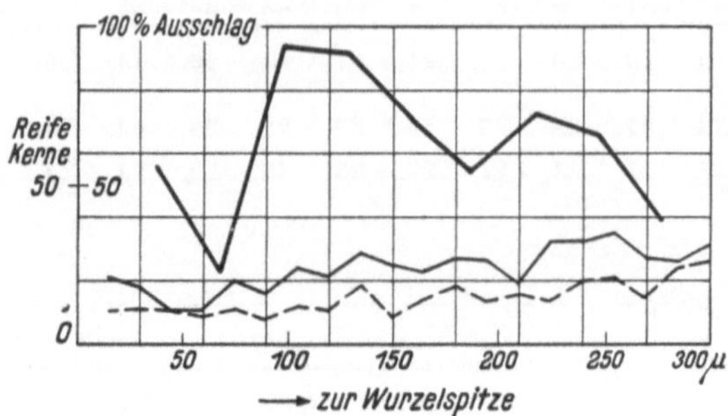

Bild 81. Ausschlagsdiagramm zu Versuch 47.

Resultat: Wurzelspitzen in genügender Menge zu Brei zerquetscht, senden Strahlen aus.

Versuch 49.
(20. XII. 1925.)

Zwiebelsohlenbrei wird auf narkotisierte Zwiebelwurzel eingestellt. Die Narkose wird durch Chloralhydrat 1% ausgeführt. Die narkotisierte Wurzel liegt unmittelbar vor der Röhrenöffnung, quer zu dieser und wird an zwei Stellen geschnitten.

Abstand 25 mm. Dauer 30 Min.

Ergebnis (15-μ-Schnitte): Stelle I:

Zugewendete Seite   3,   4,   6,   4,   7,   9,   7,   3,   11,   5,   8.

Abgewendete Seite   3,   7,   4,   5,   7,   7,   6,   6,   11,   4,   8.

(15-μ-Schnitte) Stelle II:

Zugewendete Seite   37,   48,   40,   46,   41,   40,   39,   48.

Abgewendete Seite   36,   46,   33,   39,   45,   43,   46,   49.

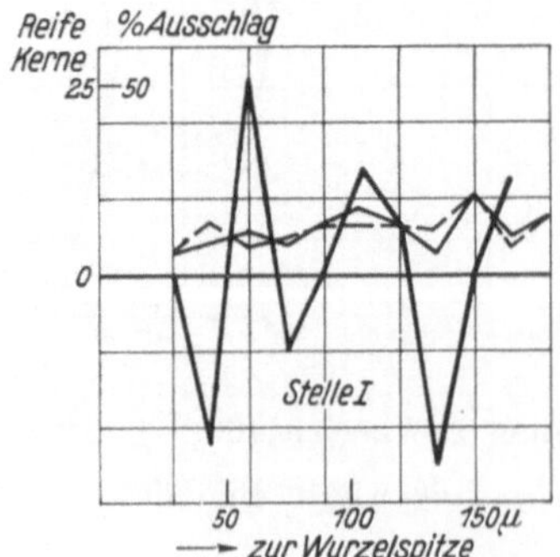

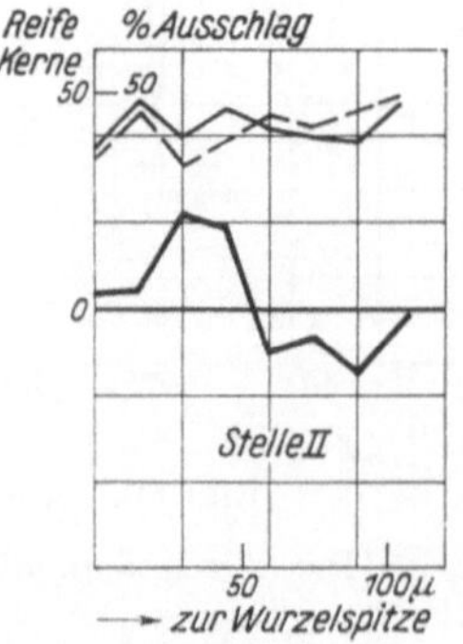

Bild 82. Ausschlagsdiagramm zu Versuch 49.

Resultat: An narkotisierten Wurzeln kann kein zellteilungsfördernder Effekt erzielt werden.

Versuch 50.
(29. XII. 1925.)

Der Induktionsversuch mit Sohlenbrei auf nicht abgetrennte Wurzel wird in völliger Dunkelheit ausgeführt. Letzter Versuch mit dem ersten Apparat.

Dauer 120 Min. Abstand 20 mm.

Ergebnis (15-μ-Schnitte):

Zugewendete Seite   99,   90, 89, 83, 92, 99, 71,   95, 81, 88, 77, 77, 91, 102, 114, 108, 111, 125.

Abgewendete Seite   99, 102, 87, 99, 84, 96, 81, 86, 98, 92, 86, 86, 80, 124, 123,   93, 113, 110.

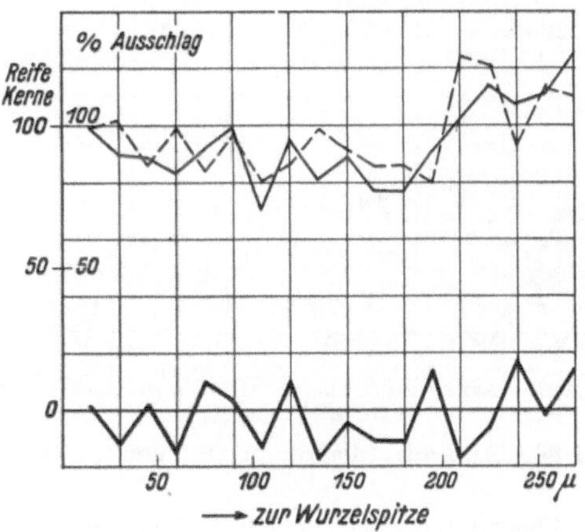

Bild 83. Ausschlagsdiagramm zu Versuch 50.

Resultat: Beide Seiten sind ganz gleich. Im Dunkeln strahlt der Sohlenbrei nicht.

Versuch 55.
(8. I. 1926.)

Feststellung der Durchlässigkeit von Glas für die Strahlen. Induktion von Sohlenbrei auf zwei Schwesterwurzeln. Vor einer der beiden Wurzeln (Versuch 55b) liegt eine Glaslamelle von 20 μ Dicke. Erster Versuch mit dem zweiten Apparat.

Abstand 40 mm. Dauer 20 Min., danach 30 Min. in Wasser.

Versuch 55a. (Kontrolle.)

Ergebnis (15-μ-Schnitte):

Zugewendete Seite 24,   26, 17, 25, **24**, **29**, **37**, —, **17**, **41**, **30**, **34**, —, —, —, **32**,

Abgewendete Seite 24,   30, 17, 27, 18, 21, 19, —, 10, 19, 14, 24, —, —, —, 18,

          33, **30**, **34**, **33**, —, **36**, —, **33**, **40**, **21**, **45**, **31**, **26**, 27, 29, 28.

          27, **18**, **15**, **29**, —, **30**, —, **23**, **16**, **12**, **18**, **18**, **17**, 25, 25, 29.

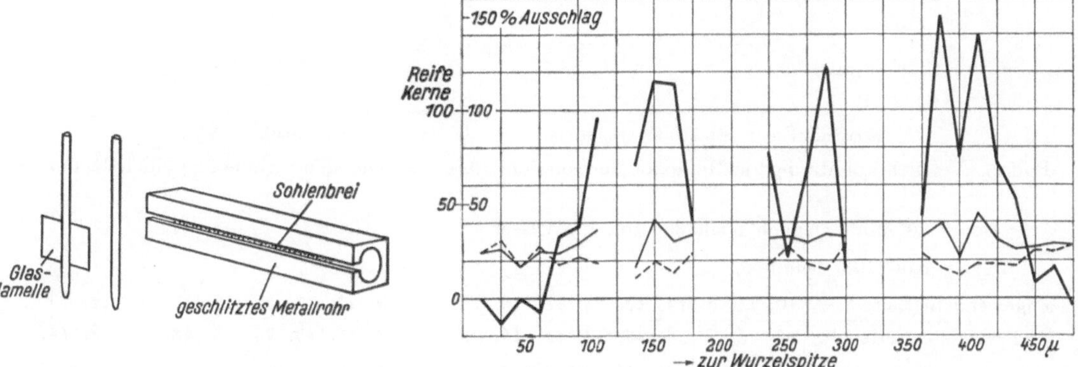

Bild 84. Versuchsanordnung.   Bild 85. Ausschlagsdiagramm zu 55a.

Versuch 55b. (Hinter Glaslamelle.)

Ergebnis (15-μ-Schnitte):

Zugewendete Seite 41, 46, 49, 47, 39, 41, —, 44, 54, 48, 30, 40, 43, 42, —, **35,**
Abgewendete Seite 48, 46, 58, 41, 41, 38, —, 41, 48, 53, 24, 34, 47, 42, —, **25,**

47, 58, 39, 32, 44, 37, 33, 35, 40, 41, 36, 40, 33, 24, 40, —,
33, 34, 31, 36, 31, 33, 23, 18, 34, 33, 30, 29, 25, 26, 38, —,

38, 31, 33, —, 23, 32, 29, 31, 21.
31, 21, 28, —, 21, 30, 30, 36, 20.

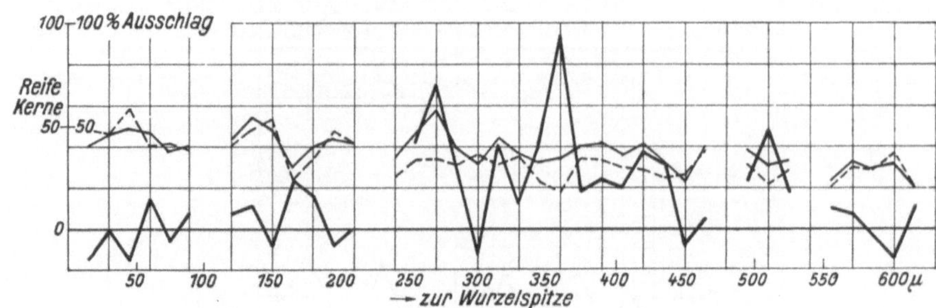

Bild 86. Ausschlagsdiagramm zu Versuch 55b.

Resultat: Die Strahlen gehen durch Glas von 20 μ Dicke durch.

Versuch 57.
(12. I. 1926.)

Erster Reflexionsversuch. Zweiter Apparat. Reflexion an einem Objektträger aus Glas von 1,5 mm Stärke. (S. auch Bild 27.)

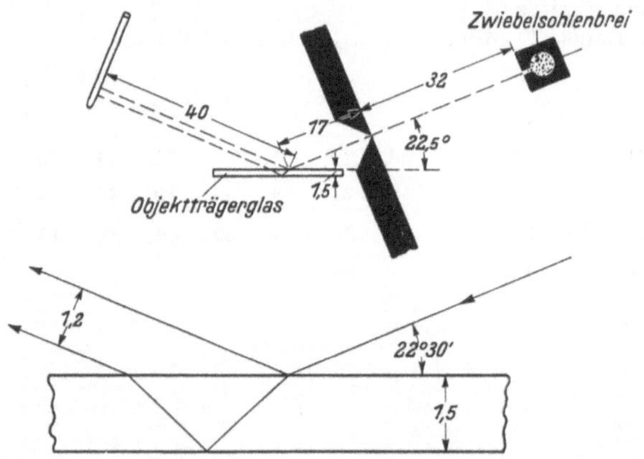

Konstruktion des Strahlenganges für einen Brechungsexponenten des Glases $n = 1,56$.

Bild 87. Versuchsanordnung zur Reflexion der von Sohlenbrei ausgehenden Strahlen zu einer Glasplatte.

Dauer 20 Min. Danach noch 30 Min. in Wasser.

Ergebnis (10-μ-Schnitte):

Zugewendete Seite   8, 10, 11, 5, **14, 19, 24,** 18, **20, 22, 25,** 19, **17, 13,** 18, 15, 19, —, **24, 26,**
Abgewendete Seite 10, 7, 5, 7, **4, 10, 13, 11, 11,** 9, 6, 8, **11,** 10, 14, 9, 12, —, **8, 11,**

17, 13, 16, 20, 16, 19, 20, 14, 13, 16, 11, 15, 6, 8, 11,
14, 14, 10, 13, 5, 13, 17, 8, 10, 14, 13, 12, 6, 8, 18,

in weiteren 86 Schnitten kein Ausschlag, dann 10, 14, 11, 21, 15, 13, **18, 17, 14, 21, 21, 12, 20,**
14, 14, 17, 11, 14, 12, 11, 12, 12, 8, 13, 9, 15,
10, 15, —, —, **18, 13,** 13, 10, —, —, —, 14.
7, 9, —, —, **9, 4, 18, 5,** —, —, —, 11.

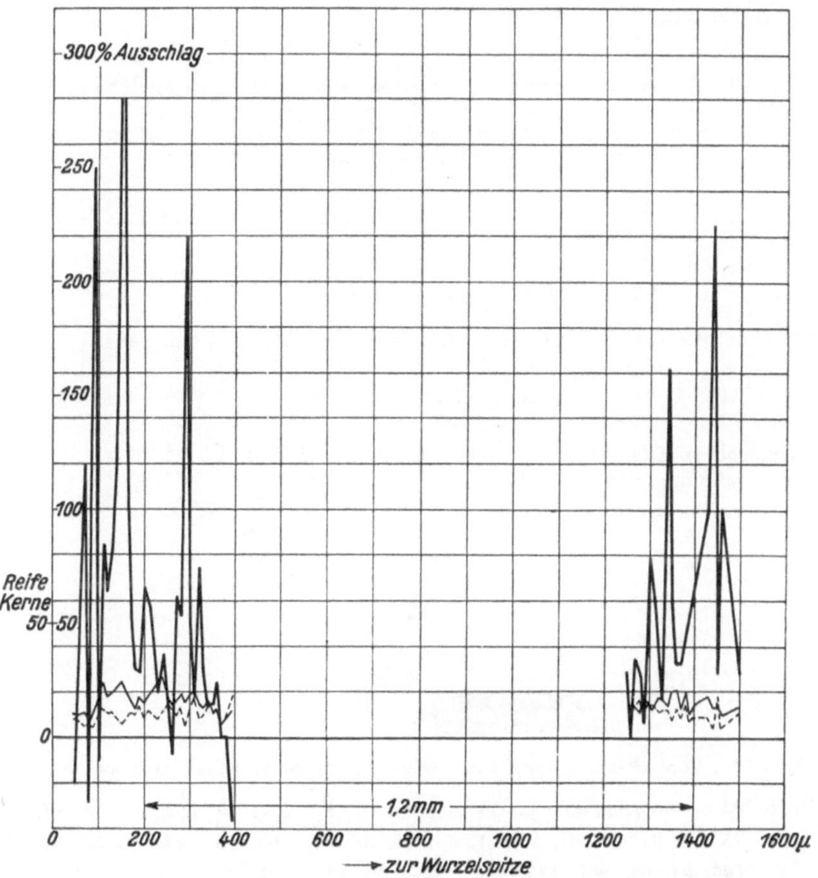

Bild 88. Ausschlagsdiagramm für Versuch 57. Die beiden Ausschlagszonen waren durch einen ausschlagsfreien Bereich getrennt, der nicht dargestellt ist.

Resultat: Reguläre Reflexion an Glas. Man sieht deutlich die Reflexion an beiden Flächen des Objektträgers, den ersten Ausschlag der oberen Flächen, den zweiten der unteren Fläche entsprechend. Damit ist auch der Durchgang durch etwa 3 mm dickes Glas bewiesen.

Versuch 58.
(16. I. 1926.)

Offene Kohlebogenlampe (etwa 100 Watt) auf zwei Zwiebelwurzeln eingestellt. Vor den Wurzeln ein Spalt von etwa 0,1 mm. Abstand 20 cm. Dauer 30 Min.

Ergebnis (15-μ-Schnitte):

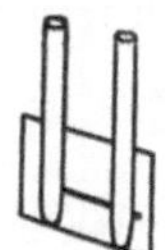

Bild 89. Versuchsanordnung zum Versuch 58.

Zugewendete Seite 13, 21, 20, —, 17, 18, 20, 20, 22. 19, 25, 12, 19, 27, 22, 17,
Abgewendete Seite 14, 25, 23, —, 18, 23, 20, 24, 20, 22, 29, 13, 22, 23, 29, 15,
 19, 23, —, 21, —, 18, 13, 17, 15, 24, 22, 20.
 22, 26, —, 25, —, 20, 14, 19, 25, 18, 22, 24.

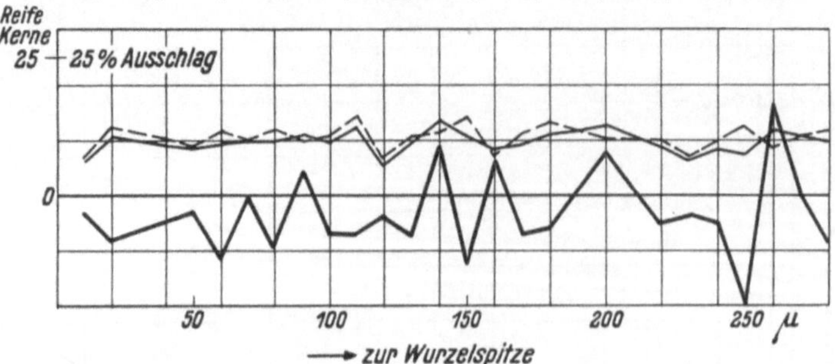

Bild 90. Ausschlagsdiagramm zu Versuch 58.

Resultat: Eine offene Kohlebogenlampe übt keine Induktionswirkung aus.

Versuch 59.
(17. I. 1926.)

Reflexionsversuch an Quecksilber. Zwiebelsohlenbrei auf Wurzel.
Maße nach Abbildung. Dauer 45 Min.
Ergebnis (15-μ-Schnitte):

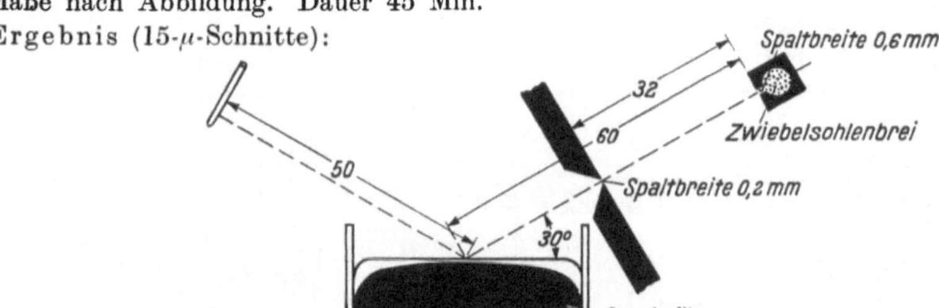

Bild 91. Versuchsanordnung zur Reflexion der Strahlen an Quecksilber.

Zugewendete Seite 63, —, 61, 69, 68, 92, 79, —, 88, 87, 83, 111, 96, 101, —, 80, 84, 100, 86, 90,
Abgewendete Seite 73, —, 68, 60, 81, 94, 51, —, 66, 58, 47, 63, 68, 44, —, 52, 64, 73, 67, 50,
106, 94, 89, 123, 125, 140, 122, 139, 132, 129, 127, 122, —, 138, 136, 142, 126.
86, 57, 58, 94, 97, 96, 85, 103, 119, 126, 128, 131, —, 138, 126, 152, 141.

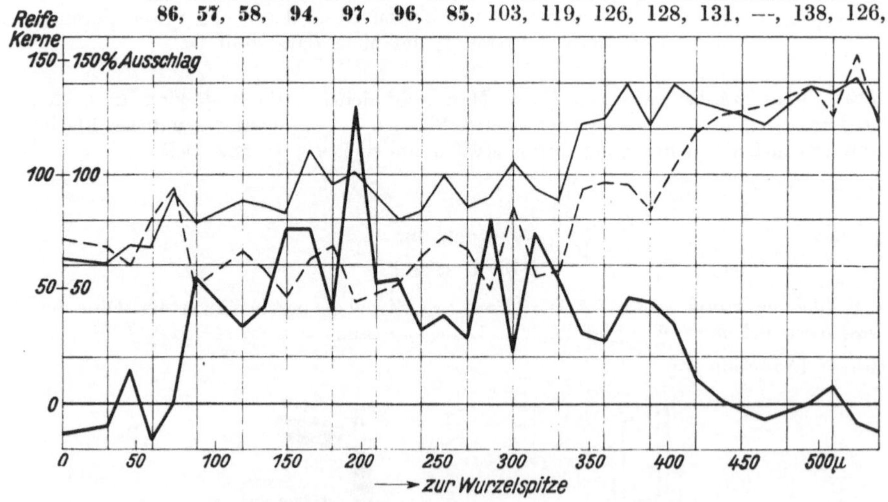

Bild 92. Ausschlagsdiagramm zu Versuch 59.

Resultat: Reguläre Reflexion an Quecksilber.

Versuch 60.
(17. I. 1926.)

Brechungsversuch. Zwiebelsohlenbrei auf Zwiebelwurzel. Die Strahlen gehen durch eine Wasserschicht, sie werden bei Eintritt und Austritt gebrochen und an einer darunterliegenden Quecksilberschicht reflektiert. Nach dem Versuch wurde diejenige Stelle festgestellt, in welcher ein vom Sohlenbreispalt ausgehender Lichtstrahl die Indikatorwurzel getroffen hätte und mit einem Tuschezeichen versehen. An dieser Stelle ergab sich ein starker Ausschlag.

Maße nach Abbildung. Dauer 30 Min.

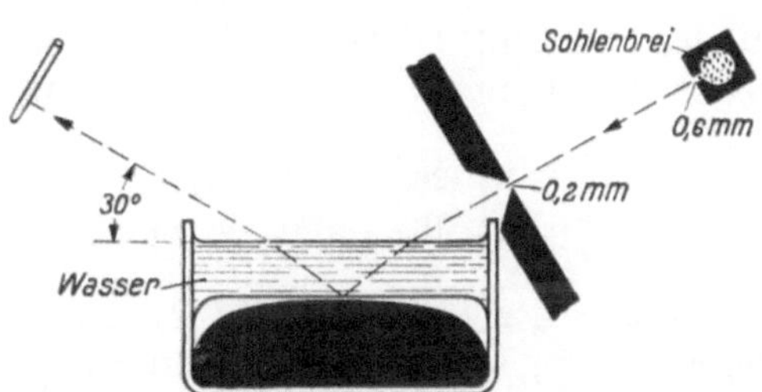

Bild 93. Versuchsanordnung.

Ergebnis (15-μ-Schnitte):

Zugewendete Seite	31,	41,	40,	31,	—,	26,	31,	31,	—,	30,	36,	34,	24,	27,	25,	35,
Abgewendete Seite	34,	31,	26,	23,	—,	22,	29,	21,	—,	19,	18,	17,	17,	13,	20,	21,
	21,	44,	34,	27,	23,	35,	29,	19,	—,	28,	35,	31,	31,	—,	33,	30.
	12,	22,	20,	22,	26,	16,	17,	14,	—,	24,	22,	21,	20,	—,	15,	24.

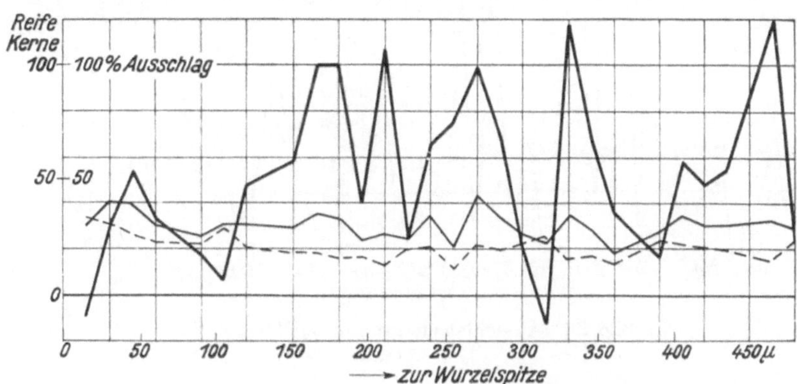

Bild 94. Ausschlagsdiagramm zu Versuch 60.

Resultat: Reguläre Brechung in Wasser und Reflexion an Quecksilber.

Versuch 65.
(28. I. 1926.)

Diffraktionsversuch. Strahlenquelle Zwiebelsohlenbrei auf Wurzel.

Alle Maße sind in der Abbildung ersichtlich. Spaltbreite etwa 15 μ. Dauer 60 Min.

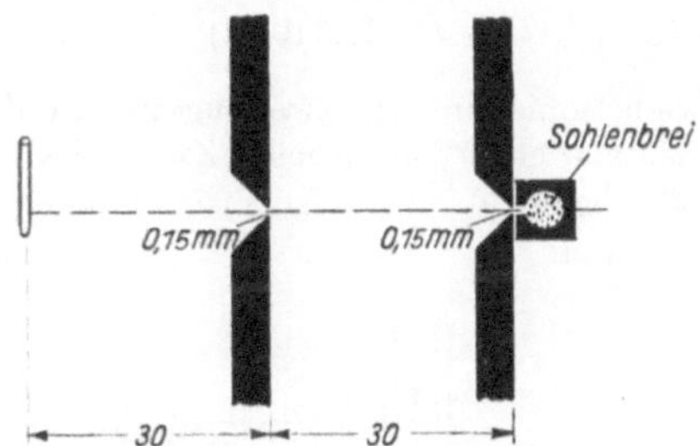

Bild 95. Versuchsanordnung.

(Die im Bild angegebene Spaltbreite gilt nicht für diesen Versuch, sondern für den Versuch zur Prüfung der geradlinigen Ausbreitung.)

Ergebnis (15-μ-Schnitte):

Zugewendete Seite   9, 8, 11, 7, 10, 10, 11, 14, 22, 11, 11, 9, 7, 8, 13, —, 12, 11, 15, 12,
Abgewendete Seite   9, 8, 11, 9, 11, 13, 12, 16, 16, 10, 12, 19, 11, 13, 12, —, 12, 12, 19, 11,

10, 10, 13, 14, 16, 15, 21, 10, 9, 10, 16, 16, —, 17, 12, 11, 15, 19, 11, 13,
10, 10, 9, 8, 21, 7, 14, 11, 4, 11, 10, 11, —, 11, 18, 17, 13, 14, 13, 13,

23, 21, 14, 14, 23, 16, 17, 14, 12, 12, —, —, 16, 24, —, 18, 22, 27, 11, 19,
12, 10, 13, 17, 11, 10, 18, 14, 12, 9, —, —, 16, 15. —, 18, 12, 14, 18, 15,

20, —, 24, 19, 15, 32, 26, —, 20, —, 13, —, 22, —, 18, 20, 26, 19, 22, 23,
13, —, 10, 9, 8, 24, 16, —, 20, —, 16, —, 16, —, 18, 18, 16, 17, 19, 19,

14, 28, 25, 20, —, 21, 31, 16, 26, 22, 24, 25, 21, 19, 27, 25, 27, 20, 19, —,
14, 15, 22, 15, —, 10, 19, 25, 27, 21, 10, 22, 26, 13, 21, 22, 21, 14, 18, —,

23, 25, 24, 24, 13, 28, 29, 29, 17, 23, 27, 28.
22, 23, 17, 26, 14, 18, 25, 24, 20, 20, 33, 35.

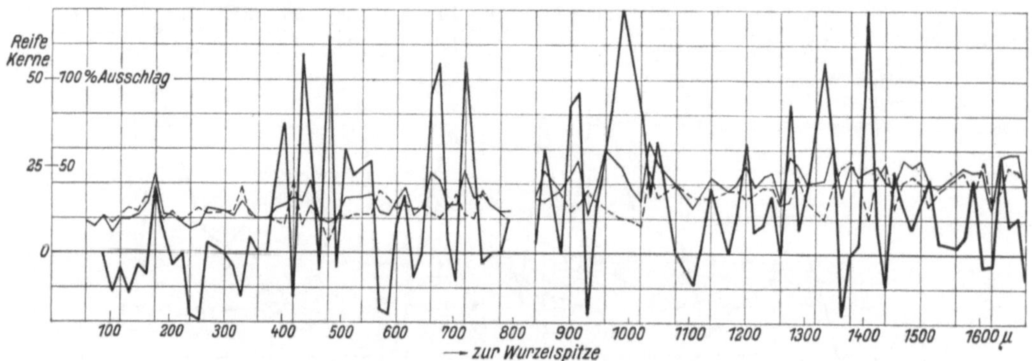

Bild 96. Ausschlagsdiagramm zu Versuch 65.

Resultat: Sehr breiter, schwacher und unregelmäßiger Ausschlag.

Versuch 68.
(4. II. 1926.)

Induktionsversuch mit Zwiebelsohlenbrei auf zwei abgetrennte Zwiebelwurzeln. Zwischen Wurzel und Spalt blaugefärbtes Uviolglas von etwa 1 mm Dicke. Zweck des Versuches: Feststellung der Durchlässigkeiten von Uviolglas für die Strahlen.

Dauer 30 Min. Abstand 25 mm.

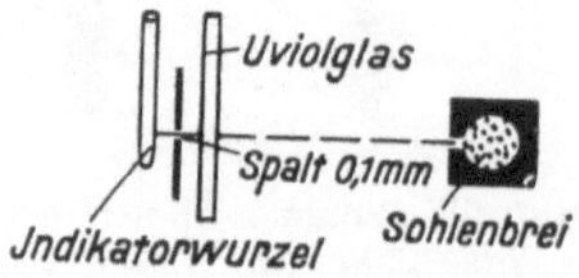

Bild 97. Versuchanordnung.

Ergebnis (15-μ-Schnitte):

Zugewendete Seite 24, —, 17, 22, **24,** —, **28, 35, 25, 25, 29,** —, **17, 24, 31, 29,**
Abgewendete Seite 29, —, 20, 25, **15,** —, **12, 17, 18, 18, 17,** —, **19, 8, 20, 17,**

25, —, **28,** 15, 21, —, —, 18, 23, 26, —, 21, 23, 26, 22.
21, —, **23,** 19, 27, —, —, 20, 19, 23, —, 14, 16, 24, 18.

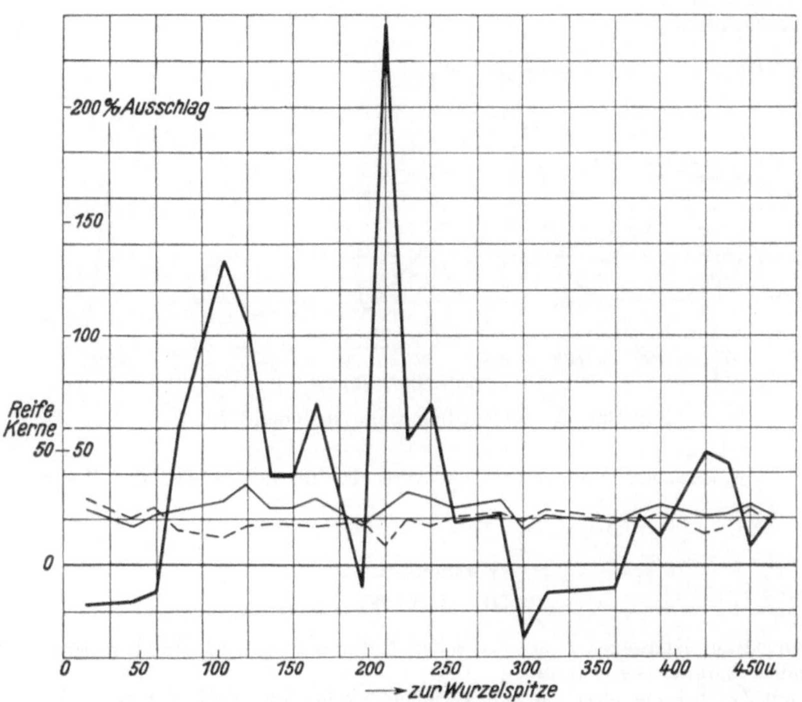

Bild 98. Ausschlagsdiagramm zu Versuch 68.

Resultat: Uviolglas ist für die Strahlen praktisch vollkommen durchlässig.

Versuch 70.
(7. II. 1926.)

Induktion mit Zwiebelsohlenbrei auf zwei Zwiebelwurzeln. Zwischen Spalt und Wurzeln liegt ein Absorptionsgefäß (2,5 mm starke Glasplatten).

Abstand 50 mm. Dauer 45 Min.

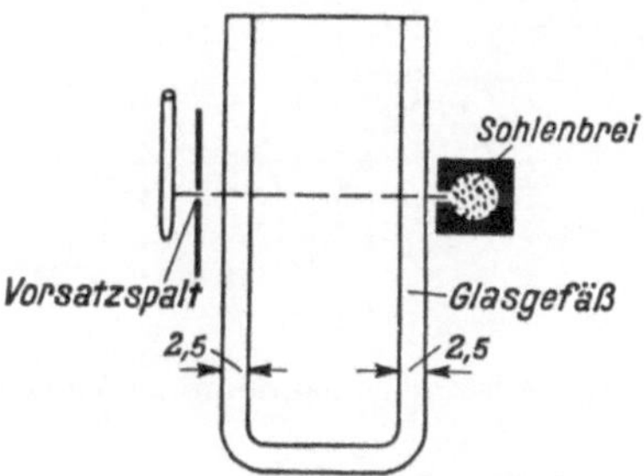

Bild 99. Versuchsanordnung.

Ergebnis (15-μ-Schnitte):

Zugewendete Seite	25,	33,	31,	34,	46,	44,	38,	49,	35,	24,	35,	35,	23,	28,	30,	37,
Abgewendete Seite	34,	30,	36,	33,	37,	36,	34,	40,	42,	27,	30,	19,	26,	25,	38,	34,
	—,	—,	27,	35,	32,	32,	38,	40,	33,	25,	39,	40,	35,	39,	26,	24.
	—,	—,	36,	29,	22,	22,	26,	30,	28,	28,	27,	25,	25,	27,	35,	27.

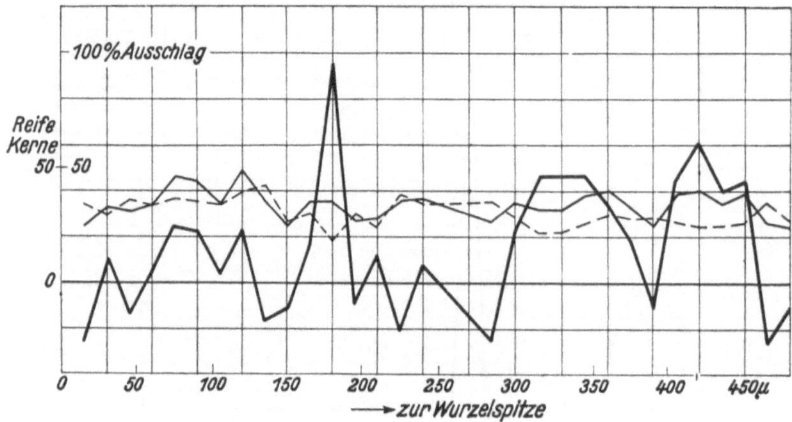

Bild 100. Ausschlagsdiagramm zu Versuch 70.

Resultat: Sehr schwacher, unregelmäßiger Ausschlag an der Grenze der Wahrnehmbarkeit.

Versuch 72.
(13. II. 1926.)

Untersuchungen zur Klärung der physikalischen Natur der Strahlen durch Absorptionsversuche in Substanzen mit bekannter Absorption.

Induktion mit Zwiebelsohlenbrei auf zwei Zwiebelwurzeln. Zwischen Wurzeln und Spalt ein Absorptionsgefäß mit p-Nitrosodimethylanilin. Versuchsanordnung in Bild 99.

Dauer des Versuches 45 Min. Abstand 55 mm.

Ergebnis (15-μ-Schnitte):

| Zugewendete Seite | 190, | 158, | 195, | 164, | 138, | 142, | 148, | —, | 171, | 146, | 156, | 182. |
| Abgewendete Seite | 189, | 139, | 167, | 155, | 152, | 156, | 146, | —, | 165, | 162, | 159, | 183. |

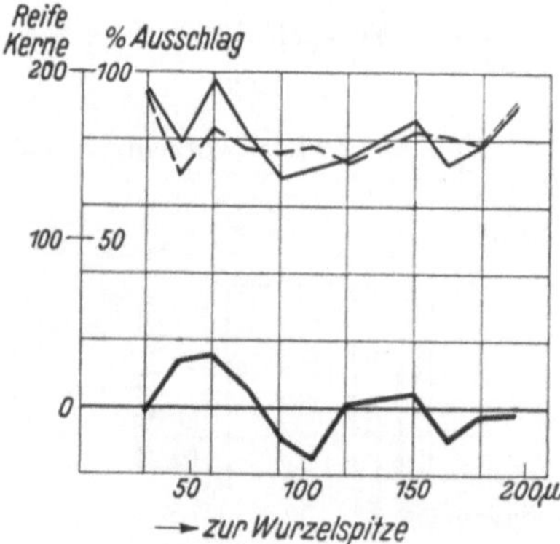

Bild 101. Ausschlagsdiagramm zu Versuch 72.

Resultat: Kein Ausschlag. Die Absorption ist aber wohl dem Glasgefäß zuzuschreiben, welches auch im vorhergehenden Versuch 70 verwendet wurde.

Versuch 74.
(14. II. 1926.)

Versuch zur Feststellung der Absorbierbarkeit der Strahlen in Gelatine.

Induktion mit Zwiebelsohlenbrei auf zwei abgetrennte Zwiebelwurzeln. Dazwischen zwei Gelatinehäutchen von je 0,1 mm Dicke. Anordnung wie in Bild 97.

Abstand 30 mm. Dauer des Versuches 40 Min.

Ergebnis (15-μ-Schnitte):

Zugewendete Seite   95, 104,   —, 104, 118,   82,   94,   —, 110, 115, 107,   —,   **97**,   —,

Abgewendete Seite   109, 101,   —, 107, 130,   99,   90,   —,   85, 103, 127,   —,   **80**,   —,

—,   **90, 108,   95,   94,   90,**   —,   —,   **75,**   92,   61,   88.

—,   **83,   75,   82,   73,   81,**   —,   —,   **51,**   95,   78,   90.

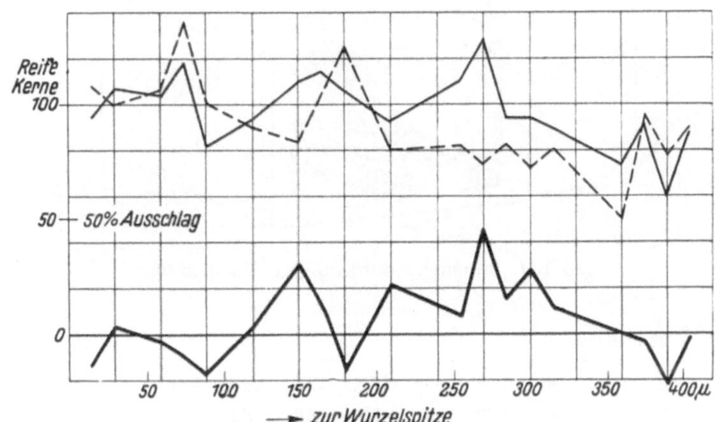

Bild 102. Ausschlagsdiagramm zu Versuch 74.

(Der Pfeil „zur Wurzelspitze‟ liegt irrtümlich falsch.)

Resultat: Schwache, aber deutlich wahrnehmbare Wirkung. Gelatine ist für die „mitogenetischen‟ Strahlen durchlässig.

Versuch 75.
(15. II. 1926.)

Absorptionsversuch.

Induktion mit Zwiebelsohlenbrei auf zwei Zwiebelwurzeln. Zwischen Spalt und Wurzeln Uviolglas von 1 mm Dicke + p-Nitrosodimethylanilin und Fuchsin in Gelatine, Dicke dieser Häutchen etwa 0,1 mm. Anordnung wie in Bild 97.

Dauer des Versuches 45 Min. Abstand 30 mm.

Ergebnis (15-μ-Schnitte):

Zugewendete Seite 34, 50, 44, 50,   —, **48, 49,**   —, **50, 56, 39, 40, 40,**   —, **45, 44, 52,**   —, 39, 32, 37.

Abgewendete Seite 38, 55, 30, 48,   —, **36, 32,**   —, **40, 41, 35, 31, 34,**   —, **33, 32, 32,**   —, **28,** 34, 38.

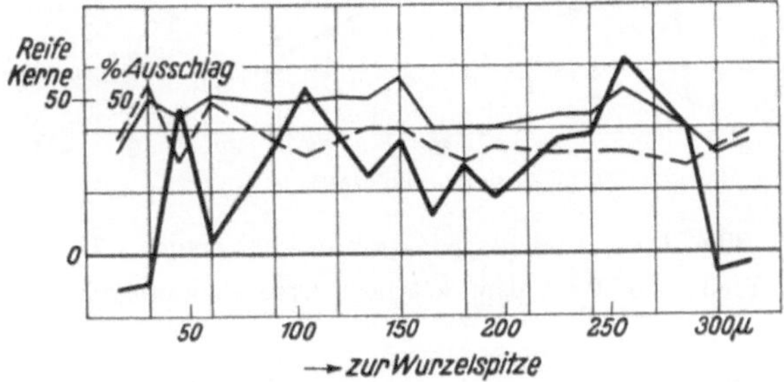

Bild 103. Ausschlagsdiagramm zu Versuch 75.

Resultat: Die Strahlen gehen durch Uviolglas + Gelatine + Fuchsin + p-Nitrosodimethylanilin durch.

Versuch 77.

(25. II. 1926.)

Induktion von Zwiebelsohlenbrei auf Zwiebelwurzel. Die Induktion wurde in einer Kassette vorgenommen, in die nur sichtbares Licht einfiel. Das Ultraviolett des Tageslichtes wurde durch ein Filter von Paraffinöl (65 mm dick) absorbiert. Dauer des Versuches 45 Min. Abstand 15 mm.

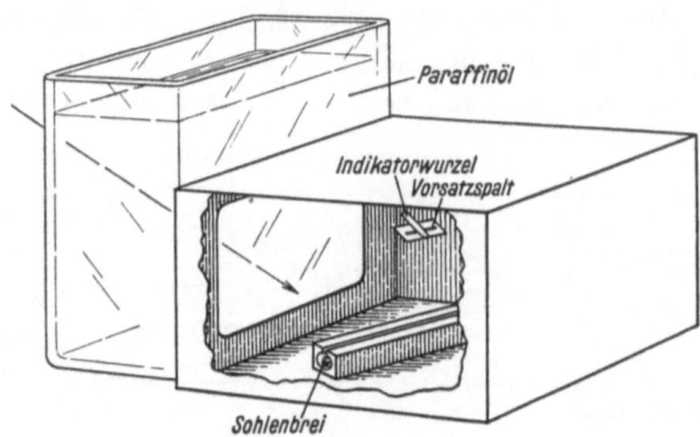

Bild 104. Versuchsanordnung zu Versuch 77.

Ergebnis (15-μ-Schnitte):

Zugewendete Seite 83, —, 106, 108, 93, **152, 120, 116, 100,** —, **97,** —, **111,** —

Abgewendete Seite 67, —, 101, 103, 84, **79, 69, 82, 74,** —, **66,** —, **60,** —,

100, —, **114, 112, 120,** —, **96, 98,** 90, —, —, —, —, 78.

71, —, **88, 90, 72,** —, **70, 70,** 77, —, —, —, —, 62.

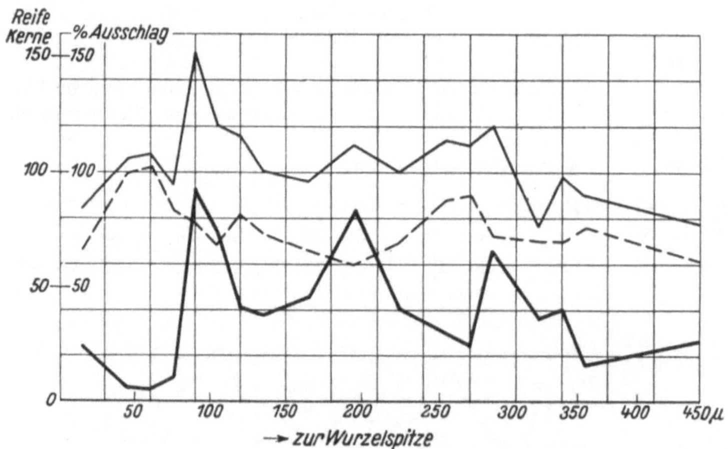

Bild 105. Ausschlagsdiagramm zu Versuch 77.
(Der Pfeil „zur Wurzelspitze" liegt irrtümlich umgekehrt.)

Resultat: Normalstarker Ausschlag. Zwiebelsohlenbrei strahlt auch bei Anwesenheit von nur sichtbarem Licht.

Versuch 79.
(6. III. 1926.)

Als Ergänzungsversuch zum vorherigen wird der Induktionsversuch von Zwiebelsohlenbrei auf Zwiebelwurzel bei Anwesenheit von nur ultraviolettem Licht.

Dauer des Versuches 45 Min. Abstand 20 mm.

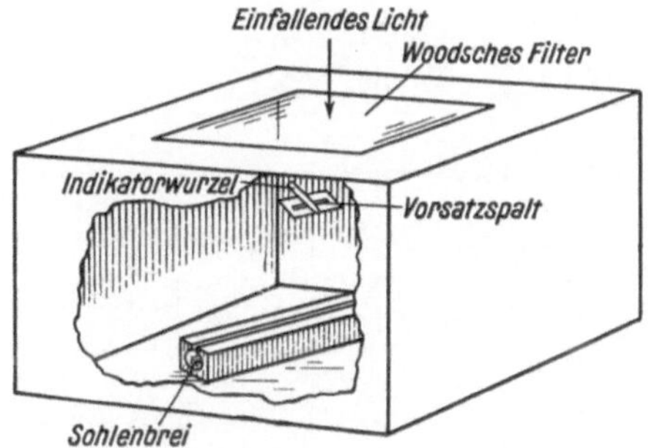

Bild 106. Versuchsanordnung zu Versuch 79.

Ergebnis (15-μ-Schnitte):

Zugewendete Seite   111, —, 103, 133, 104, 148, 141, 147, 136, 141, —, 150, 132, 165, 145.

Abgewendete Seite   106, —, 109, 120, 112, 154, 118, 120, 145, 143, —, 153, 128, 148, 164.

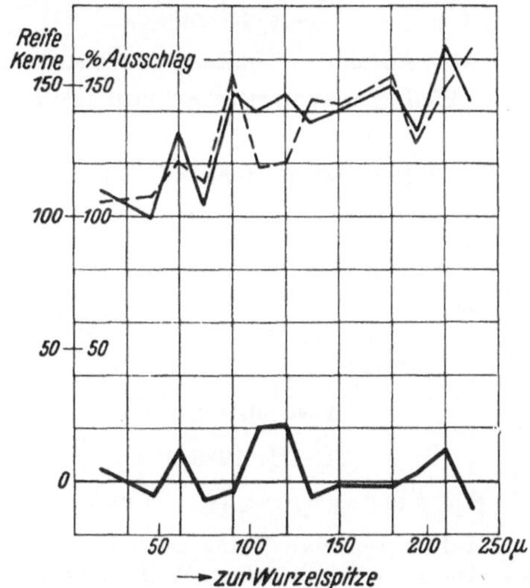

Bild 107. Ausschlagsdiagramm zu Versuch 79.

Resultat: Kein Ausschlag, Zwiebelsohlenbrei strahlt bei Anwesenheit von nur ultraviolettem Licht nicht. (Denkbar ist allerdings auch, daß die Intensität des aus dem Tageslicht im Zimmer einfallenden Ultravioletts zu klein war. Eine photographische Platte wurde allerdings in wenigen Sekunden geschwärzt.)

Versuch 82.
(14. III. 1926.)

Als Strahlungsquelle wird die mit einem glatten Schnitt freigelegte Sohle verwendet. Induktionsversuch auf zwei abgetrennte Wurzeln.

Dauer 60 Min. Abstand 10 mm.

Bild 108. Versuchsanordnung zu Versuch 82.

Ergebnis (15-μ-Schnitte):

| Zugewendete Seite | 78, | 66, | 69, | 82, | 81, | 72, | 52, | 68, | 71, | 54, | —, | 61, | 57, | —, |
| Abgewendete Seite | 83, | 63, | 78, | 72, | 74, | 67, | 78, | 76, | 93, | 49, | —, | 69, | 76, | —, |

73, 71, —, —, 51, 54.
53, 71, —, —, 56, 55.

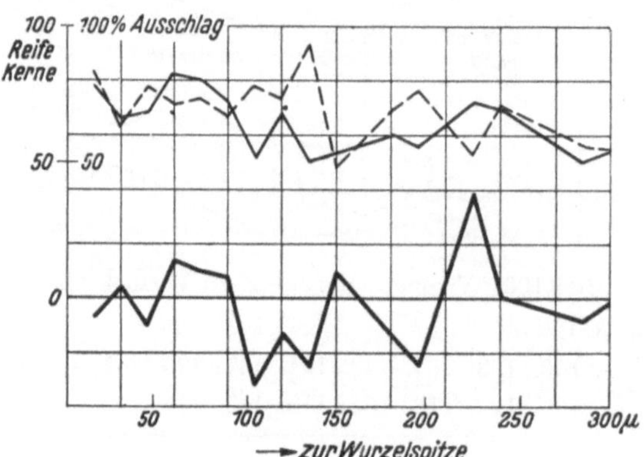

Bild 109. Ausschlagsdiagramm zu Versuch 82.
(Der Pfeil „zur Wurzelspitze" liegt falsch).

Resultat: Kein Ausschlag. Glatt abgeschnittene Sohle strahlt nicht.

Versuch 83.

(21. III. 1926.)

Spektroskopischer Versuch.

Zwiebelsohlenbrei wird unter Dazwischenschaltung eines Quarzprisma und einer Quarzlinse auf zwei Zwiebelwurzeln eingestellt. Die Lage der einzelnen Wellenlängen an der induzierten Wurzel wird in der Weise ermittelt, daß an Stelle der Brei enthaltenden Röhre zunächst eine Glühlampe hinter dem Spalt aufgestellt wurde. Die Breite des sichtbaren Spektrums von Mitte Rot bis Mitte Violett an der Wurzel ist etwa 2,5 mm. Bei der einen Wurzel wurde auf der entgegengesetzten Seite Mitte Violett, bei der anderen etwa Blau bezeichnet. Die Bezeichnungen sind nicht sehr genau. Danach wird bei unveränderter Apparatur die Breiröhre eingestellt.

Dauer des Versuches 45 Min.

Optik: Quarzprisma 60°, Kantenlänge 20 mm. Quarzzylinderlinse (Plankonvex) $f = 8$ mm.
Breite des Spaltbildes: etwa 1 mm.

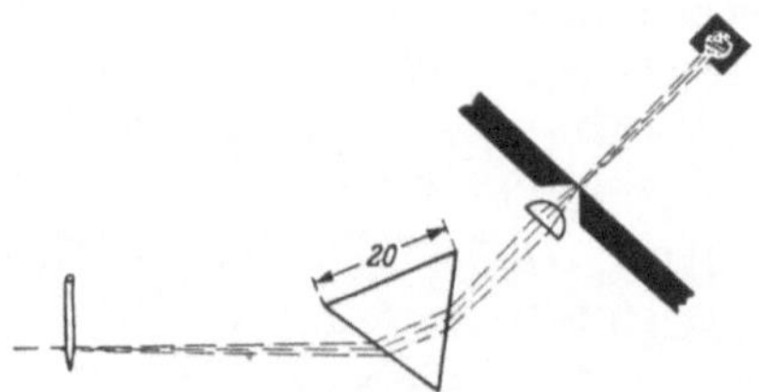

Bild 110. Versuchsanordnung zu Versuch 83.

Ergebnis (15-μ-Schnitte):

Zugewendete Seite   68,   57,   —,   59,   —,   75,   75,   —,   60,   52.
Abgewendete Seite   32,   47,   —,   36,   —,   54,   34,   —,   55,   52.

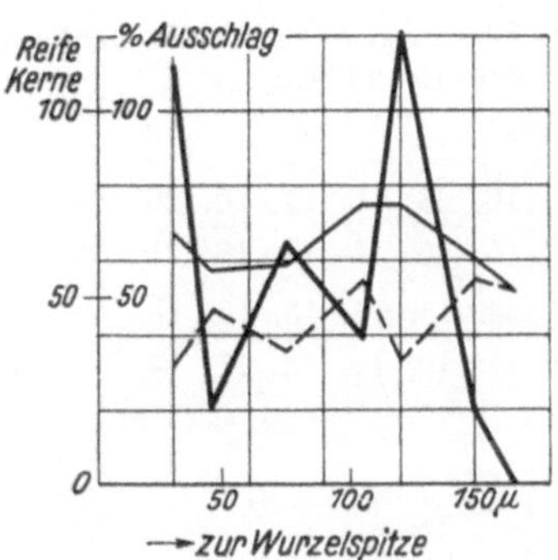

Bild 111. Ausschlagsdiagramm zu Versuch 83.

Resultat: Deutlicher Ausschlag etwas aufwärts vom Zeichen, also im Ultraviolett, nahe dem Violett. Die wirksamen Strahlen des Zwiebelsohlenbreies liegen anscheinend im langwelligen Ultraviolett.

Versuch 85.
(22. III. 1926.)

Wiederholung des Versuches 82. Die Sohle wird nicht ganz glatt, sondern durch viele Schnitte gründlich freigelegt.

Abstand 15 mm. Dauer des Versuches 60 Min.

Ergebnis (15-μ-Schnitte):

Zugewendete Seite   17,   35,   29,   —,   49,   35,   31,   30,   31,   34,   26,   37,   19,   23,   30,   22,
Abgewendete Seite   29,   29,   33,   —,   31,   28,   32,   22,   32,   29,   30,   25,   16,   20,   25,   21,

        25,   —,   34,   —,   29,   —,   47,   —,   —,   27.
        24,   —,   43,   —,   13,   —,   25,   —,   —,   29.

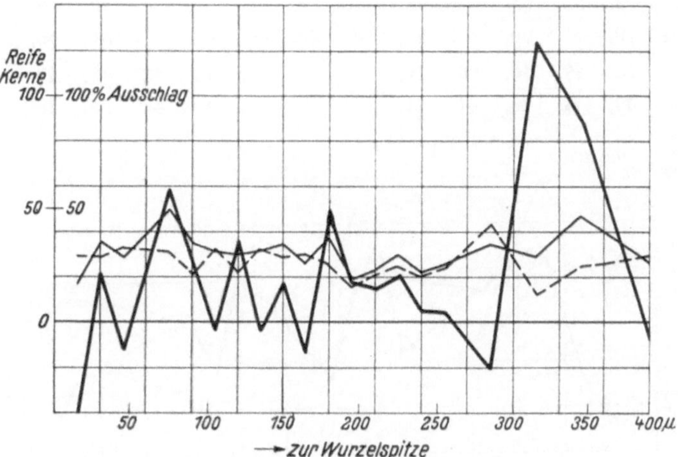

Bild 112. Ausschlagsdiagramm zu Versuch 85.

Resultat: Zweifelhafter, sehr unregelmäßiger Ausschlag. Läßt nicht mit Sicherheit auf positiven Effekt schließen.

Versuch 86.
(6. IV. 1926.)

Direktes, sehr starkes Sonnenlicht wird im Zwiebelversuch auf seine Induktionswirkung hin untersucht.

Durch einen dünnen Spalt fällt das direkte, starke Sonnenlicht auf eine Seite der Zwiebelwurzel. Dauer des Versuches 60 Min. Beginn: 11 Uhr.

Ergebnis (15-μ-Schnitte):

Zugewendete Seite   18, 19, 23, —, 16, 23, 16, 17, 20, 26, 28, —, —, 20, 26, 26, 17, —, 15, 23,

Abgewendete Seite   21, 17, 15, —, 15, 15, 14, 18, 19, 21, 19, —, —, 14, 21, 21, 19, —, 15, 18,

         22, 15, —, 16, 14, 15, 11, 18, 16, 18, —, 24, —, 16, 12.

         23, 12, —, 10, 17, 19, 14, 12, 17, 14, —, 23, —, 15, 10.

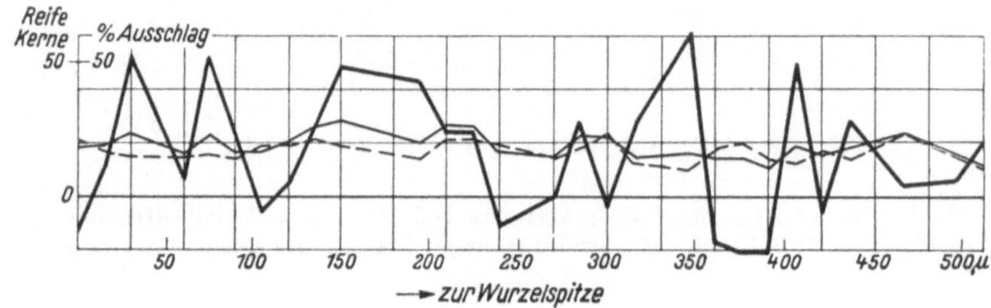

Bild 113. Ausschlagsdiagramm zu Versuch 86.

Resultat: Keine sicher positive Wirkung. Ausschläge sind sehr unregelmäßig und liegen im Bereiche der Fehlergrenzen.

Versuch 89.
(3. V. 1926.)

Zwiebelsohlenbrei auf zwei Zwiebelwurzeln durch einen Gelatinefilter von Auramin + Fuchsin (sauer) + p-Nitrosodimethylanilin. Anordnung wie in Bild 97. Dauer des Versuches 40 Min. Abstand 25 mm.

Ergebnis (15-μ-Schnitte):

Zugewendete Seite   73, 58, 65, —, 98, —, 50, —, —, —, 56, 69, 86, 61, —, —.

Abgewendete Seite   79, 51, 60, —, 57, —, 32, —, —, —, 50, 40, 56, 54, —, —,

         73, 67, 56, 56, 56, —, —, —, 56, 43, 48, 49.

         49, 41, 48, 41, 41, —, —, —, 49, 46, 58, 48.

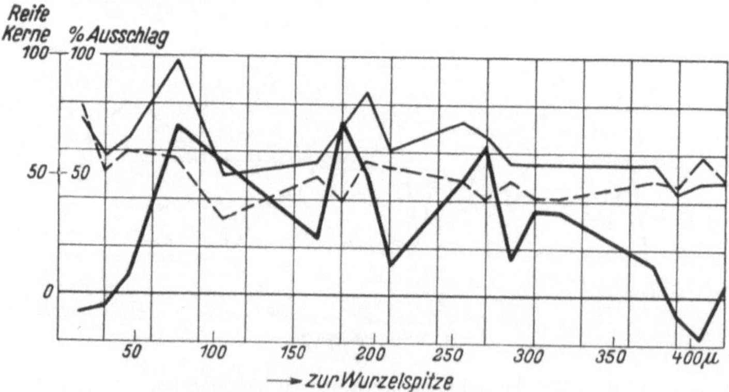

Bild 114. Ausschlagsdiagramm zu Versuch 89.

Resultat: Schwacher, aber deutlicher Ausschlag.

Versuch 90.
(4. V. 1926.)

Sonnenlicht durch ein Filter von Auramin + Fuchsin (sauer) + p-Nitrosodimethylanilin auf zwei Zwiebelwurzeln.

Dauer 30 Min.

Ergebnis (15-μ-Schnitte):

Zugewendete Seite   29, 24, 17, 24, —, —, 23, 30, —, 22, 19, **22, 25, 25, 29, 19, 27, 20, 26, 35,**

Abgewendete Seite   23, 24, 33, 29, —, —, 24, 18, —, 22, 24, **17, 18, 13, 19, 15, 15, 15, 10, 15,**

21, 30, —, 18, —, —, 19, 28, —, 24, 23, 29, 17, —, —, 17, 13, 13, 20.

17, 16, —, 13, —, —, 6, 21, —, 14, 16, 16, 20, —, —, 12, 17, 15, 19.

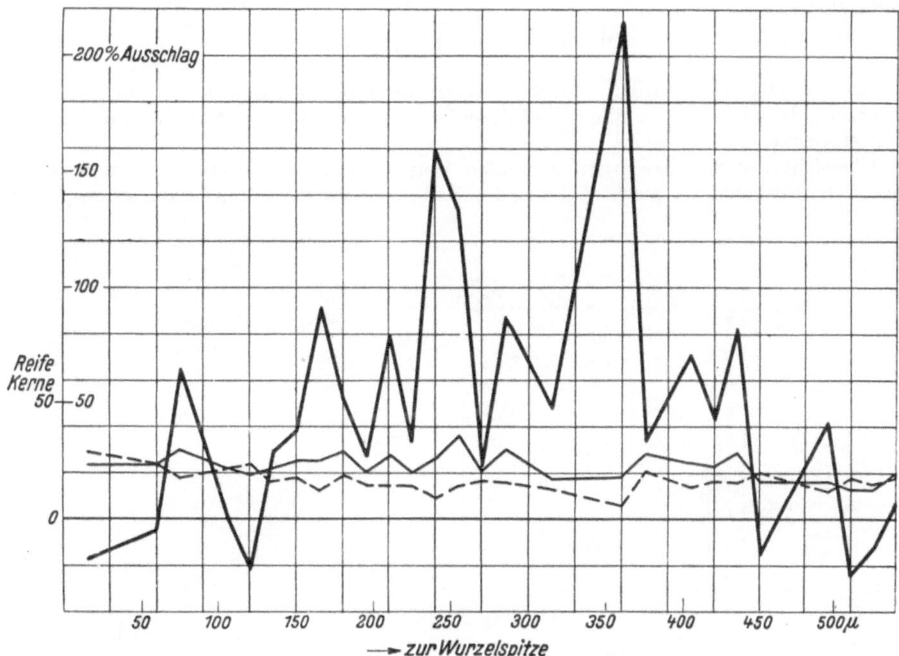

Bild 115. Ausschlagsdiagramm zu Versuch 90.

Resultat: Der durch Auramin + Fuchsin + p-Nitrosodimethylanilin eingeengte Teil des Sonnenspektrums (320—350 mμ) erzeugt einen starken Induktionseffekt.

Versuch 91.
(8. V. 1926.)

Spektroskopische Bestimmung der Wellenlänge der von Zwiebelsohlenbrei ausgehenden Strahlung.

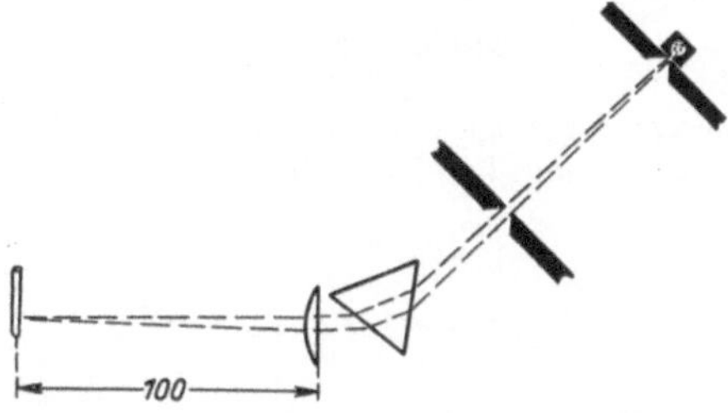

Bild 116. Versuchsanordnung zu Versuch 91.

Die Versuchsanordnung ist aus der Abbildung zu ersehen. Es wurde dasselbe kleine Quarzprisma verwendet wie in Versuch 83, als Linse aber diesmal eine sphärische Linse von etwa 8 cm Brennweite. In Ermangelung einer Kollimatorlinse mußte das Strahlenbündel durch einen Spalt sehr eingeengt werden, um ein scharfes Spektrum zu erhalten. Das Spektrum lag in der Weise, daß Rot näher der Spitze fiel als Violett.

Als Indikatoren dienten zwei abgetrennte Zwiebelwurzeln.

Dauer des Versuches 45 Min.

Die Markierung erfolgte nach dem Versuche in der Weise, daß das Spektrum einer Glimmlampe (Neon-Helium) auf die Wurzel entworfen wurde. Es wurden an beiden Wurzeln zwischen Gelb und Violett mit Tusche kleine Marken angebracht, deren Länge im Okularmikrometer zu 2 Teilstrichen festgestellt wurde. Es wurde noch abgelesen der Abstand von Gelb und violettem Ende, ferner der Abstand der Marken von Gelb (5 bzw. 1,5 Teilstriche). Ferner wurde an beiden Wurzeln noch je eine Marke angebracht und der Abstand von den anderen (Mitte zu Mitte) in Teilstrichen abgelesen.

Nach dem Schneiden der Wurzeln wurde zunächst der Abstand der Mitten der Bezeichnungen in Schnittzahlen (zu je 15 μ) festgestellt. Es ergab sich daraus der Umrechnungsfaktor von Teilstrichen auf Schnittzahlen zu

$$10 \text{ Teilstriche} = 125 \text{ Schnitte.}$$

Nun konnte festgestellt werden, daß die Marken die doppelte Länge hatten als unmittelbar nach der Markierung. Es wurde angenommen, daß diese Verwaschung sich ungefähr gleichmäßig nach beiden Seiten hin erstreckt.

Die Übersicht der Schnitte ergab in beiden Wurzeln äußerst schwache Ausschläge in wenigen Schnitten. Der Abstand dieser Ausschläge von den Enden der Markierungen betrug 38, resp. 90 Schnitte.

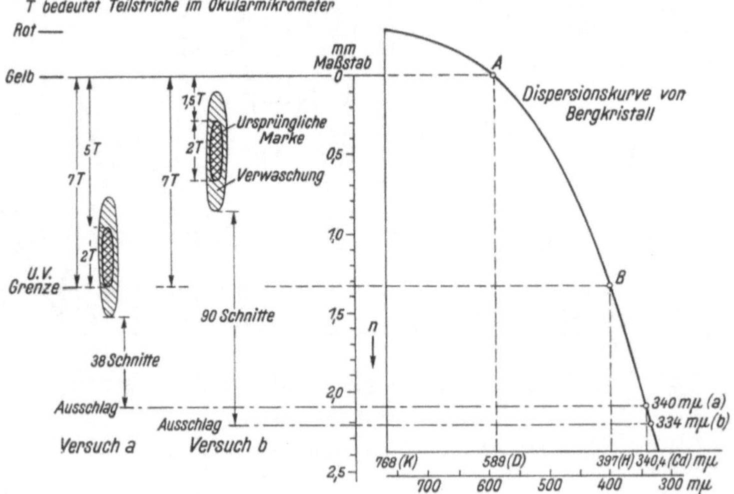

Bild 117.   Auswertung der Versuche 91a und b durch graphische Konstruktion.

Aus diesen Angaben konnte die Lage der Ausschläge relativ zu den beobachteten Spektrallinien festgestellt werden. Es ist dies in der Abbildung dargestellt. Mittels der bekannten Dispersionskurve des Quarzes konnten nun die Wellenlängen, die den Stellen der Ausschläge entsprechen, errechnet oder wie in Bild 117 dargestellt ist, durch Konstruktion gewonnen werden. Sie ergaben sich zu

$$\textbf{340} \text{ und } \textbf{334} \text{ m}\mu.$$

Die Übereinstimmung dieser Werte ist wohl besser als man nach dem viele Fehlerquellen enthaltenden Versuch erwarten durfte und kann als glücklicher Zufall angesehen werden (siehe auch Versuch 189 und 205).

Versuch 94.

(14. V. 1926.)

Kaulquappenkopfbrei, hergestellt aus den Köpfen von 12 Kaulquappen, wird im Dunkeln auf zwei Zwiebelwurzeln eingestellt.

Abstand 30 mm. Dauer des Versuches 30 Min.

Ergebnis (15-μ-Schnitte):

Zugewendete Seite   36, **44**, **45**, **38**, **41**, **31**, **42**, **36**, **33**, **44**, **32**, **33**, **29**, —, **51**, **40**, **37**, **32**, **41**, **34**,

Abgewendete Seite   34, **31**, **28**, **22**, **33**, 14, **35**, **24**, **18**, **24**, **25**, **21**, **18**, —, **17**, **20**, **22**, **18**, **18**, **19**,

28, —, —, **28**, **36**, **24**, **33**, **28**, —, **29**, 28, 21, —, —, 16, 27, 26.

26, —, —, **22**, **18**, **20**, **22**, **22**, —, **21**, 26, 22, —, —, 26, 19, 23.

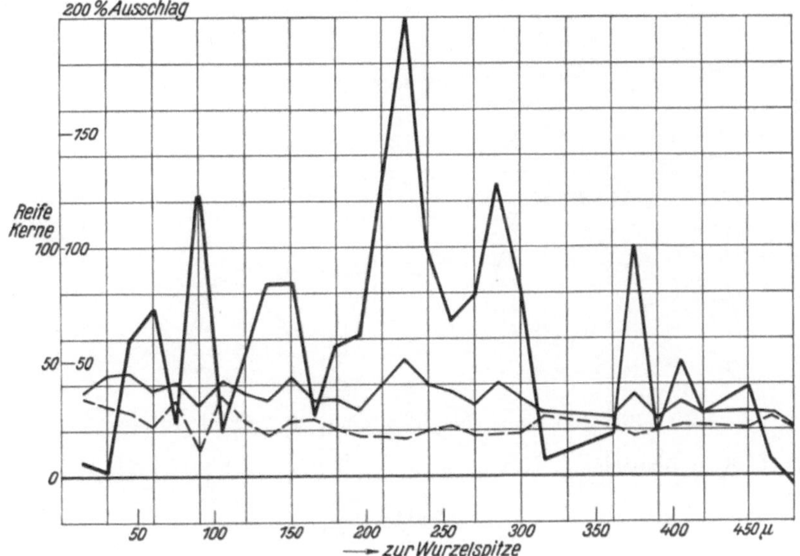

Bild 118. Ausschlagsdiagramm zu Versuch 94.

Resultat: Kaulquappenkopfbrei übt auch im Dunkel starke Induktionswirkung aus.

Versuch 96.
(10. VIII. 1926.)

Erster Versuch mit spektral zerlegtem Licht künstlicher Lichtquellen.

Die Wirkung der Linie 334 mμ einer Quarzquecksilberlampe (Jesionekbrenner) auf die Zwiebelwurzel wird mit dem großen Quarzspektrographen untersucht.

Versuchsanordnung nach Bild 119.

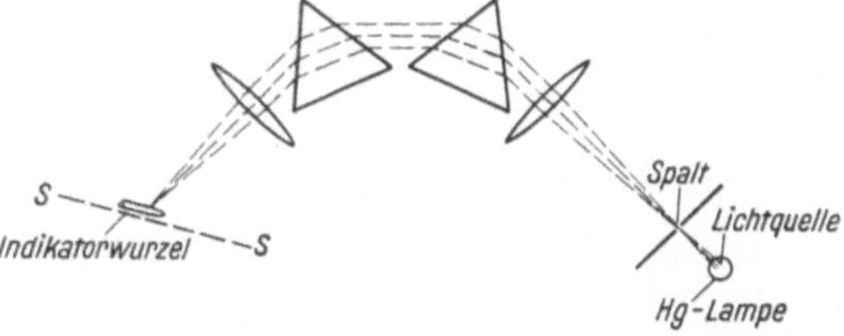

Bild 119. Versuchsanordnung zu Versuch 96 und auch für alle späteren Versuche mit monochromatischem ultravioletten Licht.

Dauer der Bestrahlung 30 Min.

Danach wird die Wurzel für eine halbe Stunde in Wasser gebracht und erst dann fixiert.

Resultat: In dem Gebiete, wo die Linie 334 mμ eingewirkt hat, erscheinen die Zellkerne, die nur sehr spärlich vorhanden sind, hell, klein und in Auflösung begriffen, die Zellgrenzen sind unscharf, das ganze Gewebe macht einen stark beschädigten Eindruck.

Versuch 101.
(21. X. 1926.)

Versuch mit dem großen Quarzspektroskop. Wirkung der Wellenlänge 365 mμ der Quecksilberbogenlampe (Jesionekbrenner).

Versuchsanordnung wie in Versuch 96 (Bild 119).

Dauer des Versuches 5 Min. Danach auf eine Stunde in Wasser gelegt.

Ergebnis (15-μ-Schnitte):

Zugewendete Seite   118, 141, 139, —, 151, 135, 136, —, 136, —, 140, 121, —, 130, 112.
Abgewendete Seite   108, 135, 154, —, 140, 125, 142, —, 126, —, 130, 116, —, 122, 115.

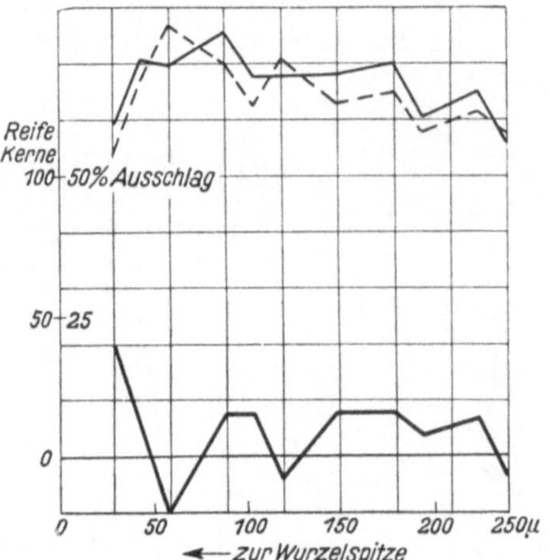

Bild 120. Ausschlagsdiagramm zu Versuch 101.

Resultat: Kein Ausschlag.

Versuch 102.
(21. X. 1926.)

Wirkung der Wellenlänge 365 mμ der Quecksilberbogenlampe.
Dauer der Einwirkung 15 Min.
Danach 45 Min. in Wasser.

Ergebnis (15-μ-Schnitte):

Zugewendete Seite 100, 105, 104, —, —, 117, 93, 92, 118, 117, 130, —. 115,
Abgewendete Seite 128, 101, 100, —, —, 111, 112, 110, 112, 132, 120, —, 112,
                   132, 112, —, 165, —, 150.
                   141, 139, —, 158, —, 172.

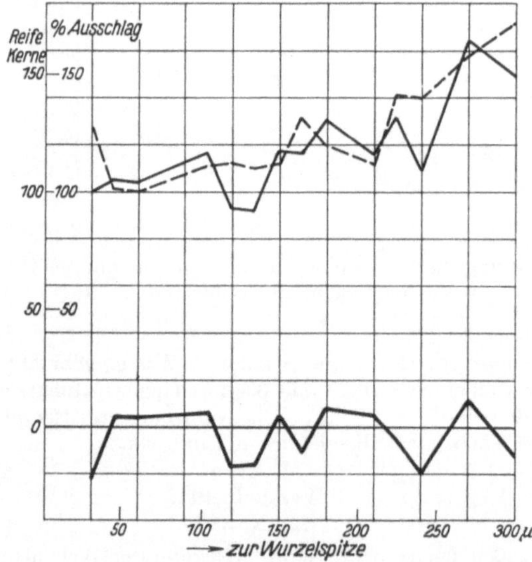

Bild 121. Ausschlagsdiagramm zu Versuch 102.

Resultat: Kein Ausschlag.

Versuch 103.
(21. X. 1926.)

Wirkung der Wellenlänge 365 mμ der Quecksilberbogenlampe auf die Zwiebelwurzel.
Dauer der Einwirkung 60 Min.
Ergebnis (15-μ-Schnitte):

Zugewendete Seite 83, 82, 82, 98, 110, 91, 101, 109, **108, 109,** —, **107, 101, 78,**
Abgewendete Seite 78, 87, 80, 85, 75, 102, 84, 107, **81, 86,** —, **89, 64, 70,**
114, 117, 126, 116, 118, 128, 122, 116, 132, 146, 135.
85, 86, 102, 96, 71, 77, 115, 110, 108, 95, 140.

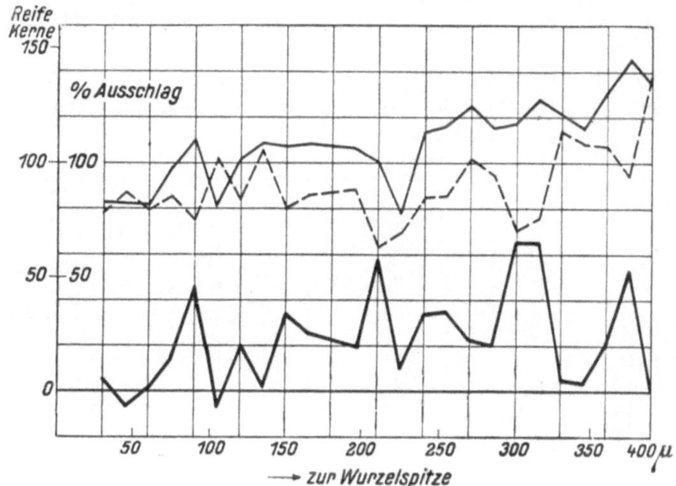

Bild 122. Ausschlagsdiagramm zu Versuch 103.

Resultat: Linie 365 mμ ergibt nach einer Stunde einen positiven Induktionseffekt.

Versuch 104.
(22. X. 1926.)

Wirkung der Wellenlänge 334 mμ der Quecksilberbogenlampe auf Zwiebelwurzel.
Dauer der Einwirkung 5 Min.   Danach 55 Min. in Wasser.
Ergebnis (15-μ-Schnitte):

Zugewendete Seite 73, 62, 69, 63, 52, 74, —, 57, 75, **81, 80, 87, 81, 71, 102,** —, —, **83, 89,** —,
Abgewendete Seite 67, 71, 74, 68, 72, 65, —, 61, 80, **69, 53, 74, 56, 61, 74,** —, —, **61, 75,** —,
82, 105, 89, 94, — **108, 90, 95.**
63, 77, 77, 67, — **102, 110, 107.**

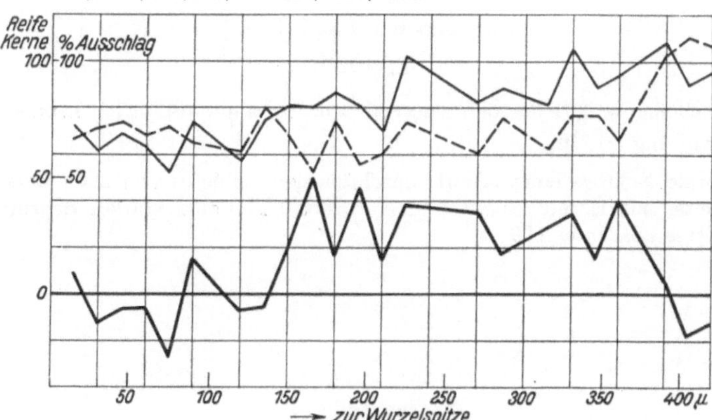

Bild 123. Ausschlagsdiagramm zu Versuch 104.

Resultat: Wellenlänge 334 mμ der Quecksilberbogenlampe übt bei unserer Versuchsanordnung in 5 Min. bereits starke Induktionswirkung aus.

Versuch 105.

(22. X. 1926.)

Wirkung der Wellenlänge 334 mμ der Quecksilberbogenlampe auf Zwiebelwurzel.
Dauer der Einwirkung 15 Min. Danach 45 Min. in Wasser.

Ergebnis (15-μ-Schnitte):

Zugewendete Seite	42,	63,	50,	66,	—,	60,	60,	54,	—,	54,	73,	67,	68,	103,	—,	—.
Abgewendete Seite	46,	40,	43,	56,	—,	45,	51,	45,	—,	41,	48,	41,	56,	57,	—,	—,
	85,	79,	78,	78,	83,	86,	—,	—,	—,	—,	—,	115,	—,	98.		
	49,	57,	47,	57,	58,	57,	—,	—,	—,	—,	—,	104,	—,	100.		

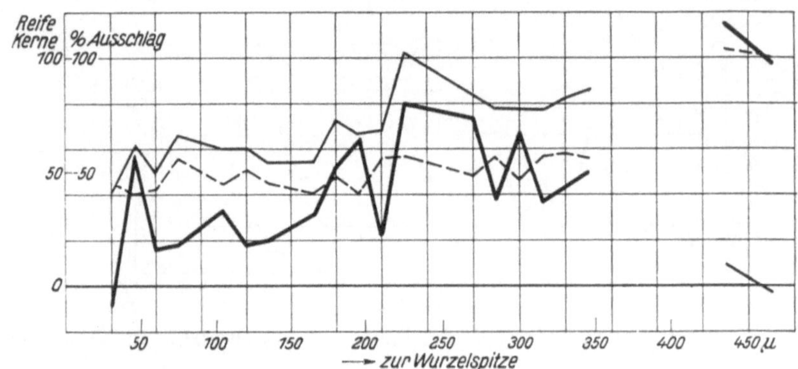

Bild 124. Ausschlagsdiagramm zu Versuch 105.

Resultat: Die Wellenlänge 334 mμ der Quecksilberbogenlampe übt nach 15 Min. Bestrahlungszeit auf die Zwiebelwurzel starke Induktionswirkung aus.

Versuch 106.

(25. X. 1926.)

Wirkung der Wellenlänge 334 mμ der Quecksilberbogenlampe auf Zwiebelwurzel.
Dauer der Einwirkung 60 Min.

Resultat: Totale Nekrose eines scharf umschriebenen Gebietes von etwa 6 Zellschichten auf
der zugewendeten Seite, mit Eiweißkoagulation, Kernzerfall und sehr starker Schrumpfung. Photographien eines Schnittes auf Tafel III.

Versuch 107.

(2. XI. 1926.)

Wirkung der Wellenlänge 313 mμ der Quecksilberbogenlampe auf Zwiebelwurzel.
Dauer der Einwirkung 5 Min. Danach 55 Min. in Wasser.

Ergebnis (15-μ-Schnitte):

Zugewendete Seite 26, —, 23, —, 23, —, 22, —, 28, 27, 22, —, 32, 29, 20, 18, 28, —, 25, 32.

Abgewendete Seite 32, —, 21, —, 31, —, 24, —, 25, 28, 34, —, 25, 30, 26, 20, 26. —, 23, 32.

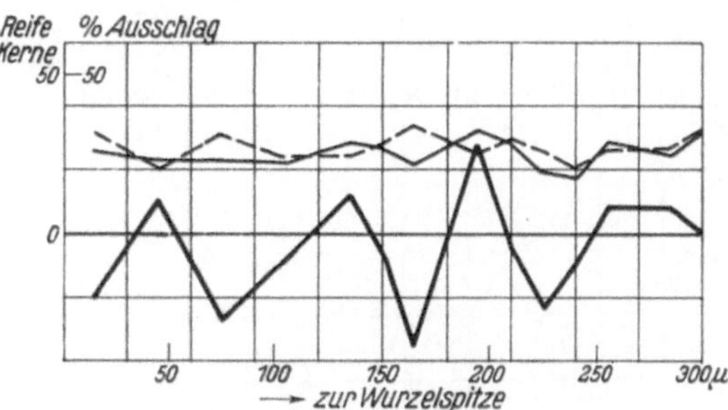

Bild 125. Ausschlagsdiagramm zu Versuch 107.

Resultat: Linie 313 mμ der Quecksilberbogenlampe übt nach 5 Min. Einwirkungszeit keine Wirkung auf die Zwiebelwurzel aus.

Versuch 109.
(2. XI. 1926.)

Wirkung der Wellenlänge 313 mμ der Quecksilberbogenlampe auf Zwiebelwurzel.
Dauer der Einwirkung 30 Min.

Ergebnis (15-μ-Schnitte):

Zugewendete Seite 116, 89, 93, 99, 102, —, —, 106, 96, 108, —, 129, —, 118,

Abgewendete Seite 92, 98, 77, 101, 97, —, —, 100, 104, 112, —, 106, —, 111,

119, —, 140, 114, 126, 146, 135, 151.

117, —, 131, 124, 135, 153, 142, 156.

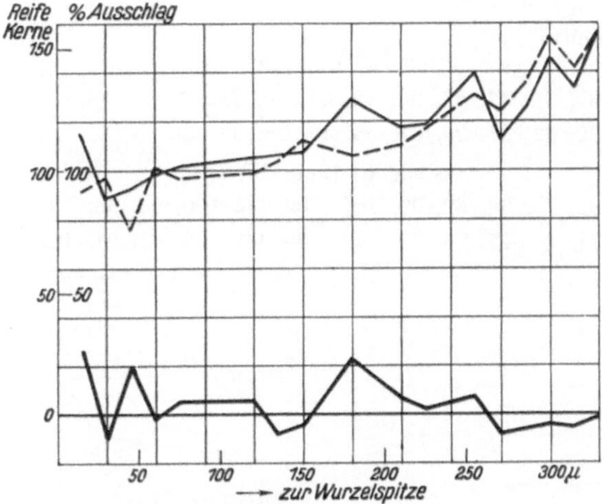

Bild 126. Ausschlagsdiagramm zu Versuch 109.

Resultat: Wellenlänge 313 mμ der Quecksilberbogenlampe übt nach 30 Min. Einwirkungszeit auf die Zwiebelwurzel keinerlei wahrnehmbare Wirkung aus.

Versuch 110.
(4. XI. 1926.)

Wirkung der Wellenlänge 313 mμ der Quecksilberbogenlampe auf Zwiebelwurzel.
Dauer der Einwirkung 60 Min.

Ergebnis (15 μ Schnitte):

Zugewendete Seite 27, 32, 30, 32, 40, 34, 32, 40, —, —, 47, 53, 47. 40, 40, 48, 43, 43, 50, 50.

Abgewendete Seite 29, 33, 36, 38, 55, 36, 43, 31, —, —, 38, 57, 56, 39, 43, 48, 50, 43, 56, 62.

9*

Geordnet nach den drei Stadien: $(1 + 2 + 3)$, 4a, 4b. Definition s. auf Seite 54.

14		15		16		16		20		19		19			17		19		21		22		20		25	
18	39	18	38	29	56	19	46	26	57	20	50	19	49	—,	20	45	35	67	29	58	25	54	20	49	19	51
7		5		11		11		11		11		11			8		13		8		7		9		7	
16		15		19		16		16		17		22			17		17		28		19		20		25	
16	39	20	41	18	51	21	50	21	52	22	51	20	53	—,	17	39	29	60	30	65	24	47	17	45	19	48
9		6		14		13		13		12		11			5		14		7		3		8		4	

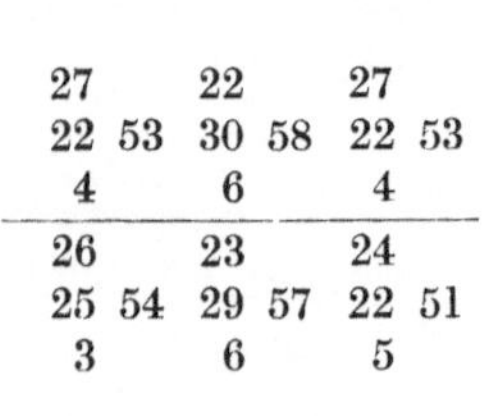

27		22		27	
22	53	30	58	22	53
4		6		4	
26		23		24	
25	54	29	57	22	51
3		6		5	

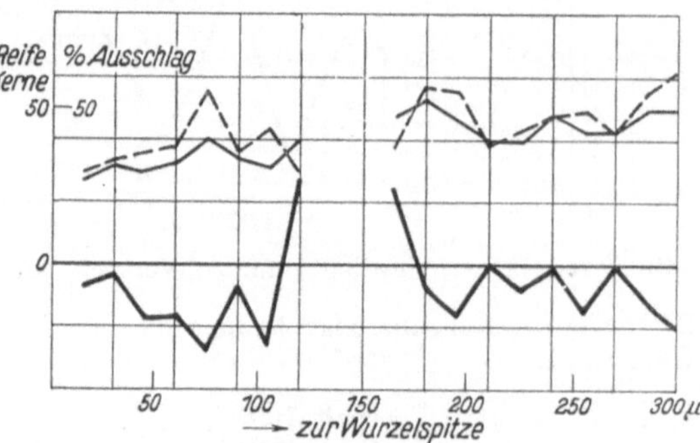

Bild 127. Ausschlagsdiagramm zu Versuch 110.

Resultat: Linie 313 mµ übt nach einstündiger Bestrahlung keine merkliche Wirkung aus, weder Zellförderung noch Zerstörung.

Versuch 111.
(10. XI. 1926.)

Wirkung der Wellenlänge 302 mµ und 297 mµ der Quecksilberbogenlampe auf die Zwiebelwurzel. Dauer der Einwirkung 5 Min.

Ergebnis (15-µ-Schnitte):

Stelle a) Linie 302 mµ:

Zugewendete Seite   47, 31, 37, 47, 35, 36, 42, 47, 39, 38, 45, —, 38, —, —, 56, —, 48.

Abgewendete Seite   52, 32, 32, 61, 39, 37, 50, 40, 38, 36, 49, —, 38, —, —, 58, —, 49.

Stelle b) Linie 297 mµ:

Zugewendete Seite   74, 82, —, 68, 62, 90, 102, 102, 75, 100, 95, 96, 96, 94, 122, —, —, 116.

Abgewendete Seite   71, 71, —, 75, 76, 70, 89, 90, 90, 92, 81, 94, 104, 101, 107, —, —, 115.

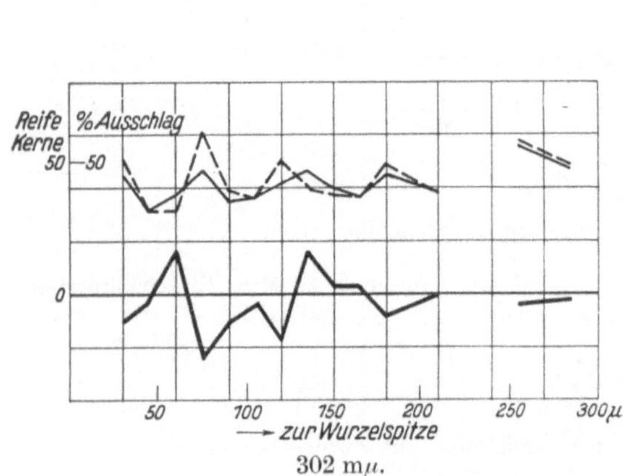

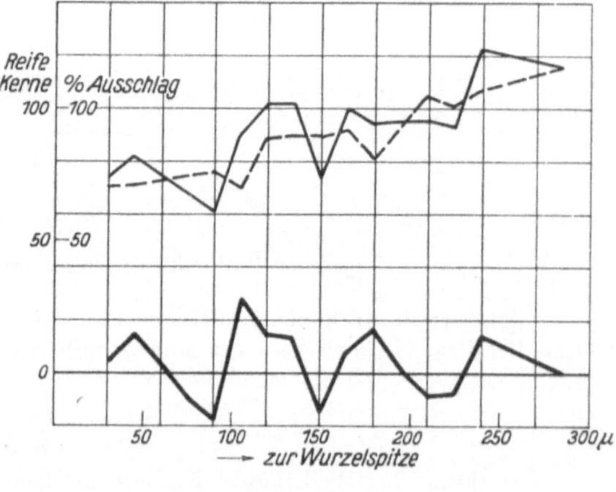

Bild 128. Ausschlagsdiagramm zu Versuch 111.

Resultat: Weder die Linie 302 noch 297 mµ üben irgendwelchen merklichen Einfluß auf die Zwiebelwurzel aus.

Versuch 112.
(10. XI. 1926.)

Wirkung der Wellenlängen 302 und 297 mμ der Quecksilberbogenlampe auf Zwiebelwurzel. Dauer der Einwirkung 15 Min.

Ergebnis (15-μ-Schnitte):

Zugewendete Seite 60, 80, 74, —, 80, 67, —, 83, 101, 111, 83, 119, —, 101, 100,

Abgewendete Seite 63, 82, 81, —, 76, 85, —, 92, 89, 99, 94, 116, —, 104, .100,

—. 96, —, 124, 115.

—, 118, —, 131, 115.

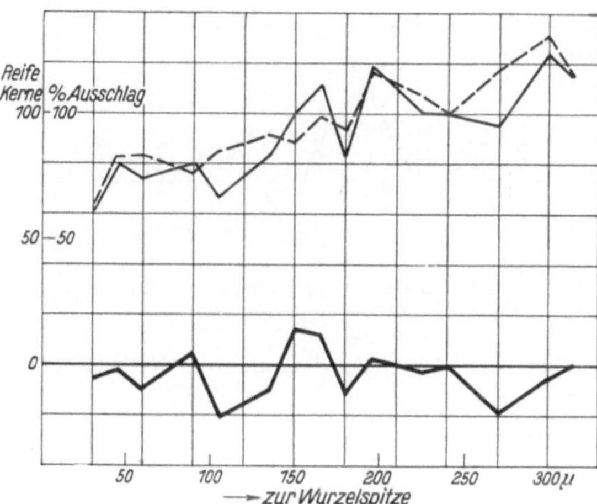

Bild 129. Ausschlagsdiagramm zu Versuch 112.

Resultat: Kein Ausschlag.

Versuch 113.
(12. XI. 1926.)

Wirkung der Wellenlänge 302, 297 mμ der Quecksilberbogenlampe auf Zwiebelwurzel. Dauer der Einwirkung 60 Min.

Ergebnis (15-μ-Schnitte):

Zugewendete Seite 45, 49, 73, 83, 81, —, 85, 81, 69, —, 80, 87, 85, 77, 83, —, —, 81, 85.

Abgewendete Seite 50, 45, 68, 90, 71, —, 95, 72, 71, —, 84, 96, 101, 87, 88, —, —, 110, 81.

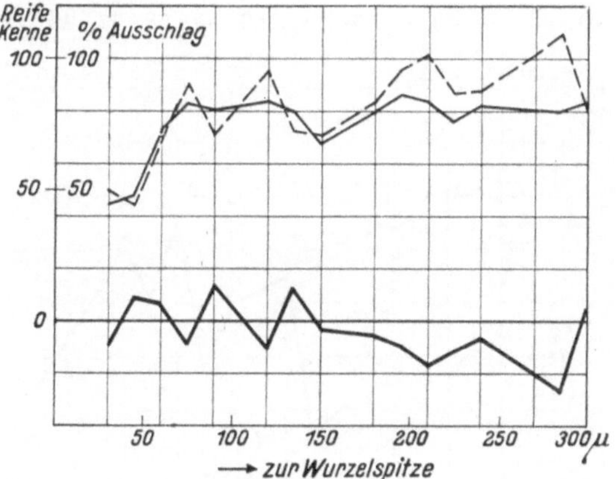

Bild 130. Ausschlagsdiagramm zu Versuch 113.

Resultat: Kein positiver Ausschlag. In einigen Schnitten in der Mitte der Wirkungszone ein kleiner Überschuß auf der abgewendeten Seite (negativer Effekt?).

Versuch 114.

(20. XI. 1926.)

Wirkung der Wellenlänge 280 mμ der Quecksilberbogenlampe auf Zwiebelwurzel.
Dauer der Einwirkung 5 Min.

Ergebnis (15-μ-Schnitte):

Zugewendete Seite 48, 34, 66, 59, 65, —, 50, 69, 68, 52, —, 78, 71, 57, —, 75, 75, 80, 67, 81.
Abgewendete Seite 65, 39, 59, 62, 66, —, 36, 54, 57, 65, —, 68, 69, 47, —, 69, 72, 64, 74, 62.

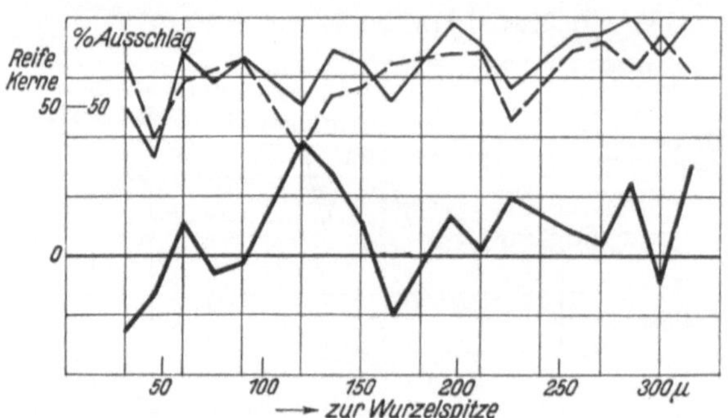

Bild 131. Ausschlagsdiagramm zu Versuch 114.

Resultat: Kein Ausschlag.

Versuch 115.

(20. XI. 1926.)

Wirkung der Wellenlänge 280 mμ der Quecksilberbogenlampe auf Zwiebelwurzel.
Dauer der Einwirkung 15 Min.

Ergebnis (15-μ-Schnitte):

Zugewendete Seite 58, 62, 59, —, 48, —, 57, 60, 90, —, 70, 74, **81, 100, 78, 88**, —, 85.
Abgewendete Seite 59, 61, 63, —, 53, —, 70, 84, 69, —, 58, 77, **48, 82, 55, 71**, —, 92.

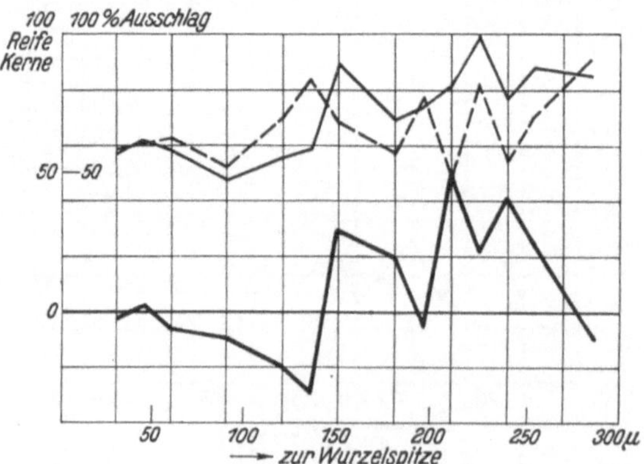

Bild 132. Ausschlagsdiagramm zu Versuch 115.

Resultat: Schwacher Ausschlag.

Versuch 116.
(20. XI. 1926.)

Wirkung der Wellenlänge 280 mμ der Quecksilberbogenlampe auf Zwiebelwurzel.
Dauer der Einwirkung 60 Min.

Ergebnis (15-μ-Schnitte):

Zugewendete Seite 93, 67, 82, 80, 67, 88, 95, **119, 116, 113, 129,** —, **127,** —,

Abgewendete Seite 104, 65, 95, 89, 93, 86, 108, **127, 93, 91, 98,** —, **98,** —,

141, 141, 152, 120, 146.

108, 94, 102, 102, 148.

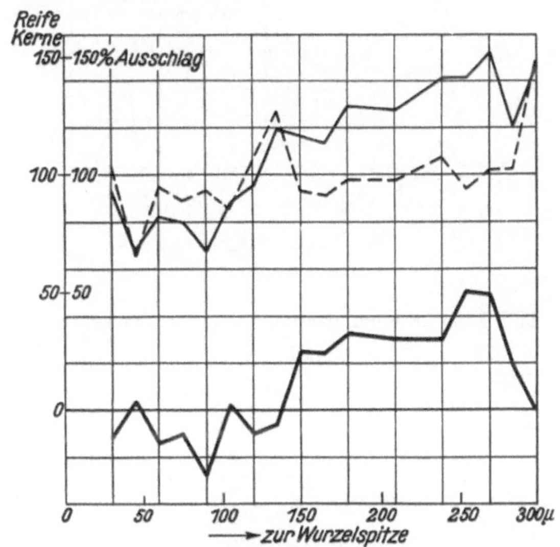

Bild 133. Ausschlagsdiagramm zu Versuch 116.

Resultat: Schwacher, aber deutlicher Ausschlag.

Versuch 124.
(7. XII. 1928.)

Wirkung der Wellenlänge 265 mμ der Quecksilberbogenlampe auf Zwiebelwurzel.
Dauer der Einwirkung 30 Min.

Ergebnis (15-μ-Schnitte):

Zugewendete Seite 19, 22, 21, 18, 26, 21, 15, 22, 21, 26, —, 27, 30, 25, 25, 21, —, 20, 21.

Abgewendete Seite 18, 24, 23, 19, 25, 21, 16, 21, 26, 23, —, 26, 28, 23, 28, 21, —, 23, 22.

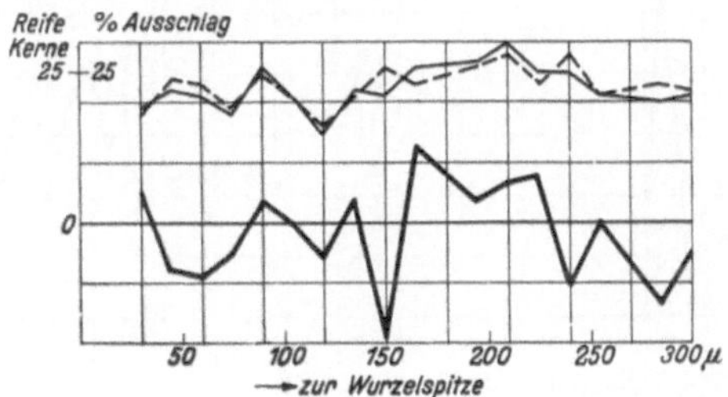

Bild 134. Ausschlagsdiagramm zu Versuch 124.

Resultat: Kein Ausschlag.

Versuch 125.

(7. XII. 1926.)

Wirkung der Wellenlänge 265 mμ der Quecksilberbogenlampe auf Zwiebelwurzel.
Dauer der Einwirkung 60 Min.

Ergebnis (15-μ-Schnitte):

Zugewendete Seite　12, 26, —, 22, 24, 29, 25, 25, 30, 33, —, 39, 38, 46, 42, 31, 41, 52, —, 40.

Abgewendete Seite　12, 24, —, 24, 22, 31, 28, 26, 28, 31, —, 38, 39, 44, 43, 35, 47, 43, —, 41.

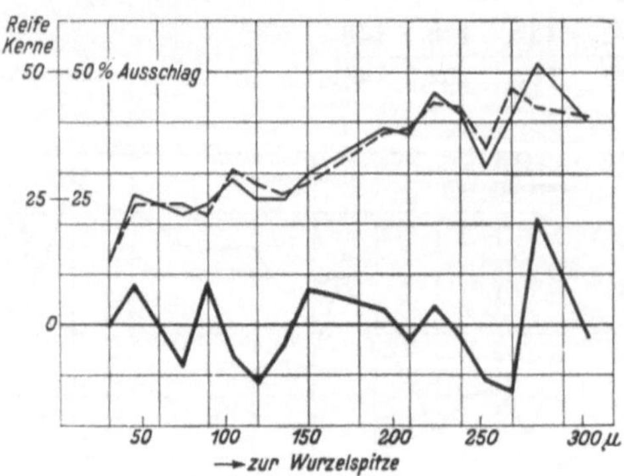

Bild 135. Ausschlagsdiagramm zu Versuch 125.

Resultat: Kein Ausschlag.

Versuch 126.

(22. XII. 1926.)

Wirkung der Bestrahlung mit einer wirksamen Wellenlänge auf größerer Länge der Wachstumszone.

Die Zwiebelwurzel wird der Länge nach unter die Linie 365 mμ gelegt und 30 Min. bestrahlt. Danach auf eine Stunde in Wasser gelegt.

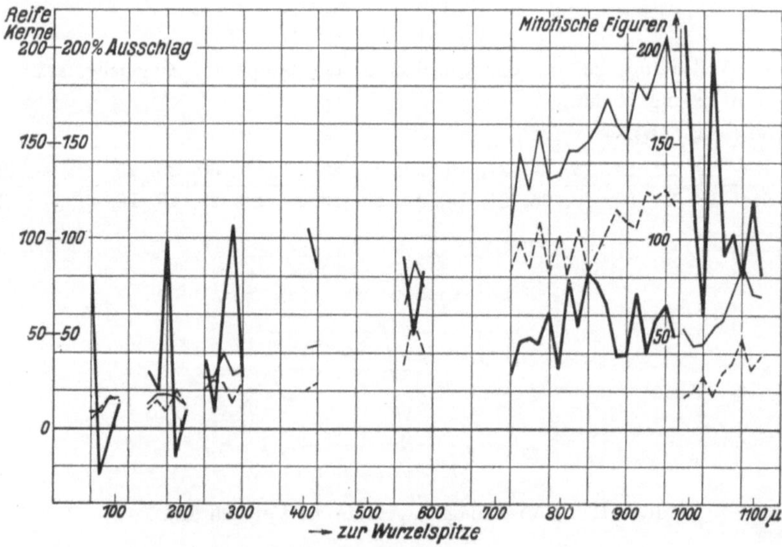

Bild 136. Ausschlagsdiagramm zu Versuch 126.

Ergebnis (15-μ-Schnitte):

Zugewendete Seite   9,   9, 16, 17, —, —, 13, 18, 18, 17, 13, —, 27, 27, 40, 29, 32, —, —, —,

Abgewendete Seite   5, 12, 17, 15, —, —, 10, 15, 9, 20, 12, —, 20, 25, 24, 14, 25, —, —, —,

—, —, —, 43, 44, —, —, —, —, —, —, —, —, 66, 89, 76, —, —, —, —,

—, —, —, 21, 24, —, —, —, —, —, —, —, —, 35, 59, 42, —, —, —, —,

—, —, —, —, 107, 145, 126, 158, 132, 134, 147, 147, 151, 161, 173, 160,

—, —, —, —, 83, 99, 85, 108, 82, 102, 82, 105, 83, 91, 104, 116,

153, 182, 174, 189, 206, 175, von hier ab nur die Mitosenfiguren gezählt:
110, 106, 125, 122, 126, 118

53, 44, 45, 51, 57, 71, 86, 71, 69   von da ab auch weiter überall Ausschlag. Bis
17, 21, 28, 17, 30, 35, 48, 32, 38   zur Spitze noch etwa 30—40 Schnitte.

Resultat: Bei Bestrahlung des ganzen Meristems mit wirksamen Strahlen ist der Bereich des Ausschlages auch viel größer wie üblich. Dabei erscheint die Zone, in der Mitosen überhaupt vorkommen, im ganzen schmäler geworden zu sein. Die Zählung der mitotischen Figuren allein ergibt bei kleineren absoluten Zahlen größere prozentulle Ausschläge.

Versuch 127.

(23. XII. 1926.)

Wirkung der Wellenlänge 254 mμ der Quecksilberbogenlampe auf Zwiebelwurzel.

Dauer der Einwirkung 5 Min. Danach, wie üblich, auf eine Stunde in Wasser gelegt.

Ergebnis (15-μ-Schnitte):

Zugewendete Seite   46, 51, —, 52, 52, 53, 49, —, 54, 66, 64, 67, 66, —, 83, —, 75, 78, 76, 84.

Abgewendete Seite   41, 56, —, 52, 56, 55, 54, —, 53, 62, 63, 69, 70, —, 77, —, 80, 81, 81, 85.

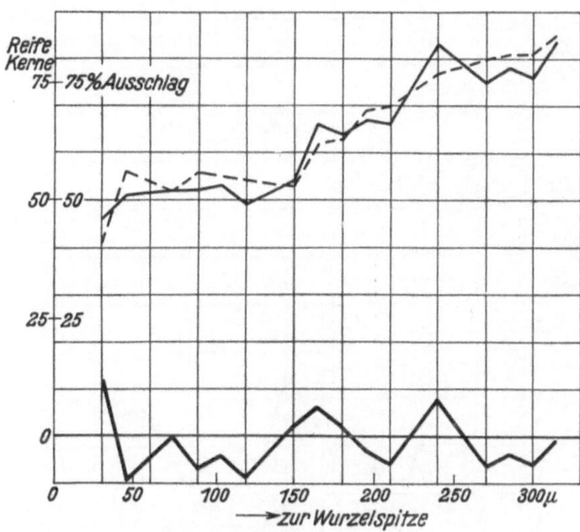

Bild 137. Ausschlagsdiagramm zu Versuch 127.

Resultat: Kein Ausschlag.

Versuch 128.
(23. XII. 1926.)

Wirkung der Wellenlänge 254 mμ der Quecksilberbogenlampe auf Zwiebelwurzel.
Dauer der Einwirkung 15 Min.

Ergebnis (15-μ-Schnitte):

Zugewendete Seite   41, 49, 56, 40, 52, 65, 58, 91, —, 55, —, 67, 52, 67, 67, 75, —, 77, 76, 89.

Abgewendete Seite   56, 42, 45, 47, 54, 61, 53, 81, —, 81, —, 53, 79, 74, 90, 91, —, 75, 82, 104.

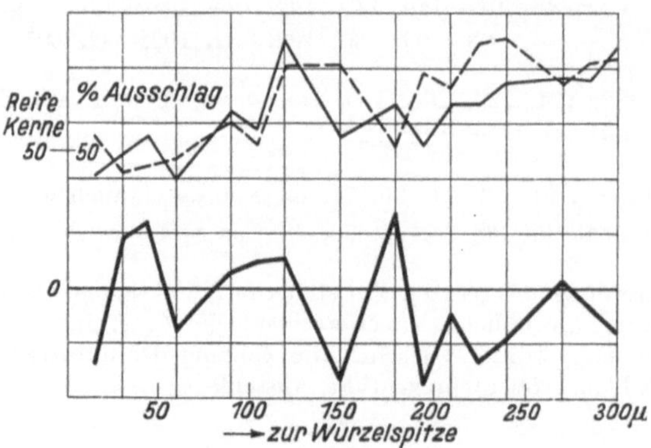

Bild 138. Ausschlagsdiagramm zu Versuch 128.

Resultat: Kein Ausschlag.

Versuch 129.
(23. XII. 1926.)

Wirkung der Linie 254 mμ der Quecksilberbogenlampe auf Zwiebelwurzel.
Dauer der Einwirkung 60 Min.

Ergebnis (15-μ-Schnitte):

Zugewendete Seite   62, 47, 59, 52, 66, 60, 63, —, 71, 65, 68, 62, 74, —, 71, 75, 74, 70, 85.

Abgewendete Seite   62, 48, 56, 56, 72, 57, 64, —, 61, 68, 68, 63, 81, —, 65, 71, 77, 77, 79.

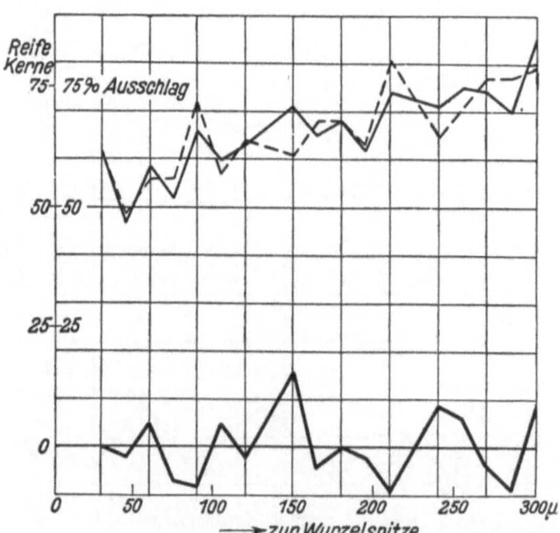

Bild 139. Ausschlagsdiagramm zu Versuch 129.

Resultat: Kein Ausschlag.

Versuch 130.
(24. XI. 1926.)

Wirkung der Wellenlänge 248 mμ der Quecksilberbogenlampe auf Zwiebelwurzel.
Dauer der Einwirkung 5 Min.

Ergebnis (15-μ-Schnitte):

Zugewendete Seite   53,   54,   59,   43,   43,   55,   40,   60,   —,   74,   88,   83,   89,   —,   99,   —,

Abgewendete Seite   46,   40,   67,   53,   49,   53,   46,   58,   —,   61,   66,   85,   84,   —,   99,   —,

90,   81,   83,   108.

87,   95,   77,   97.

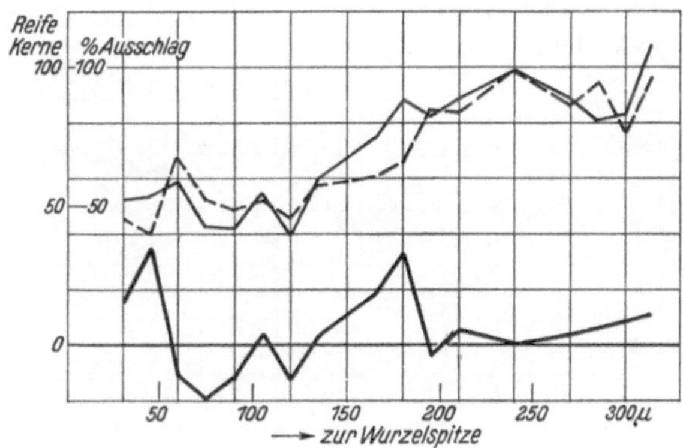

Bild 140. Ausschlagsdiagramm zu Versuch 130.

Resultat: Kein Ausschlag.

Versuch 131.
(24. XI. 1926.)

Wirkung der Linie 248 mμ der Quecksilberbogenlampe auf Zwiebelwurzel.
Dauer der Einwirkung 15 Min.

Ergebnis (15-μ-Schnitte):

Zugewendete Seite   25,   25,   35,   29,   24,   25,   —,   25,   35,   34,   33,   36,   35,   28,   31,   30,

Abgewendete Seite   29,   31,   38,   24,   26,   26,   —,   30,   36,   39,   35,   37,   34,   32,   32,   29,

35,   —,   33,   34.

40,   —,   35,   37.

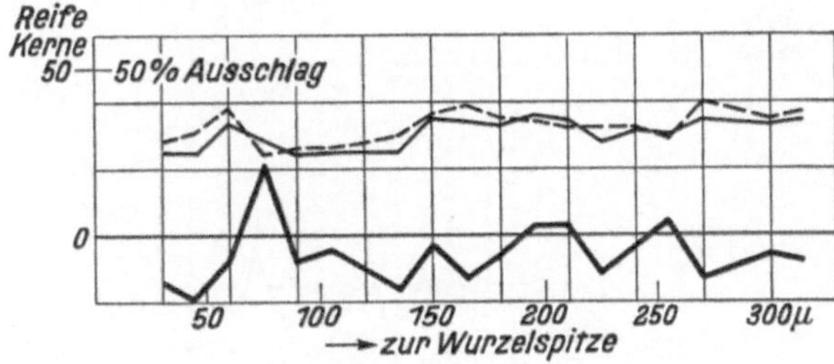

Bild 141. Ausschlagsdiagramm zu Versuch 131.

Resultat: Kein Ausschlag.

Versuch 132.

(25. XI. 1926.)

Wirkung der Linie 248 mμ der Quecksilberbogenlampe auf Zwiebelwurzel.
Dauer der Einwirkung 60 Min.

Ergebnis (15-μ-Schnitte):

Zugewendete Seite   95,   95,   110,   94,   —,   85,   100,   108,   99,   92,   101,   113,   —,   97,

Abgewendete Seite   81,   85,   100,   97,   —,   82,   100,   91,   107,   83,   100,   107,   —,   99,

116,   109,   116,   112,   127,   121.
106,   117,   110,   123,   97,   132.

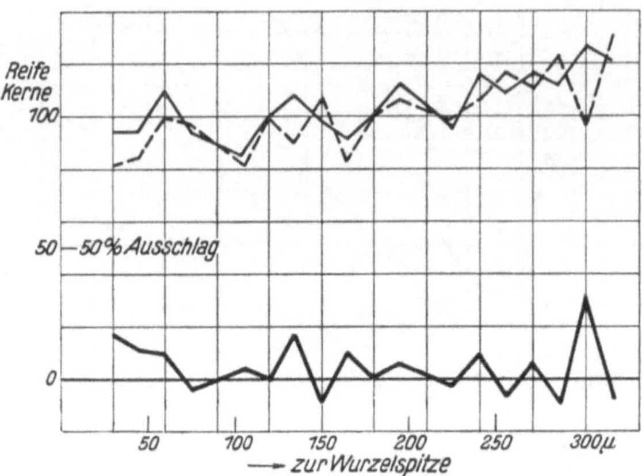

Bild 142. Ausschlagsdiagramm zu Versuch 132.

Resultat: Kein Ausschlag.

Versuch 143.

(6. I. 1927.)

Zwiebelwurzel wird mit der außerordentlich schwachen Linie 346 mμ einer Aronschen Amalgamlampe (Hg-Zn-Cd) bestrahlt.
Dauer der Bestrahlung 5 Min. Danach auf eine Stunde in Wasser gelegt.

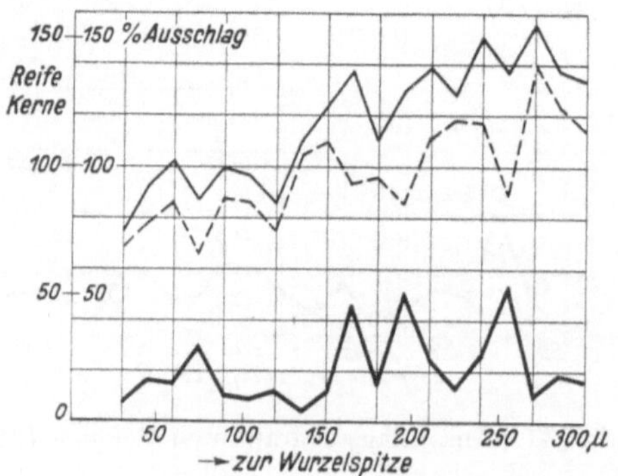

Bild 143. Ausschlagsdiagramm zu Versuch 143.

Ergebnis (15-μ-Schnitte):

Zugewendete Seite 74, 92, **101, 86, 99, 96, 86, 110, 123, 137, 110, 130, 138, 134,**
Abgewendete Seite 68, 79, **87, 66, 88, 87, 76, 105, 110, 94, 96, 86, 111, 119,**

150, 137, 155, 147, 134.
118, 89, 140, 123, 115.

Resultat: Die außerordentlich schwache Linie 346 mμ der Amalgamlampe übt schon nach 5 Min. Einwirkungsdauer deutliche Induktionswirkung aus.

Versuch 144.

(14. I. 1927.)

Zwiebelwurzel wird mit der Linie 346 mμ einer Arons-Lampe (Amalgamlampe) bestrahlt. Dauer der Bestrahlung 60 Min.

Ergebnis (15-μ-Schnitte):

Zugewendete Seite   119, 113, **122, 105, 126, 131, 113, 125, 131, 99, 110,** 88.
Abgewendete Seite   97, 116, **83, 95, 81, 74, 66, 90, 95, 91, 68,** 92.

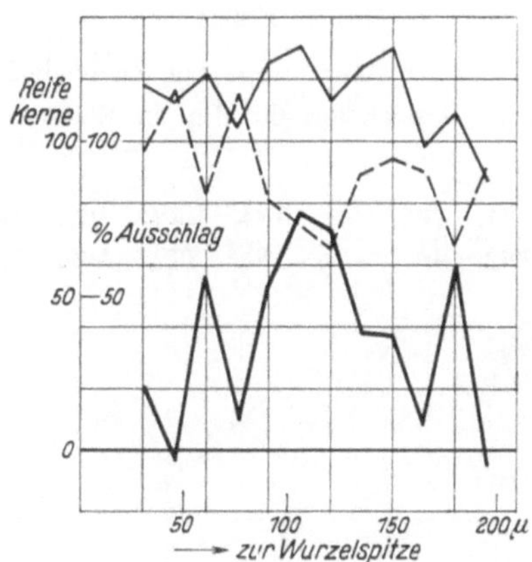

Bild 144. Ausschlagsdiagramm zu Versuch 144.
(Der Pfeil „zur Wurzelspitze" weist falsch.)

Resultat: Deutlicher, stark positiver Effekt.

Versuch 147.

(12. I. 1927.)

Einwirkung der außerordentlich schwachen Linie 340,4 mμ der Amalgamlampe auf Zwiebelwurzel. Dauer der Einwirkung 10 Min. Danach 60 Min. in Wasser gelegt.

Ergebnis (15-μ-Schnitte):

Zugewendete Seite 40, 45, 32, 56, 54, 44, 60, 56, 49, **64, 54, 66, 73, 70, 70, 69,**

Abgewendete Seite 48, 40, 40, 42, 57, 43, 51, 43, 44, **49, 42, 48, 52, 41, 49, 50,**

—, **71, 75, 89, 65, 88, 87, 54, 72.**

—, **51, 51, 63, 52, 67, 60, 63, 73.**

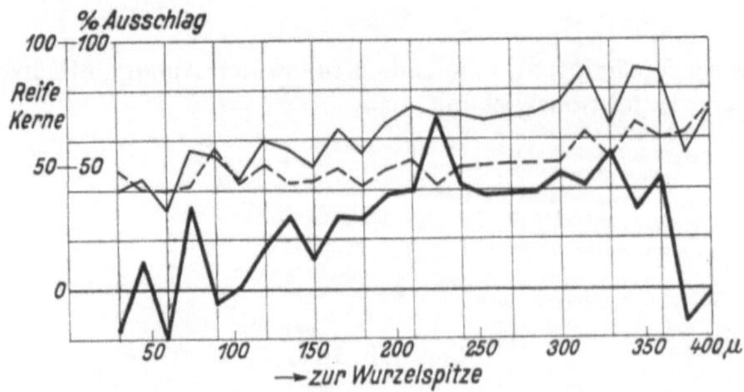

Bild 145. Ausschlagsdiagramm zu Versuch 147.

Resultat: Die äußerst schwache Linie 340 mμ des Amalgambrenners übt nach 10 Min. Bestrahlungszeit bereits starke Induktionswirkung aus.

Versuch 149.

(14. I. 1927.)

Einwirkung der Linie 324 mμ der Amalgamlampe auf Zwiebelwurzel.

Dauer der Einwirkung 10 Min. Danach auf 60 Min. in Wasser.

Ergebnis (10-μ-Schnitte):

Zugewendete Seite 190, 199, 184, 162, —, 184, 172, 168, 137, 174, —, 172.

Abgewendete Seite 178, 171, 162, 167, —, 161, 172, 163, 157, 162, —, 163.

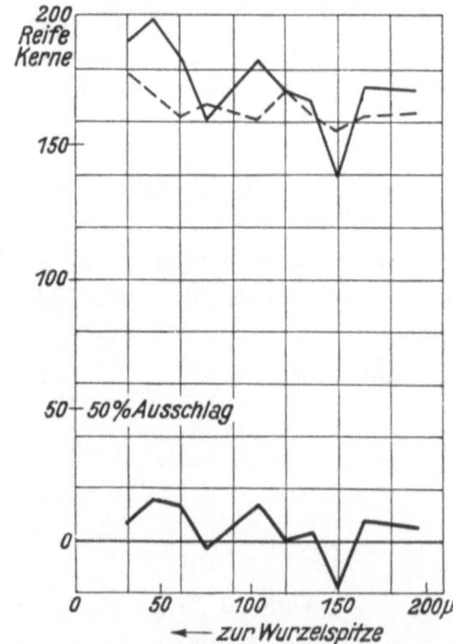

Bild 146. Ausschlagsdiagramm zu Versuch 149.

Resultat: Kein Ausschlag.

Versuch 150.

(14. I. 1927.)

Einwirkung der Linie 324 mμ der Amalgamlampe auf Zwiebelwurzel.
Dauer der Einwirkung 60 Min. Danach 30 Min. in Wasser.

Ergebnis (15-μ-Schnitte):

Zugewendete Seite   185,   159,   183,   208,   173,   158,   —,   167,   **185,   170,   195,   218,   200,**
Abgewendete Seite   131,   162,   156,   195,   197,   142,   —,   153,   **158,   146,   193,   198,   190,**

240,   246,   —,   247,   232,   250,   272,   280,   —,   —,   —,   262.
182,   176,   —,   168,   181,   214,   223,   237,   —,   —,   —,   255.

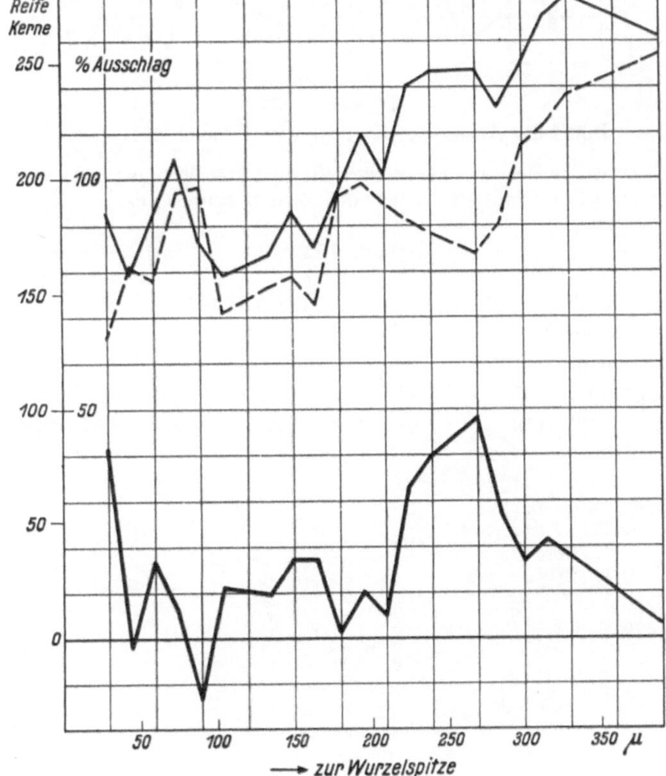

Bild 147. Ausschlagsdiagramm zu Versuch 150.

Resultat: Linie 324 mμ übt nach 60 Min. Bestrahlungszeit schwache, aber deutlich positive Induktionswirkung aus.

Versuch 151.

(27. I. 1927.)

Bestrahlung der Zwiebelwurzel mit dem Gesamtlicht der Quarzquecksilberlampe (Jesionek-Brenner) (3,5 Amp. 120 Volt Bogenspannung). Abstand 70 cm.
Dauer der Bestrahlung 60 Min.

Zugewendete Seite 58, 66, —, 71, 63, 77, —, 85, 85, 102, 90, 94, 100, 106, —, —, 111, 115, 95, —, 113.
Abgewendete Seite 61, 56, —, 75, 69, 68, —, 75, 86, 96, 85, 94, 103, 103, —, —, 95, 139, 98, —, 117.

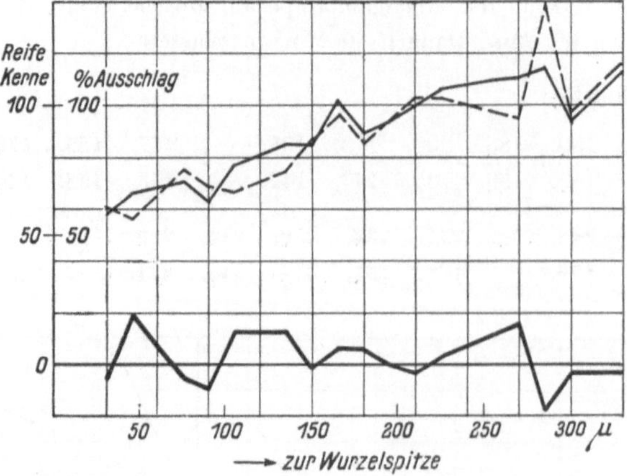

Bild 148. Ausschlagsdiagramm zu Versuch 151.

Resultat: Das Gesamtlicht der Quecksilberdampflampe übt bei einstündiger Einwirkung weder fördernden noch störenden Einfluß auf die Zellen der Zwiebelwurzel aus.

Versuch 152.
(27. I. 1927.)

Bestrahlung unter denselben Bedingungen wie in Versuch 151.
Dauer der Bestrahlung 15 Min. Danach 60 Min. in Wasser.
Ergebnis (15-μ-Schnitte):

Zugewendete Seite 112, 107, 157,   —, 171, 177, 162,   —, 199, 187, 223, 250.
Abgewendete Seite 121, 112, 159,   —, 168, 176, 165,   —, 210, 185, 239, 256.

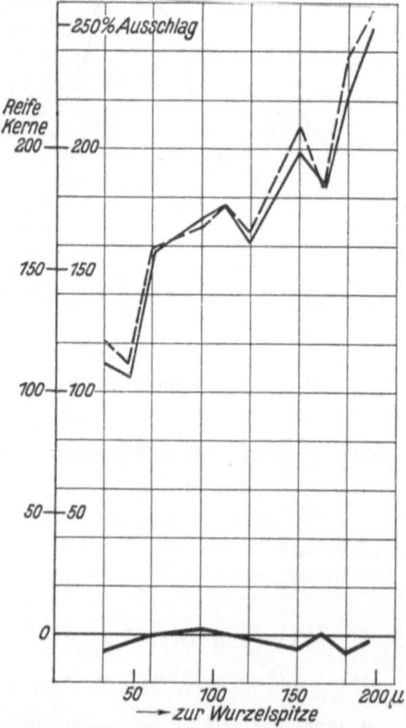

Bild 149. Ausschlagsdiagramm zu Versuch 152.

Resultat: Kein Effekt.

Versuch 156.

(25. IV. 1927.)

Bestrahlung von Zwiebelwurzeln mit der Siemens-Aureollampe hinter einem Vorsatzspalt von etwa 0,25 mm Breite. Stromstärke 8 Ampere, Spannung 140 Volt. Abstand 37 cm.

Dauer der Bestrahlung 15 Min. Danach 60 Min. in Wasser.

Es wurden beide Wurzeln geschnitten. Bei der ersten ist der Einwirkungsbereich im proximalen Teil der Wachstumszone und wird wie alle anderen Versuche ausgewertet nach den Kriterien auf Seite 50. Die zweite (Wurzel b) hat den Einwirkungsbereich im distalen Teil der Wachstumszone, wo sehr viele mitotische Figuren vorhanden sind. Diese wird zum Vergleich so ausgewertet, daß nur die mitotischen Figuren gezählt werden.

Ergebnis (15-μ-Schnitte):

Wurzel a):

Zugewendete Seite 110, 142, 124, 128, **150, 161, 140, 145,** —, **180,** —, —, **168,**
Abgewendete Seite 136, 128, 120, 130, **118, 127, 127, 123,** —, **145,** —, —, **112,**

194, 198, 221, —, **199, 203,** —, —, 206.
159, 156, 172, —, **177, 166,** —, —, 192.

Wurzel b):

Zugewendete Seite 10, **21, 31, 23, 30, 27, 41, 35, 34, 39, 39,** —, **34, 41, 40, 35, 36,** 28, 27.
Abgewendete Seite 15, **12, 22, 15, 17, 21, 25, 19, 20, 28, 21,** —, **23, 24, 19, 17, 20,** 41, 27.

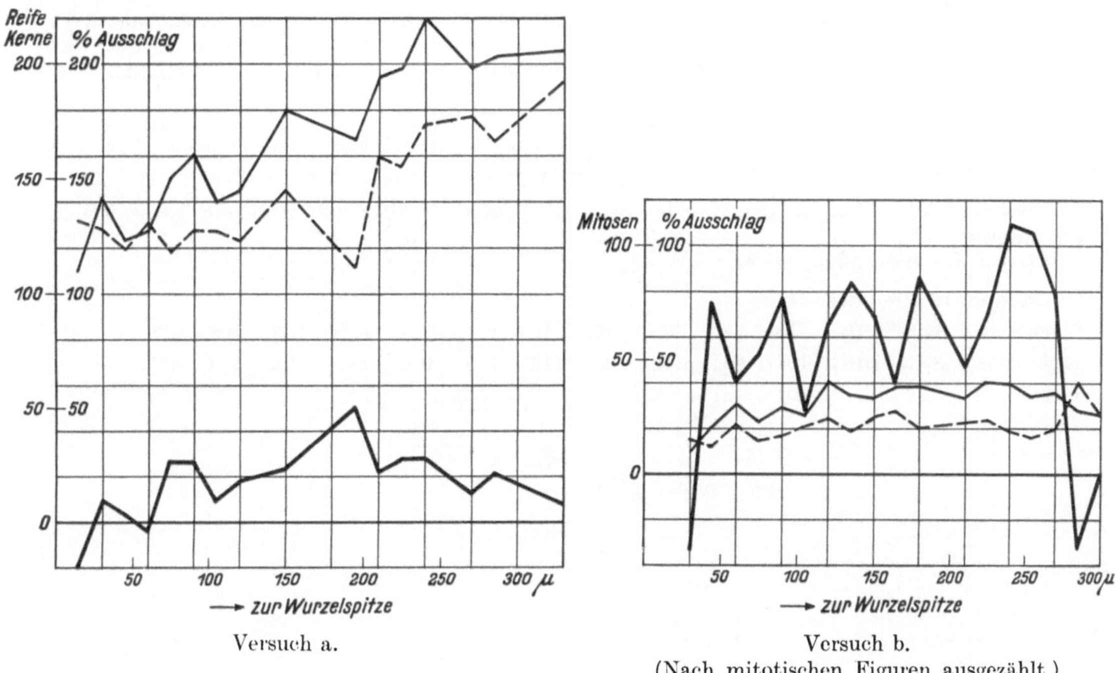

Versuch a.

Versuch b.
(Nach mitotischen Figuren ausgezählt.)

Bild 150. Ausschlagsdiagramme zu Versuch 156.

Resultat: 1. Es ergibt sich nach beiden Auswertungsmethoden ein starker Ausschlag. Dieser ist prozentual größer in der Wurzel b, die im distalen Teil des Meristems induziert und nach mitotischen Figuren abgezählt wurde. Bemerkenswert ist, daß dieser starke Ausschlag in Mitosen sich schon nach einer gesamten Versuchsdauer von 75 Minuten geäußert hat.

2. Starke Induktionswirkung der Siemens-Aureollampe. (Eingeschlossene Kohlebogenlampe mit langem Bogen und geringer Kraterstrahlung in einer Glocke aus zufällig minderwertigem Kriegsuviolglas.) Das Spektrum der Aureollampe (Zyanbanden) besitzt eine bedeutende Intensität bei etwa 350 mμ, kürzere Wellenlängen sind nur in geringer Stärke vorhanden.

Versuch 157.
(19. V. 1927.)

Bestrahlung einer Zwiebelwurzel mit dem Gesamtlicht einer Hg-Lampe durch einen vorne versilberten Spiegel reflektiert. Vorsatzspalt.

Ergebnis (15-μ-Schnitte):

Zugewendete Seite	19,	10,	18,	13,	20,	14,	20,	20,	23,	25,	—,	19,	19,	16,	22,	21,
Abgewendete Seite	21,	9,	16,	15,	18,	11,	15,	22,	23,	28,	—,	20,	17,	16,	19,	21,

24, 19, 24, 32, 20.

26, 21, 20, 29, 20.

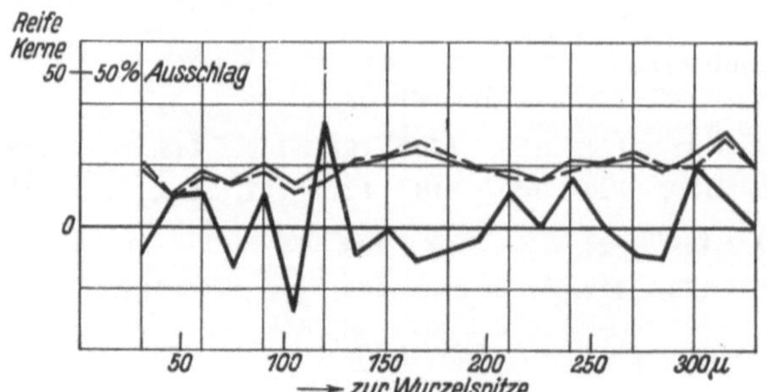

Bild 151. Ausschlagsdiagramm zu Versuch 157.

Resultat: Kein Ausschlag. Die Erklärung ergibt sich aus dem späteren Antagonistenversuchen und den bekannten Verlauf der Wellenlängenabhängigkeit des Reflexionskoeffizienten von Silber. Der Abfall der Reflexion unter 320 mμ ist nicht stark genug, um die Antagonisten hinreichend auszuschalten.

Versuch 160.
(13. VI. 1927.)

Bestrahlungsversuch mit den Köpfen älterer Kaulquappen. Alter etwa 2 Monate. Länge 35 mm. Vorsatzspalt.

Dauer der Bestrahlung 60 Min.

Ergebnis (15-μ-Schnitte):

Zugewendete Seite	94,	118,	92,	106,	96,	113,	114,	100,	123,	105,	108,	129.
Abgewendete Seite	107,	104,	95,	106,	106,	112,	115,	102,	124,	108,	102,	118.

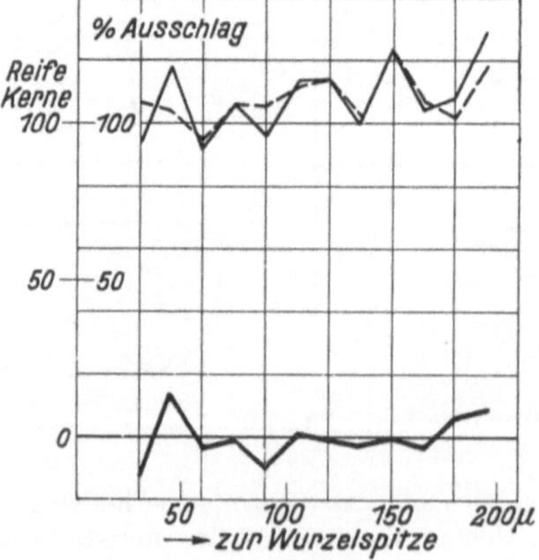

Bild 152. Ausschlagsdiagramm zu Versuch 160.

Resultat: Kein Ausschlag. Ältere Kaulquappen senden keine Strahlen aus. Da sie immer noch in starkem Teilungswachstum begriffen sind, so ist es immerhin denkbar, daß dieser Befund nur der starken Absorption zuzuschreiben ist.

Versuch 161.

(27. VI. 1927.)

Nachprüfung der Gurwitschschen Angaben über die mitogenetische Wirkung von frisch entnommenem Blut.

Blut wird durch Schütteln defibriniert und auf zwei Zwiebelwurzeln hinter einem Vorsatzspalt. Versuchsanordnung in Bild 153 eingestellt.

Dauer der Einwirkung 60 Min.

Ergebnis (15-μ-Schnitte):

Zugewendete Seite 32, 31, 29, 27, —, 42, 49, 39, 27, 33, —, 37, 29, 28, 35, 48.
Abgewendete Seite 31, 29, 28, 32, —, 44, 46, 30, 23, 34, —, 36, 28, 30, 32, 44.

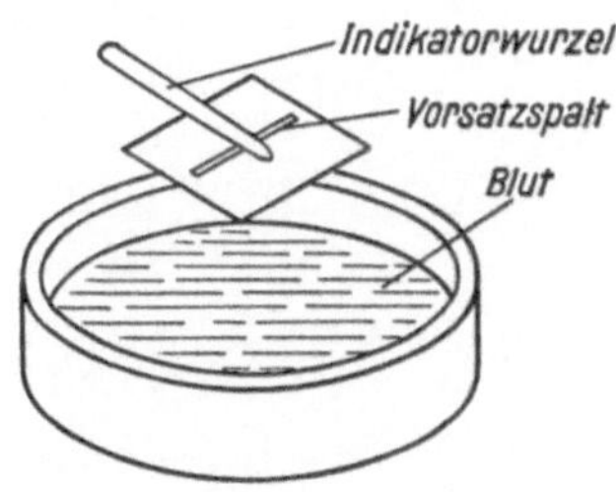

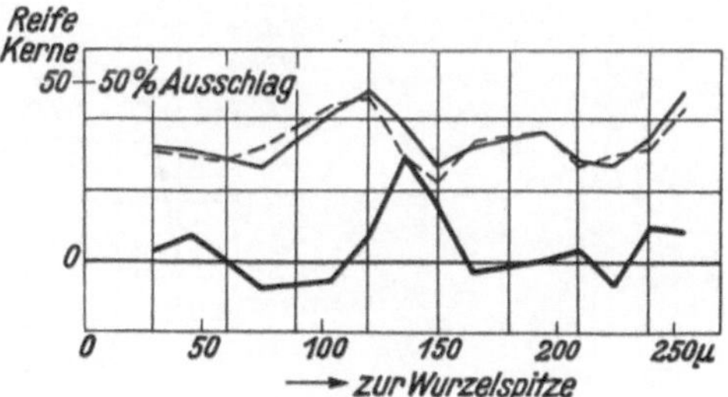

Bild 153. Versuchsanordnung zu Versuch 161.　　　Bild 154. Versuchsanordnung zu Versuch 161.

Resultat: Kein Ausschlag. Defibriniertes Blut zeigt keinen Induktionseffekt.

Versuch 162.

(30. VI. 1927.)

Zusammenwirkung der „mitogenetischen" Strahlen der Zwiebelsohle mit Sonnenlicht.

Zwei Indikatorwurzeln werden den Strahlen von Zwiebelsohlenbrei und gleichzeitig dem direkten Licht der Mittagssonne ausgesetzt. Die Sonnenstrahlen werden durch ein Reflexionsprisma aus Quarz, das während des Versuches dauernd nachgestellt wird um die Sonnenwanderung zu kompensieren auf die Wurzeln geworfen. Versuchsanordnung in Bild 155.

Dauer des Versuches 20 Min. Danach 60 Min. in Wasser.

Ergebnis (15-μ-Schnitte):

Zugewendete Seite 22, 22, 29, 32, 26, 33, 35, —, 19, 31, 27, 29, 30, —, 33, 30, 34.
Abgewendete Seite 25, 24, 28, 28, 27, 30, 34, —, 21, 29, 27, 30, 29, —, 32, 30, 37.

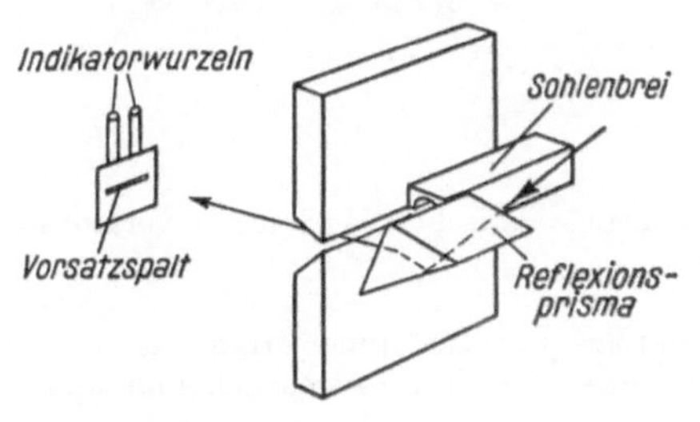

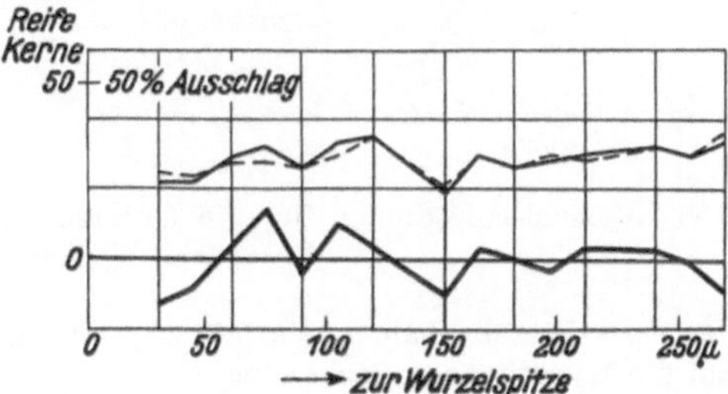

Bild 155. Versuchsanordnung zu Versuch 162.　　　Bild 156. Ausschlagsdiagramm zu Versuch 162.

Resultat: Kein Ausschlag. In direktem, starkem Sonnenlicht tritt keine Induktionswirkung auf.

Versuch 163.
(31. VI. 1927.)

Versuch zur Klärung der Frage, ob die Bestrahlung durch gemischte Strahlen („mitogenetische" wirksame und antagonistische) eine zellteilungshemmende Nachwirkung hat.

Sonnenstrahlen werden durch ein total reflektierendes Quarzprisma auf zwei Zwiebelwurzeln geworfen. Vor den Wurzeln ein Spalt von 0,3—0,4 mm Breite. Dauer 45 Min.

Unmittelbar nachher Ausschaltung des Sonnenlichtes und 30 Min. lang Bestrahlung durch Sohlenbrei.

Ergebnis (15-μ-Schnitte):

Zugewendete Seite   44, 55, 54, 59, 46, 65, 50, 56, —, 79, 69, 59, 59, 68, 55, 52, 54.

Abgewendete Seite   43, 36, 35, 34, 32, 42, 37, 34, —, 49, 38, 35, 40, 50, 58, 47, 56.

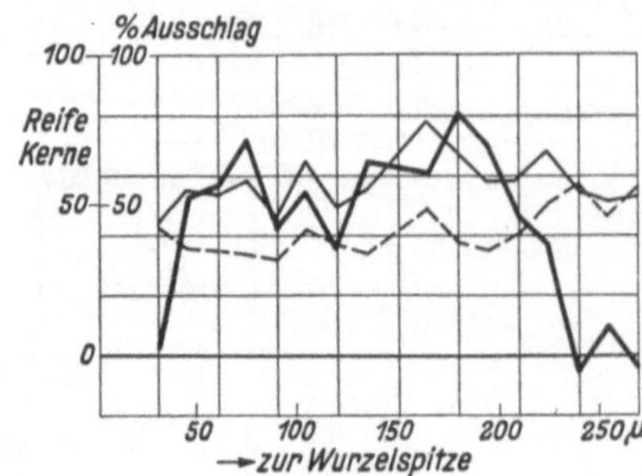

Bild 157.   Ausschlagsdiagramm zu Versuch 163.

Resultat: Starker Ausschlag. Es ist also nach Bestrahlung von 30 Min. durch Sonnenlicht noch keine hemmende Nachwirkung feststellbar.

Versuch 165.
(23. VII. 1927.)

Erster Versuch zur Klärung der Art der Zusammenwirkung verschiedener ultravioletter Spektralbereiche in bezug auf die Induktionswirkung.

Versuchsanordnung siehe in Bild 158.

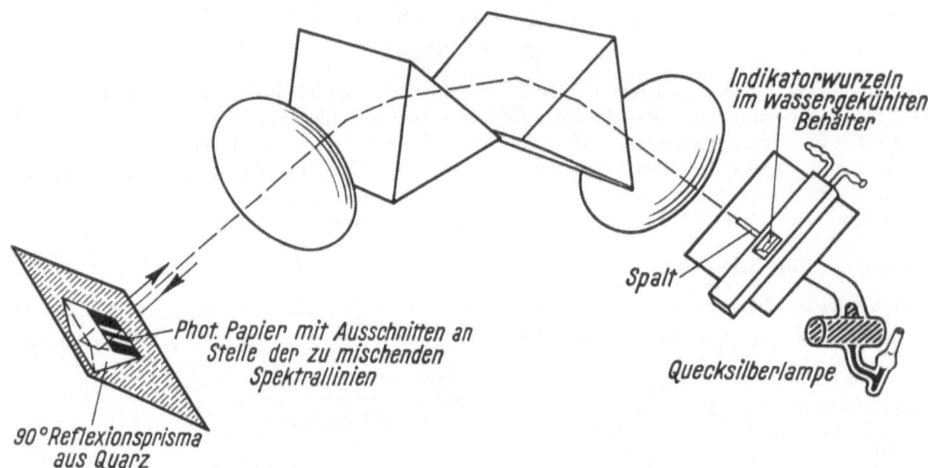

Bild 158.   Versuchsanordnung für die Untersuchung der antagonistischen Wirkungen verschiedener Spektralgebiete.

Das Spektrum des halben Spaltes des großen Quarzspektographen (die andere Hälfte ist verdeckt) fällt auf die Hypothenusenfläche eines 90gradigen Quarzprismas. Vor dem Prisma Zelloidinpapier mit an Stelle der Ausschnitten jeweils gebrauchten Linien. Von dem Spiegelbild des Spektrums entsteht etwas vor dem Spalt ein zweites Bild, in dem alle Wellenlängen wieder vereinigt werden. An dieser Stelle sind die Indikatorwurzeln untergebracht, die vor der Hitzeeinwirkung des Brenners durch Wasserkühlung, vor Austrocknung durch eine kapillare Wasserschicht geschützt sind.

Wirkung der isolierten Linie 334 mμ. Dauer der Einwirkung 60 Min, dann unmittelbar fixiert.

Ergebnis (15-μ-Schnitte):

Zugewendete Seite 73, 62, 88, **79**, 89, —, **96**, —, **109**, **107**, **112**, **104**, —, **105**, 99, 83, 101.

Abgewendete Seite 74, 74, 92, **70**, **67**, —, **61**, —, **77**, **86**, **76**, 84, —, **76**, **101**, 90, 103.

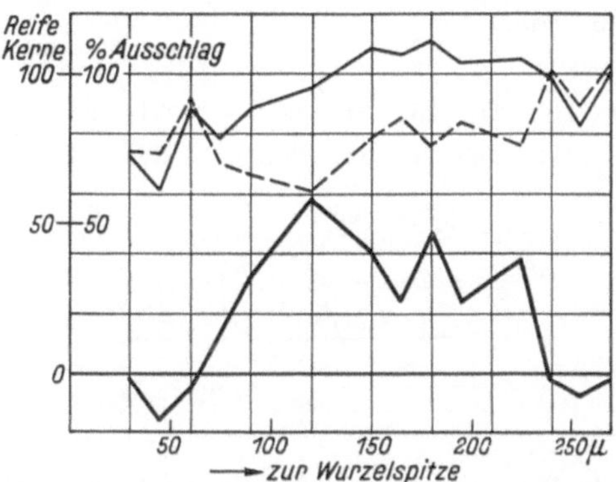

Bild 159. Ausschlagsdiagramm zu Versuch 165.

Resultat: Deutlicher Ausschlag.

Versuch 166.
(23. VII. 1927.

Zusammenwirkungsversuche. Anordnung wie 165. Wirkung der Linien 334 und 365 mμ.
Dauer der Einwirkung 60 Min.

Ergebnis (15-μ-Schnitte):

Zugewendete Seite 13, 17, 23, 22, 26, 14, —, 15, **29**, —, **30**, —, —, **24**, —, **36**,

Abgewendete Seite 14, 12, 20, 22, 20, 11, —, 19, **15**, —, **20**, —, —, **22**, —, **15**,

38, **36**, **37**, **28**, **34**, —, —, **39**, **35**, —, 39, —, 32, 34, 37.

19, **12**, **16**, **14**, **15**, —, —, **30**, **25**, —, 38, —, 36, 32, 35.

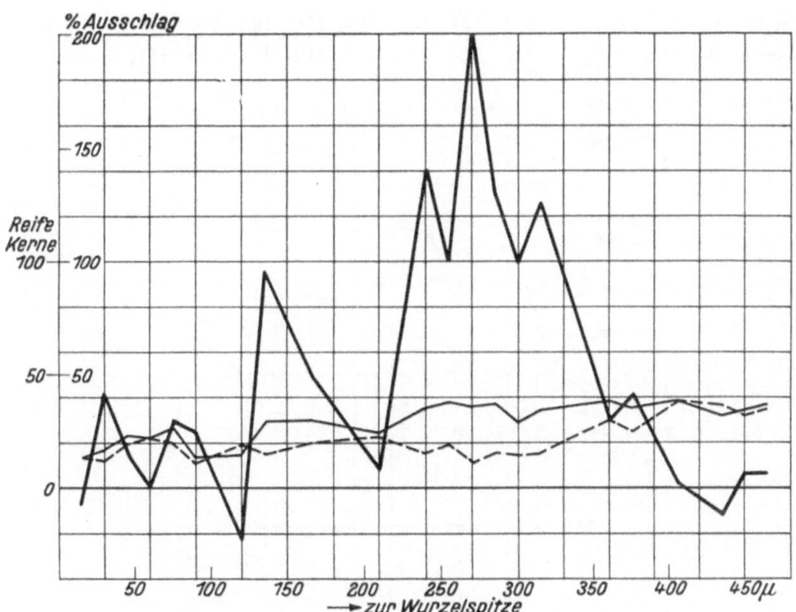

Bild 160. Ausschlagsdiagramm zu Versuch 167.

Resultat: Das Zusammenwirken der Linien 334 und 365 mμ ergibt ein positives Resultat. Die
Wirkung der Linie 334 mμ wird also durch das gleichzeitige Hinzufügen von 365 mμ nicht beeinträchtigt.

Versuch 167.
(23. VII. 1927.)

Zusammenwirkungsversuche. Anordnung wie in Versuch 165. Gleichzeitige Einwirkung von 334 und 313 mμ.

Dauer der Einwirkung 60 Min.

Ergebnis (15-μ-Schnitte):

Zugewendete Seite 20, 20, 20, 24, 25, 31, 28, —, 31, 21, 25, 28.
Abgewendete Seite 21, 23, 17, 26, 22, 34, 30, —, 28, 20, 23, 26.

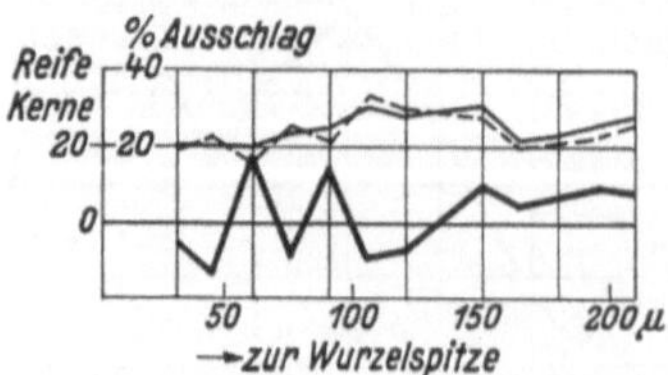

Bild 161. Ausschlagsdiagramm zu Versuch 166.

Resultat: Kein Ausschlag. Die Wirkung der Linie 334 mμ wird durch die Zumischung von 313 mμ aufgehoben.

Versuch 168.
(23. VII. 1927.)

Zusammenwirkungsversuche. Anordnung wie in Versuch 165. Wirkung der Linien 334 + 302 + 297 mμ.

Dauer der Einwirkung 60 Min.

Ergebnis (15-μ-Schnitte):

Zugewendete Seite   94, 127, 158, —, 144, 127, 153, 159, 170, 169, 184, 164, —, 221.
Abgewendete Seite   99, 126, 146, —, 145, 124, 145, 170, 161, 171, 188, 177, —, 220.

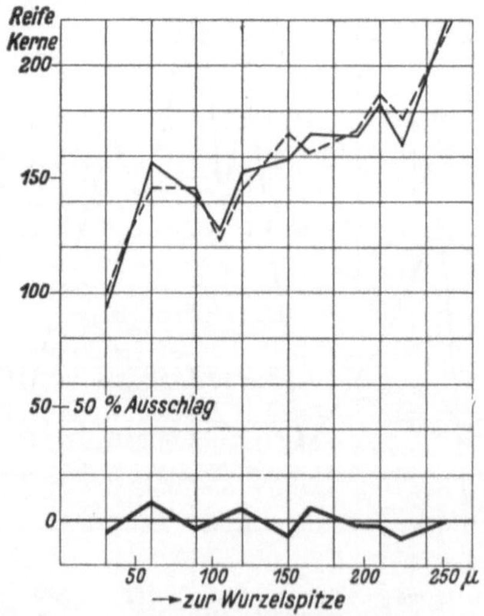

Bild 162. Ausschlagsdiagramm zu Versuch 168.

Resultat: Kein Ausschlag. Die Wirkung der Wellenlänge 334 mμ wird durch Zumischung von 302 + 297 mμ aufgehoben.

Versuch 169.

(23. VII. 1927.)

Zusammenwirkungsversuche. Anordnung wie in Versuch 165. Zur Einwirkung gelangen die Linien 334 + 280 mμ.

Dauer des Versuches 60 Min.

Ergebnis (15-μ-Schnitte):

Zugewendete Seite 73, 87, 100, 110, 132, 125, 117, 111, 110, 142, 130, 121, 152, 117,

Abgewendete Seite 70, 77, 75, 92, 69, 60, 83, 86, 98, 126, 87, 99, 100, 109,

108, 159.
142, 138.

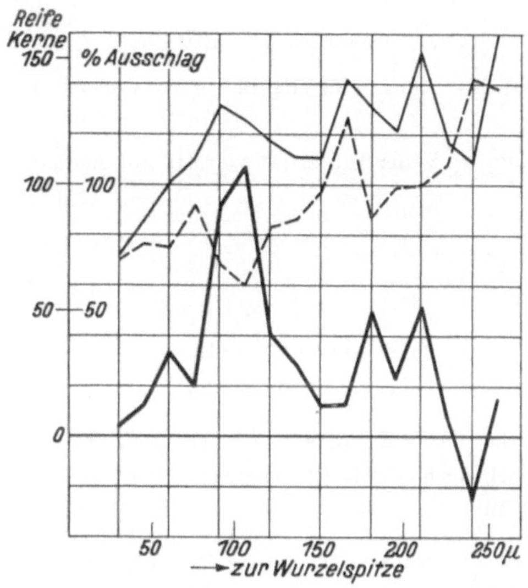

Bild 163. Ausschlagsdiagramm zu Versuch 169.

Resultat: Die Wirkung der Linie 334 mμ auf die Zwiebelwurzel wird durch Beimischung von 280 mμ in keiner Weise beeinträchtigt.

Versuch 170.

(25. VII. 1927.)

Zusammenwirkungsversuche. Anordnung wie in Versuch 165. Zur Einwirkung gelangen die Linien 334 + 0,1 · 313 mμ.

Vorversuch: Linie 313 mμ wird durch zwei übereinandergelegte Cash-Schleier geschwächt. Zuerst wird ohne Schleier 5 Min. exponiert, dann mit 1 Schleier solange, bis die Schwärzung ungefähr gleich wird, darauf mit 2 Schleiern ebenso. Die Schwärzung wird mit Zelloidinpapier geprüft.

Bei ungefähr gleicher Schwärzung ergeben sich folgende Zeiten:

ohne Schleier . . . . 5 Min.
mit 1 Schleier . . . . 15 „
„ 2 „ . . . . 50 „

Zwei Schleier schwächen also auf etwa 10%, ein Schleier auf etwa 33%.

Die Linie 313 wird mit zwei Schleiern auf 10% geschwächt. Darauf der Hauptversuch. Dauer 60 Min.

Ergebnis (15-μ-Schnitte):

| Zugewendete Seite | 52, 45, 55, 51, 56, 58, 52, 51, 57, 68, —, 72, 57, 65, —, 61, 66. |
| Abgewendete Seite | 49, 44, 58, 45, 59, 57, 51, 49, 53, 68, —, 71, 54, 64, —, 67, 66. |

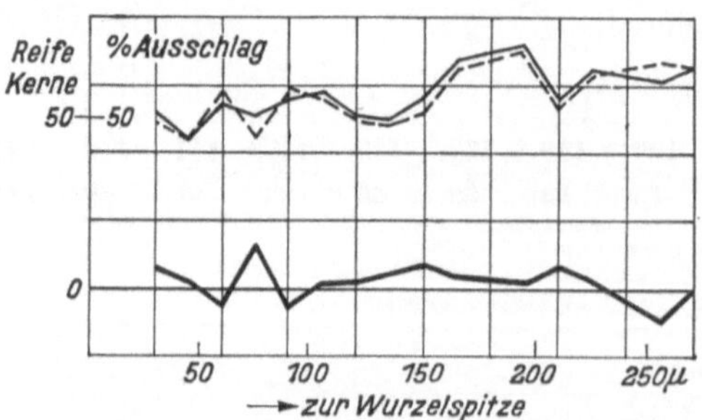

Bild 164. Ausschlagsdiagramm zu Versuch 170.

Resultat: Kein Ausschlag. 10% der Intensität von 313 mμ genügen zur Aufhebung der Wirkung von 334 mμ.

Versuch 171.
(25. VII. 1927.)

Zusammenwirkungsversuche. Anordnung wie Versuch 165. Linie $334 + 0,1\ (302 + 297)$ mμ. Abschwächung mit der Schleiermethode (2 Schleier). Dauer des Versuches 60 Min.

Ergebnis (15-μ-Schnitte):

| Zugewendete Seite | 89, 100, 99, —, 85, 105, 93, 100, —, 107, 117, 110, 106, 109, |
| Abgewendete Seite | 91, 94, 102, —, 87, 98, 100, 101, —, 117, 108, 125, 99, 107, |

119, 114, 124.
117, 112, 123.

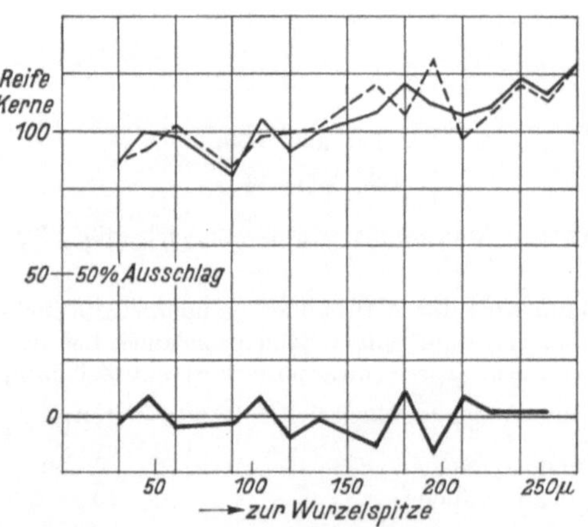

Bild 165. Ausschlagsdiagramm zu Versuch 171.

Resultat: Kein Ausschlag.

Versuch 172.
(26. VII. 1927.)

Zusammenwirkungsversuche. Versuchsanordnung wie Versuch 165. Linie $334 + 0,01\,(302 + 297)\,\mathrm{m}\mu$.
Abschwächung mit 4 Schleiern im Verhältnis 1 : 100.
Dauer des Versuches 60 Min.

Ergebnis (15-μ-Schnitte):

Zugewendete Seite 29, 34, 26, 20, 20, —, —, 26, 22, 23, 28, 26, 26, 28, 35, 35,
Abgewendete Seite 24, 28, 20, 27, 18, —, —, 28, 27, 23, 27, 29, 26, 27, 30, 43,

        27, 42, 33, 49, 40, 39.
        27, 45, 36, 40, 44, 42.

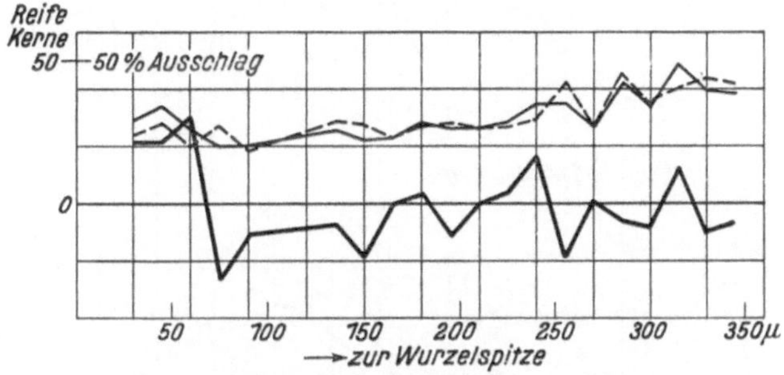

Bild 166. Ausschlagsdiagramm zu Versuch 172.

Resultat: Kein Ausschlag. $0,01\,(302 + 297)\,\mathrm{m}\mu$, also etwa ein Zehntel der Intensität der Linie $334\,\mathrm{m}\mu$ genügen, um die Induktionswirkung aufzuheben.

Versuch 173.
(26. VII. 1927.)

Zusammenwirkungsversuche. Anordnung wie Versuch 165. Linie $334\,\mathrm{m}\mu + 0,01 \cdot 313\,\mathrm{m}\mu$.
Abschwächung mit 4 Schleiern im Verhältnis 1 : 100.
Dauer des Versuches 60 Min.

Ergebnis (15-μ-Schnitte):

Zugewendete Seite   8, 23, 21, 13, 22, 22, 23, 27, 29, 12, 18, —, —, 21, 25, 20,
Abgewendete Seite 10, 23, 21, 15, 16, 29, 25, 29, 26, 12, 17, —, —, 21, 22, 23,

        24, 22, 24, 21, 26, 30, 21, —, 23, 16, 28, 27, 23.
        25, 29, 19, 22, 26, 31, 25, —, 25, 17, 31, 27, 28.

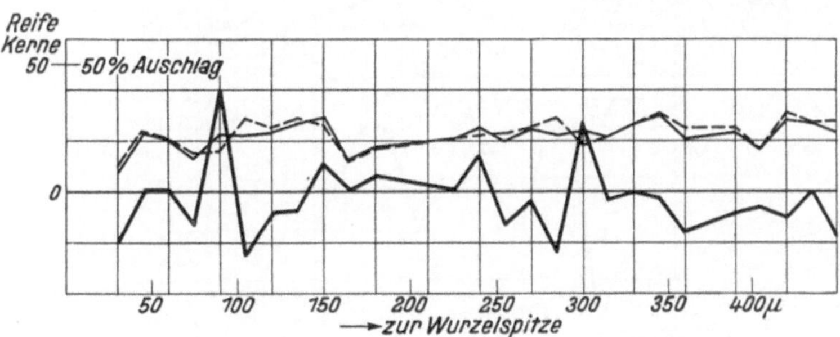

Bild 167. Ausschlagsdiagramm zu Versuch 173.

Resultat: Kein Ausschlag. Völlige Aufhebung der zellteilungsfördernden Wirkung der Linie $334\,\mathrm{m}\mu$ durch auf ein Hundertstel geschwächte Linie $313\,\mathrm{m}\mu$.

Versuch 174.
(26. VII. 1927.)

Zusammenwirkungsversuche. Anordnung wie in Versuch 165.
Das ganze ultraviolette Spektrum des Jesionek-Brenners kommt zur Einwirkung.
Dauer des Versuches 60 Min.

Ergebnis (15-μ-Schnitte):

Zugewendete Seite 92, 104, 109, 109, 108, 92, 110, 90, —, 120, 104, 116, 115, 138, 139, 126, 132.

Abgewendete Seite 89, 110, 94, 110, 109, 97, 112, 106, —, 118, 98, 118, 120, 137, 137, 128, 140.

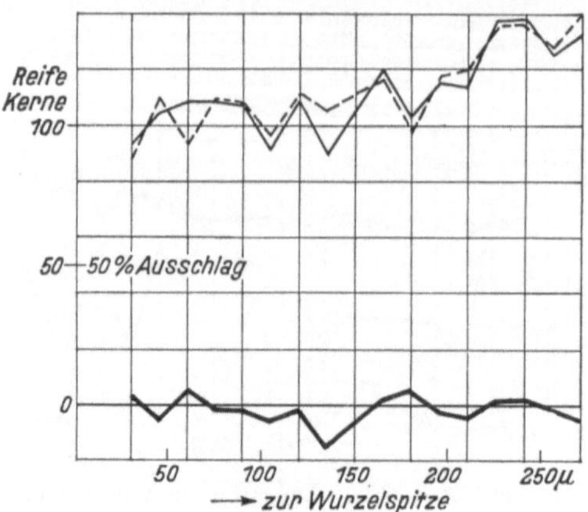

Bild 168. Ausschlagsdiagramm zu Versuch 174.

Resultat: Kein Ausschlag. Das ganze Ultraviolettspektrum zeigt auch bei dieser Anordnung keine Induktionswirkung.

Versuch 176.
(5. VIII. 1927.)

Zusammenwirkungsversuche. Anordnung wie in Versuch 165. Der Jesionek-Brenner ist unbrauchbar geworden, die folgenden Versuche wurden mit einem Bach-Brenner ausgeführt.
Wirkung der Linie 334 mμ allein. — Dauer des Versuches 65 Min.

Ergebnis (15-μ-Schnitte):

Zugewendete Seite 85, 76, 77, 62, **100, 80, 91, 89, 96,** —. **88, 119, 110,** —, **104,**

Abgewendete Seite 80, 72, 71, 75, **65, 50, 76, 66, 57,** —, **74, 75, 68,** —, **86,**

    115, 106, 101, 101, 112.

    95, 102, 94, 94, 100.

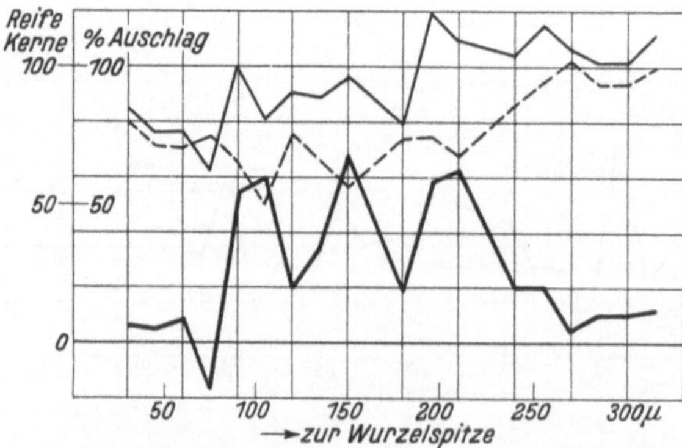

Bild 169. Ausschlagsdiagramm zu Versuch 176.

Resultat: Sehr starke Induktionswirkung der isolierten Wellenlänge 334 mμ auch bei dieser Versuchsanordnung.

Versuch 179.

(7. VIII. 1927.)

Versuche zur Klärung der Zusammenhänge zwischen Strahlungsvorgang und Luftversorgung.

Der Sohlenbrei wird nicht wie gewöhnlich in das geschlitzte Rohr frei eingeführt, sondern in ein Quarzröhrchen gebracht, dessen Enden mit Wasser gefüllt wurden.

Dauer des Versuches 35 Min.

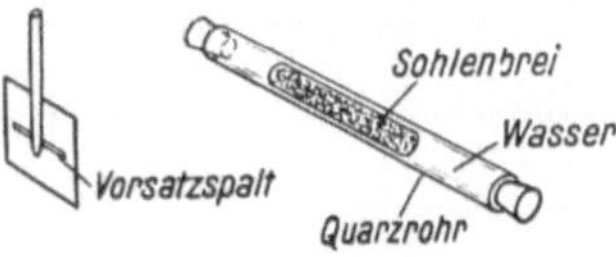

Bild 170. Versuchsanordnung im Versuch 179.

Ergebnis (15-μ-Schnitte):

Zugewendete Seite   49, 62, **84, 86,** —, **72, 104, 90,** —, **73, 77, 77, 63,** 86, 77, 68, 75.

Abgewendete Seite   46, 55, **59, 41,** —, **48,** 69, **47,** —, **52, 50, 67, 52,** 77, 61, 66, 76.

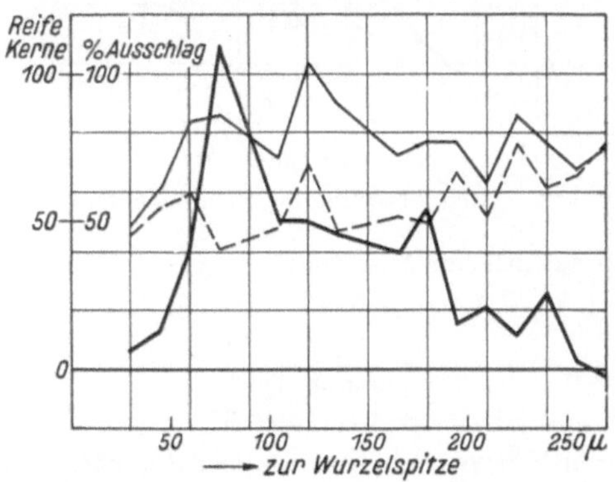

Bild 171. Ausschlagsdiagramm zu Versuch 179.

Resultat: Deutlicher Ausschlag.

Versuch 182.

(6. VIII. 1927.)

Wiederholung des Versuches 179 unter sorgfältigeren Bedingungen.

Die Sohle einer kräftigen, viele Wurzeln treibenden Zwiebel wird zerkleinert und sofort in die Quarzröhre eingepreßt. Die Luft wird durch wiederholtes Drücken entfernt, die Enden mit Wasser gefüllt und mit Klebwachs verkittet. In diesem Zustande bleibt das Röhrchen etwa 10 Min., erst dann Beginn des Versuches.

Dauer des Versuches 30 Min. Abstand 40 mm.

Ergebnis (15-μ-Schnitte):

Zugewendete Seite	156, 168, 169, **188, 186, 205,** 189, **204,** 190, **204, 210, 239,** 154, 202.
Abgewendete Seite	168, 168, 153, **153, 160, 163, 168, 169, 155, 147, 179, 194,** 176, 206.

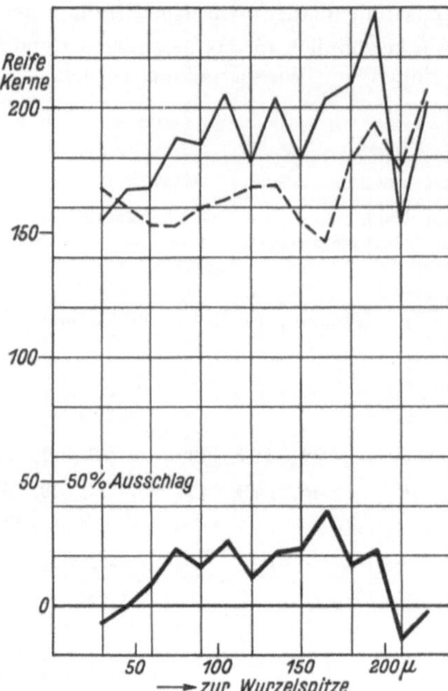

Bild 172. Ausschlagsdiagramm zu Versuch 182.

Resultat: Schwacher aber deutlicher Ausschlag.

Versuch 183.
(6. VIII. 1927.)

Dieselbe Zwiebelsohle wie in Versuch 182, in demselben Röhrchen wird auf eine neue Wurzel eingestellt. Seit Abschluß des Röhrchens bis zum Beginn des Versuches sind bereits 45 Min. verflossen. Dauer des Versuches 30 Min. Abstand 40 mm.

Ergebnis (15-μ-Schnitte):

Zugewendete Seite	65, 70, 82, **77,** —, **92, 99, 74, 92, 96, 86, 88,** —, **86,** 84.
Abgewendete Seite	76, 72, 82, **74,** —, **68, 79, 73, 66, 79, 58, 67,** —, **59,** 82.

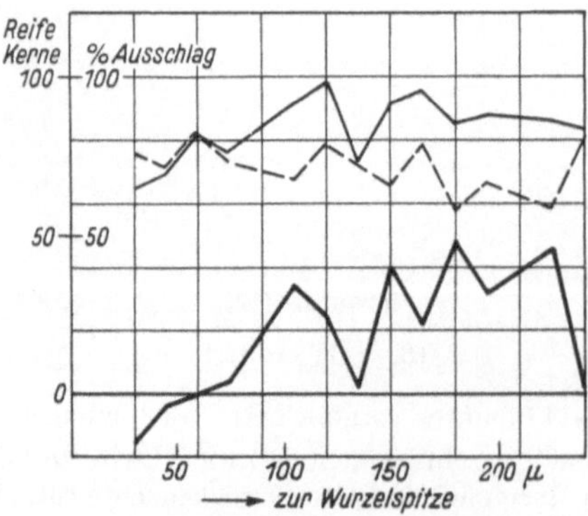

Bild 173. Ausschlagsdiagramm zu Versuch 183.

Resultat: Schwacher aber deutlicher Ausschlag.

Versuch 184.
(7. VIII. 1927.)

Kontrollversuch zu Versuch 183.

Eine Sohle wird zerschnitten, zerschabt und in diesem Zustande 45 Min. an der Luft liegen gelassen, dann in das geschlitzte Rohr gestopft und unter denselben Bedingungen wie 182 und 183 auf Zwiebelwurzel eingestellt.

Dauer des Versuches 30 Min. Abstand 40 mm.

Ergebnis (15-μ-Schnitte):

Zugewendete Seite 60, 66, —, 71, 78, 82, —, 95, 89, 88, 111, 90, 89, 114.

Abgewendete Seite 63, 75, —, 73, 74, 86, —, 93, 88, 94, 106, 93, 92, 106.

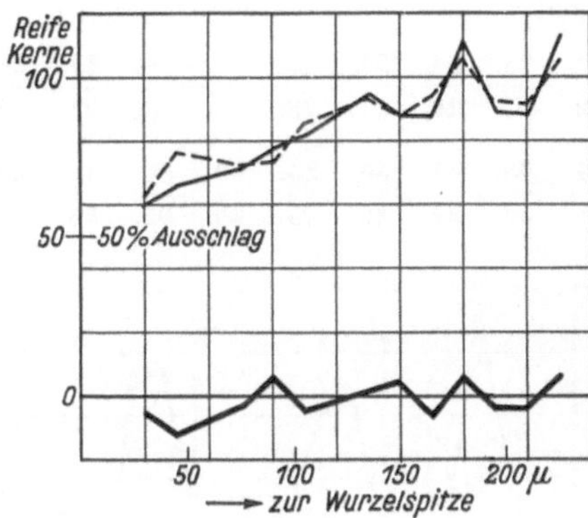

Bild 174. Ausschlagsdiagramm zu Versuch 184.

Resultat: Kein Ausschlag. Die Strahlungsfähigkeit der Zwiebelsohle hört anscheinend unter reichlicher Sauerstoffzufuhr früher auf als unter Luftabschluß.

Versuch 185.
(9. VIII. 1927.)

Zusammenwirkungsversuche. Anordnung wie in Versuch 165. Wellenlänge 334 mμ + 365 mμ + das ganze sichtbare Spektrum.

Das Reflexionsprisma wird etwas verschoben, so daß auch das sichtbare Spektrum darauf fällt. Dann wird unterhalb 334 mμ alles abgeblendet.

Dauer des Versuches 60 Min.

Ergebnis (15-μ-Schnitte):

Zugewendete Seite 29, 49, 36, 40, 27, 25, **30, 31, 45, 35,** —, —, —, **40, 25, 33,**

Abgewendete Seite 40, 35, 28, 39, 40, 26, **19, 21, 36, 22,** —, —, —, **30, 16, 28,**

41, 27, 36, 36. —, **41, 43,** —, —, —, **41, 44,** 49, 48, 57.

25, 17, 23, 26, —, **37, 27,** —, —, —, **34, 29,** 64, 49. 59.

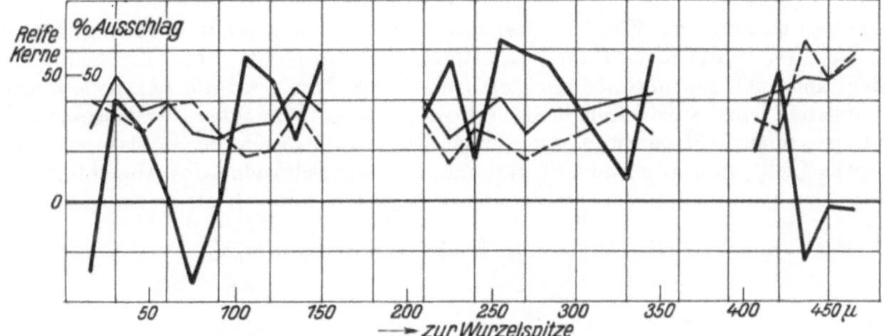

Bild 175. Auschlagsdiagramm zu Versuch 185.

Resultat: Die Wirkung der Linie 334 mμ wird durch Hinzufügung des ganzen längerwelligen ultravioletten und sichtbaren Spektralbereiches nicht beeinträchtigt.

Versuch 187.

(9. VIII. 1927.)

Zusammenwirkungsversuche. Anordnung wie in Versuch 165.

Das gesamte Hg-Spektrum mit einem 5 mm dicken Glasfilter.

Auf das Reflexionsprisma wird an Stelle der Blenden eine 2,5 mm starke gewöhnliche Glasplatte gelegt. Bei 2,5 mm Glasdicke erscheinen die Linien 334 und 313 mμ etwa gleich stark. Da sich ihre Intensitäten verhalten wie 1 : 12, so wird das Intensitätsverhältnis bei 5 mm Glasdicke etwa 12 : 1. Das übrige Spektrum von 365 mμ aufwärts wird nicht merklich geschwächt.

Dauer des Versuches 60 Min.

Ergebnis (15-μ-Schnitte):

Zugewendete Seite   27, **24,** **39,** **23,** **34,** **33,** **43,** —, —, **35,** **26,** **35,** **33,** **36,** **28,** **31,**

Abgewendete Seite   30, **19,** **22,** **11,** **20,** **27,** **29,** —, —, **22,** **12,** **24,** **26,** **26,** **15,** **17,**

            23, **34,** **33,** **43,** **41,** **36,** **25,** **40,** **50,** **44,** **44,** 22, 35, —, 37.

            18, **30,** **26,** **30,** **21,** **19,** **25,** **26,** **35,** **22,** **21,** 29, 35, —, 36.

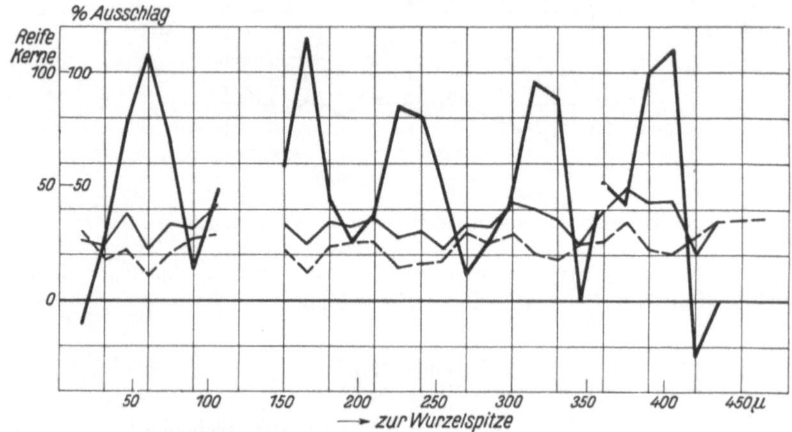

Bild 176. Ausschlagsdiagramm zu Versuch 187.

Resultat: Sehr schwacher und unregelmäßiger Ausschlag. Die geringen noch durchkommenden Intensitäten der Linie 313 mμ genügen anscheinend, um den Effekt stark abzuschwächen.

Versuch 189.

(31. VIII. 1927.)

Wellenlängenbestimmung der Zwiebelsohlenstrahlung mit dem großen Quarzspektrographen.

Der Träger für zwei Wurzeln wird am Bestrahlungstisch festgeschraubt. Mit Hilfe der Hg-Lampe wird die Lage der Linien 334 mμ und 365 mμ genau bestimmt. Nun wird die Lampe entfernt, und nach 30 Min. Abkühlungszeit wird ganz frisch bereiteter Brei zweier keimender Zwiebelsohlen in einem geschlitzten Rohr hinter dem Spalt befestigt. Der Sohlenbrei bekam durch die Glühlampenbeleuchtung im Versuchsraum etwas Licht, dessen geringe Stärke vielleicht die Schwäche des Ausschlages erklärt.

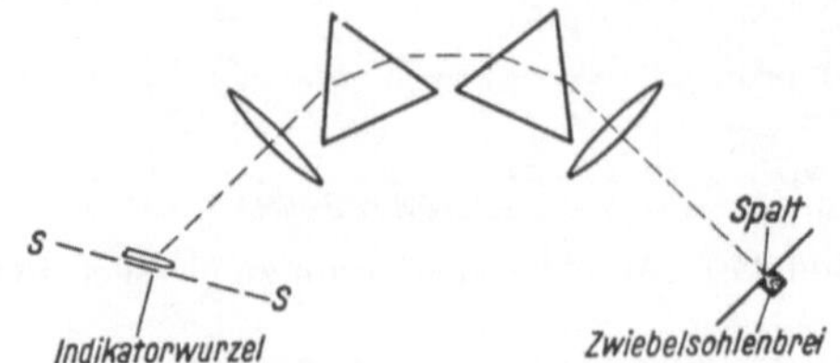

Bild 177. Versuchsanordnung zum Versuch 189.

Dauer des Versuches 60 Min.

Die Lage der Linien 334 mμ und 365 mμ wird an der zugewendeten Seite der Wurzeln markiert (mit Tuschefleckchen).

Entfernung zwischen den Mitten der beiden Bezeichnungen 170 Schnitte.

Auszählung beginnt beim unteren Ende des Zeichens 334.

Ergebnis (15-μ-Schnitte):

Zugewendete Seite   98,   99,   73,   91, 106;   85, 93,   86, —,   99;   94, 119,   96,   93,   95;
Abgewendete Seite 110, 108, 105, 115, 106;   87, 92, 100, —, 105;   89, 111, 105, 107, 105;

           100, —, —, 71, 80;   —, 68, 82, —, 68;   68, 78, 74, 55, 63;
            93, —, —, 61, 91;   —, 79, 69, —, 67;   70, 78, 56, 74, 58;

            68, —, 58, 78, 83;   67, 77, 79, 62, 57;   56, 54, 58, 59, 46;
            43, —, 70, 56, 50;   52, 64, 55, 69, 52;   60, 39, 66, 56, 57;

            —, 64, 64, 60, 66;   52, —, 64, 59, —;   48, 48, —, 46, 58.
            —, 66, 64, 64, 60;   58, —, 60, 56, —;   59, 56, —, 51, 54.

Bis zur Mitte des Zeichens 365 mμ sind noch etwa 110 Schnitte.

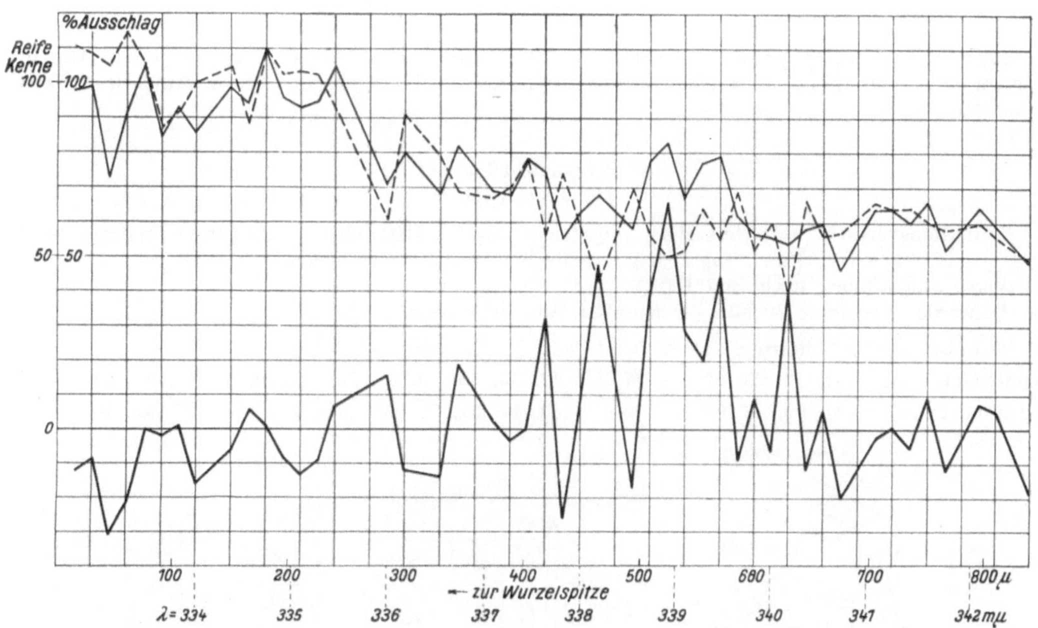

Bild 178. Ausschlagsdiagramm zu Versuch 189. Die Wellenlängenskala gibt die Lage der Spektrallinien auf der Versuchswurzel an.

Resultat: Schwacher aber deutlicher Ausschlag mit der Mitte bei ungefähr **339 mμ.**

Versuch 190.
(20. VIII. 1927.)

Bestrahlung von Zwiebelwurzeln mit der Silberbogenlampe in Quarzhülle.
Stromverhältnisse: 5 Amp., 105 Volt. Abstand der Elektroden 20—22 mm.
Dauer der Bestrahlungszeit 15 Min. Danach 45 Min. in Wasser.

Ergebnis (15-μ-Schnitte):

Zugewendete Seite   40, 44, 34, —, **41, 48, 55, 43, 34, —, 50, 46, 96, 57, 52, 65, 56.**

Abgewendete Seite   33, 44, 50, —, **32, 29, 34, 25, 42, —, 35, 36, 56, 29, 42, 32, 43.**

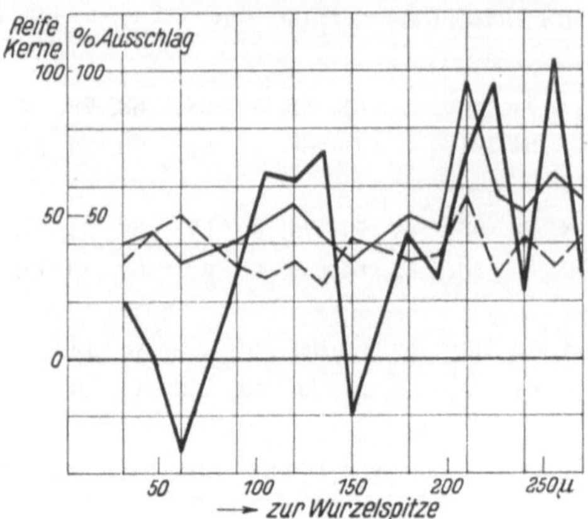

Bild 179. Ausschlagsdiagramm zu Versuch 190.

Resultat: Deutlich positives Ergebnis nach verhältnismäßig kurzer Bestrahlungszeit. Die im Silberspektrum enthaltenen schwachen Antagenisten haben die Wirkung nicht verhindern können.

Versuch 191.
(10. VIII. 1927.)

Induktionsversuche mit Hefezellen auf Zwiebelwurzel. Hefekultur (untergärige Preßhefe) wird am 19. VIII. angesetzt. Einen Tag später hat die Kultur gut angeschlagen.
Versuchsanordnung nach Bild 180.
Dauer des Versuches 30 Min. Danach 30 Min. in Wasser.

Ergebnis (15-μ-Schnitte):

Zugewendete Seite   51, 72, 60, 62, —, 57, —, 42, 55, 56, 48, 67, 59, 58, 49, —, 49, 59, 53.

Abgewendete Seite   37, 59, 48, 69, —, 58, —, 39, 47, 51, 50, 60, 58, 52, 55, —, 57, 61, 46.

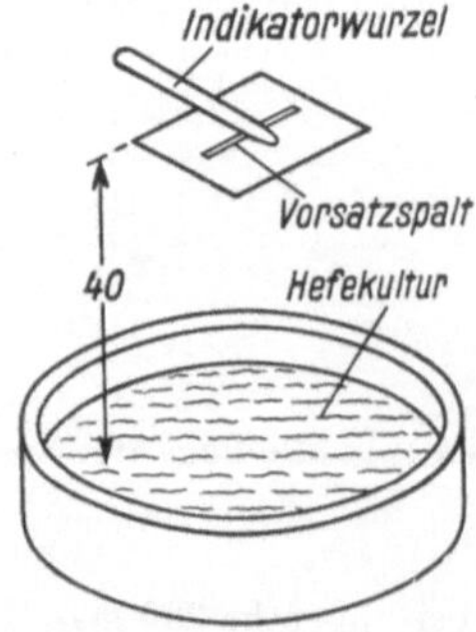

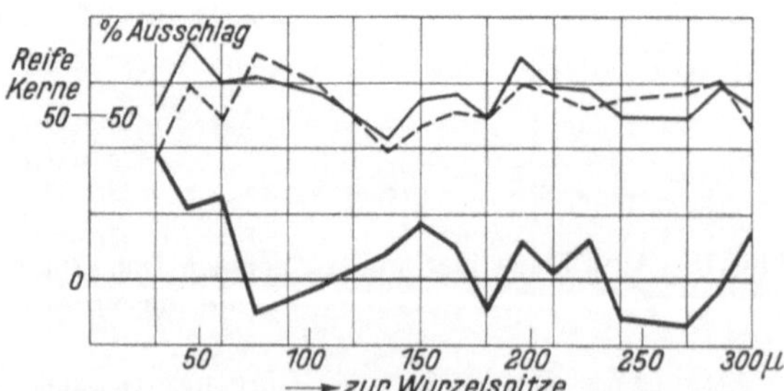

Bild 180. Versuchsanordnung zu Versuch 191.   Bild 181. Ausschlagsdiagramm zu Versuch 191.

Resultat: Kein Ausschlag.
Zur Kontrolle sind eine 3 mm starke Schicht der vergorenen Nährlösung auf Ultraviolettdurchlässigkeit geprüft. Dabei wurde festgestellt, daß sie unter 380 mμ alles absorbiert.
Ebenso absorbiert eine dünnste Schicht von Hefezellen das ganze Ultraviolett.

Versuch 193.
(25. VIII. 1927.)

Bestrahlungsversuche mit Hefezellen auf Zwiebelwurzel.

Eine untergärige Hefekultur wird in einer Quarzschale angelegt und mit der Unterfläche auf Zwiebelwurzel eingestellt (s. Zeichnung).

Dauer des Versuches 30 Min. Nachher 30 Min. in Wasser.

Ergebnis (15-μ-Schnitte):

Zugewendete Seite   36, 42, —, 37, —, 29, —, 27, 34, —, 41, 41, 39, 44, 44, 32, 40.

Abgewendete Seite   34, 35, —, 32, —, 41, —, 27, 43, —, 45, 44, 39, 35, 40, 35, 33.

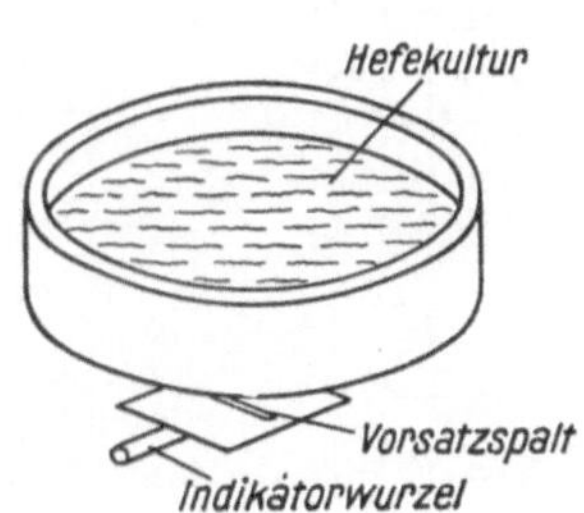

Bild 182. Anordnung zu Versuch 193.

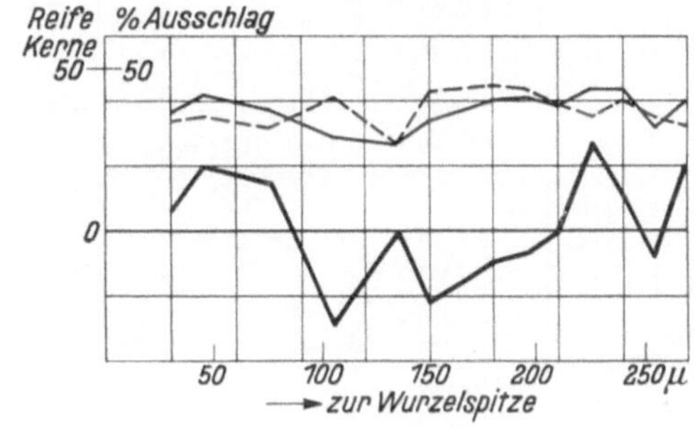

Bild 183. Ausschlagsdiagramm zu Versuch 193.

Resultat: Kein Ausschlag.

Versuch 194.
(27. III. 1927.)

Bestrahlungsversuch mit der Silberbogenlampe.

Silberbogenlampe in Glashülle (Absorption von etwa 320 mμ abwärts) auf Zwiebelwurzel.

Stromverhältnisse: 4 Amp., 95 Volt, Bogenlänge 20 mm.

Bestrahlungszeit 32 Min.

Resultat: Bei beiden Wurzeln beginnende bzw. ausgedehnte Schrumpfung der Zellen auf der zugewendeten Seite.

Versuch 197.
(26. III. 1927.)

Wiederholung des Induktionsversuches von Sohlenbrei auf Zwiebelwurzel in der Weise, daß die Wurzel mit etwas Sohle von der Zwiebel abgetrennt und in einer vollkommen geschlossenen Quarzröhre der Induktionswirkung durch Sohlenbrei ausgesetzt wurde.

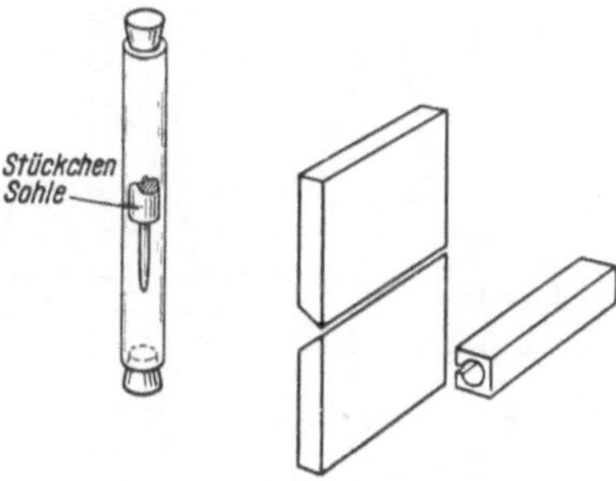

Bild 184. Versuchsanordnung zur Induktion unter Ausschluß chemischer Einwirkungen auf die Indikatorwurzel.

Dauer der Induktion 75 Min.

Ergebnis (15-μ-Schnitte):

Zugewendete Seite   16,   26,   19,   16,   **31,   28,   35,**   —,   —,   **25,   29,   32,**   —,   —,   **21,**   —,

Abgewendete Seite   16,   19,   17,   21,   **19,   14,   24,**   —,   —,   **10,   20,   17,**   —,   —,   **20,**   —

                    31,   44,   27,   36,   —,   —,   —,   21,   22.

                    16,   12,   17,   23,   —,   —,   —,   23,   27.

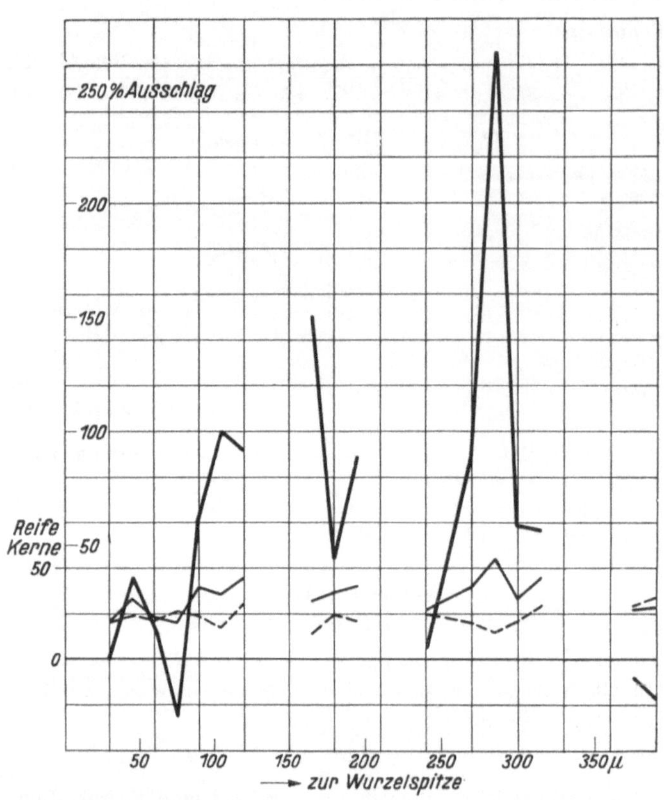

Bild 185. Ausschlagsdiagramm zu Versuch 197.

Resultat: Starker Ausschlag. Der Induktionsversuch gelingt auch bei eingeschlossener Indikator-wurzel.

Versuch 199.

(28. VIII. 1927.)

Wiederholung des Gurwitschschen Grundversuches im Dunkeln. Anordnung wie in Bild 58. Abstand von Spitze und Wurzel 15 mm. Dauer der Induktion 75 Min.

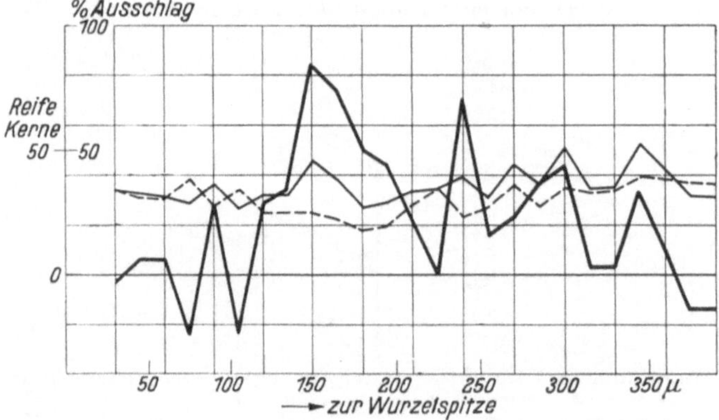

Bild 186. Ausschlagsdiagramm zu Versuch 199.

Ergebnis (15-μ-Schnitte):

Zugewendete Seite 34, 33, 32, 29, 36, 27, **32**, **32**, **46**, **38**, **27**, **29**, **34**, **35**, **39**, **31**,
Abgewendete Seite 35, 31, 30, 38, 28, 35, **25**, **24**, **25**, **22**, **18**, **20**, **28**, **35**, **23**, **27**,

                44, **37**, **50**, 34, 35, 52, 42, 31, 31.
                36, **27**, **35**, 33, 34, 39, 38, 36, 36.

Resultat: Der Gurwitschsche Grundversuch gibt auch im Dunkeln einen positiven Effekt.

Versuch 200.
(29. VIII. 1927.)

Silberbogenlampe (mit Glashülle) auf Zwiebelwurzel mit verschiedenen Intensitäten.
$J = 4$ Amp. $E = 100$ Volt.
Sechs Schwesterwurzeln werden gleichzeitig abgeschnitten und gleichzeitig in gleichem Abstand
von der Silberlampe

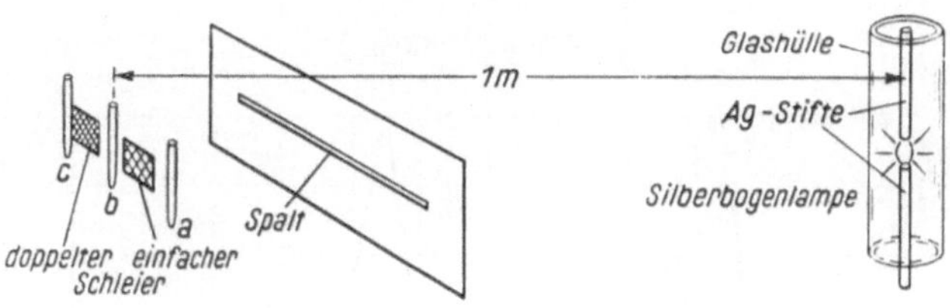

Bild 187. Anordnung zum Versuch 200.

a) ohne Schleier; b) mit 2 Schleiern ($^1/_{10}$ der Intensität); c) mit 4 Schleiern ($^1/_{100}$ der Intensität)
bestrahlt. Beginn 10.45 Uhr. Dauer 45 Min. Danach 20 Min. in Wasser.

200 a:
Ergebnis (15-μ-Schnitte):

Zugewendete Seite 21, 29, 22, —, 28, 16, 18, 19, 30, —, 19, 25, 29, 25, —, 23,
Abgewendete Seite 21, 26, 29, —, 29, 21, 21, 19, 26, —, 29, 26, 30, 27, —, 27,

                22, —, 16, —, 19, 21, —, —, —, 27, 22, 22, 18.
                19, —, 20, —, 21, 19, —, —, —, 26, 20, 17, 18.

200 b:
Ergebnis (15-μ-Schnitte):

Zugewendete Seite 31, 27, 28, 24, **37**, —, **42**, **31**, **25**, **36**, **38**, —, **31**, **30**, **32**, **32**,
Abgewendete Seite 27, 26, 29, 30, **21**, —, **27**, **31**, **20**, **23**, **33**, —, **23**, **21**, **16**, **21**,

                38, **27**, **36**, —, **32**, **27**, 29, 27, 31.
                29, **21**, **25**, —, **24**, **21**, 35, 35, 30.

200 c:
Ergebnis (15-μ-Schnitte):

Zugewendete Seite 21, 16, 20, —, 17, —, 21, 27, 29, 22, 17, 19, 17, 16, 25, —,
Abgewendete Seite 19, —, —, —, 23, —, 19, 18, 18, 21, 16, 15, 21, 17, 19, —,

                15, 19, 26, **21**, **17**, —, **28**, **24**, **20**, **25**, **20**, **22**, **24**, **26**, **27**, **22**,
                18, 18, 24, **12**, **8**, —, **17**, **15**, **19**, **17**, **12**, **14**, **10**, **12**, **13**, **17**,

202 c (Fortsetzung).

Ergebnis (15-μ-Schnitte):

| Zugewendete Seite | 24, | 20, | —, | 22, | 22, | —, | —, | 22, | 17, | 24, | 22, | 23, | 30, | 19, | 17, | 27, |
| Abgewendete Seite | 13, | 14, | —, | 11, | 18, | —, | —, | 11, | 16, | 8, | 9, | 10, | 13, | 12, | 17, | 14, |

| | 26, | 17, | 15, | 18, | 20, | 27, | 18, | —, | 27. |
| | 13, | 13, | 12, | 16, | 16, | 8, | 11, | —, | 12. |

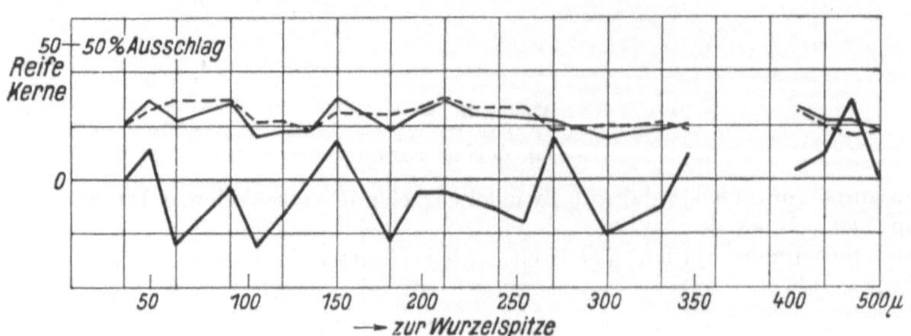

Versuch 200 a.

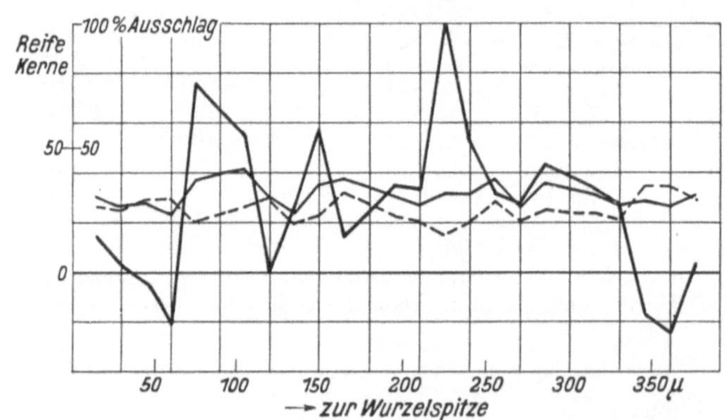

Versuch 200 b.

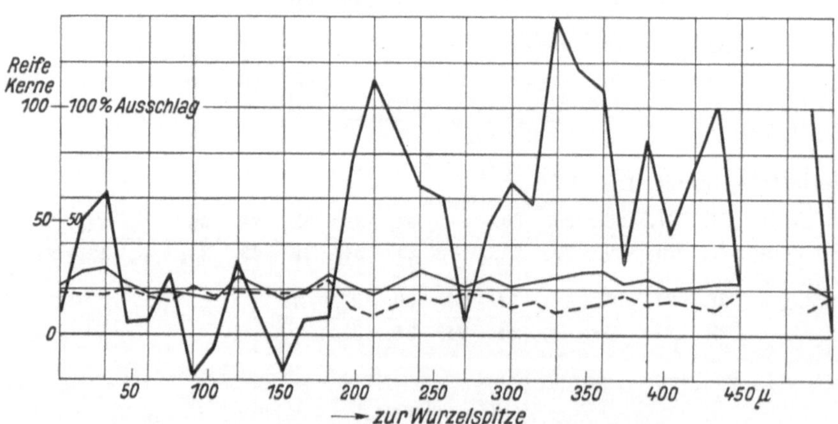

Versuch 200 c.

Bild 188. Ausschlagsdiagramme zum Versuch 200.

Resultat: Bei a kein Ausschlag; bei b und c stark positiver Effekt. Die Wurzel b hat eine zehnmal, c eine hundertmal kleinere Dosis erhalten wie a.

Versuch 205.

(3. IX. 1927.)

Bestimmung der Wellenlänge von Sarkomstrahlen.

Eine weiße Ratte mit Jensen-Sarkom von etwa 2 cm³ Größe wird getötet und das Sarkom exstirpiert. Tötung der Ratte 11.30 Uhr.

Das Sarkom wird in drei Teile geteilt. Ein Teil wird in das geschlitzte Rohr von 5 mm Durchmesser gestopft, nach vorheriger Zerkleinerung. Das Rohr wird 5 Min. nach der Tötung 11.35 Uhr in das Spektroskop eingeführt. Vorher wurde die Lage der Linien 334 und 365 mμ auf photographischen Streifen neben der induzierten Wurzel festgestellt. Anordnung wie in Bild 177.

Die Anordnung ist dieselbe wie bei Versuch 189.

Beginn des Versuches 11.35 Uhr, Ende 12.35 Uhr. Dauer 60 Min. Darauf unmittelbar fixiert.

Ergebnis (15-μ-Schnitte):

Zugewendete Seite 37, 41, 29, 47, 35, 44, 36, 46, 34, 45, 36, 35, 39, 41, 43, 40,

Abgewendete Seite 35, 38, 33, 43, 35, 50, 35, 40, 37, 43, 36, 34, 39, 43, 42, 36,

30, 40, 35, 27, 37, 33, 43, 34, 35, 45, 38, 30, 33, 32, 38, 32,

34, 43, 38, 26, 36, 37, 41, 30, 38, 53, 34, 32, 26, 26, 31, 35,

33, 19, 21, 33, 30, 32, **37, 35, 36, 37, 36, 26, 30, 33, 32, 39,**

31, 19, 22, 39, 28, 29, **30, 21, 31, 30, 30, 17, 22, 24, 26, 31,**

21, 26, 31, 27, 30, 10 Schnitte fehlen, 19, 20, 21, 26, 25, 19, 19,

25, 26, 22, 23, 22,   20, 18, 19, 22, 25, 21, 22,

26, 34, 23, 29, 26, 28, 26, 18, 23.

27, 35, 25, 27, 29, 29, 27, 23, 23.

Alle weiteren Schnitte sind auch ganz gleichmäßig.

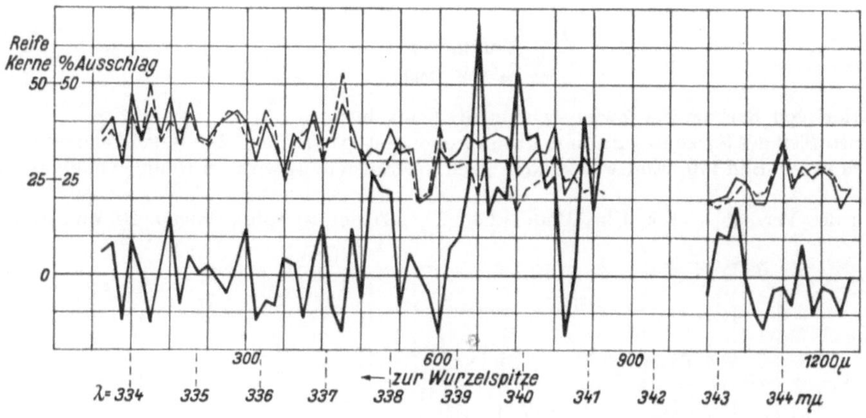

Bild 189. Ausschlagsdiagramm zu Versuch 205.

Resultat: Beide Bezeichnungen haben einen Abstand von 200—210 Schnitten. Der Abstand der Mitte des Ausschlages von 334 mμ beträgt etwa 40 Schnitte. Dies entspricht einer Wellenlänge von etwa **340 mμ.** (Vgl. Versuch 183.)

Versuch 206.

(4. IX. 1927.)

Induktion von Sarkom auf Zwiebelwurzel.

Von demselben Sarkom, das im Versuch 205 untersucht wurde, wird ein weiterer Teil in das geschlitzte Rohr von 3 mm Durchmesser gestopft und bei Tageslicht auf zwei Wurzeln eingestellt. Zweck des Versuches: Kontrolle der Versuche 205 und 207.

Abstand 32 mm. Dauer 45 Min. Beginn 11.40 Uhr. Danach auf 15 Min. in Wasser gelegt.

Ergebnis (15-μ-Schnitte):

Zugewendete Seite   49, 35, 44, 42, 43, 39, 33, 39, 38, 47, 49, 39, 51, 40, 38, 27,

Abgewendete Seite   37, 27, 26, 36, 23, 26, 26, 29, 18, 41, 26, 27, 27, 18, 38, 26,

       35, 37, 48, 34, 40.

       34, 23, 39, 42, 45.

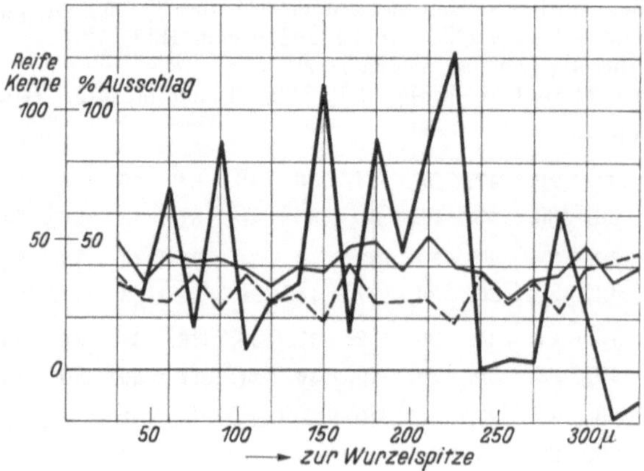

Bild 190. Ausschlagsdiagramm zu Versuch 206.

Resultat: Starker positiver Effekt.

Versuch 207.
(4. IX. 1927.)

Induktion von Sarkom auf Zwiebelwurzel im Dunkeln.

Der dritte Teil des Sarkoms wird in die Quarzröhre gestopft und auf eine Wurzel eingestellt. Anordnung ähnlich wie in Bild 170. Einige Sekunden nach der Einstellung wird im Raume vollkommen dunkel gemacht.

Beginn des Versuches 11.50 Uhr, Ende 12.30 Uhr; Dauer 40 Min. Danach 20 Min. in Wasser.

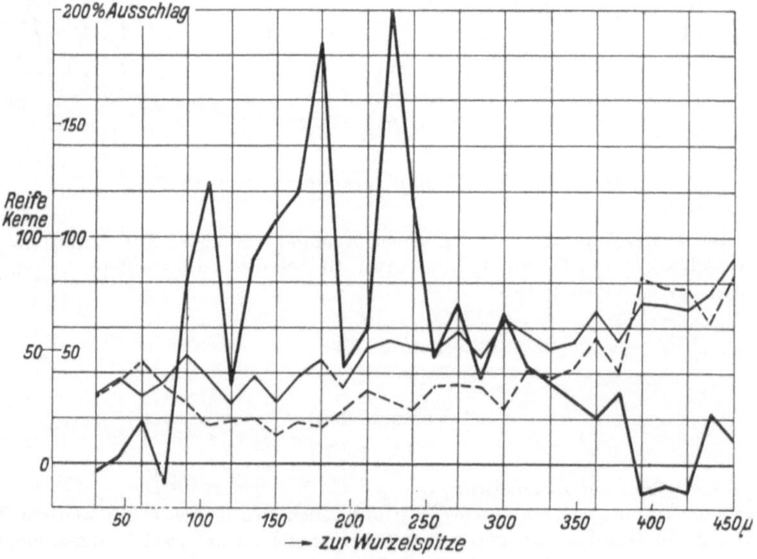

Bild 191. Ausschlagsdiagramm zum Versuch 207.

Ergebnis (15-μ-Schnitte):

Zugewendete Seite   30,   37,   30,   36,   **48,   38,   26,   38,   27,   38,   46,   34,   51,   54,   52,   50,**

Abgewendete Seite   31,   36,   25,   34,   **27,   17,   19,   20,   13,   18,   16,   24,   32,**   18,   24,   34,

     59,   47,   64,   59,   52,   54,   67,   54,   71,   70,   68,   75,   90.

     35,   34,   24,   41,   38,   42,   55,   41,   81,   68,   77,   62,   82.

Resultat: Stark positiver Effekt. Sarkom strahlt also auch im Dunkeln und noch mindestens 20 Min. nach Tötung des Tieres.

Versuch 209.
(5. IX. 1927.)

Versuche zur Klärung der chemischen Natur der strahlenden Reaktion.

Zwiebelsohlenbrei wird mit 5% Schwefelkohlenstoff, einem sehr starken Oxydationsgift getränkt, um damit die Atmung aufzuheben. Dann wird dieser Brei mit der bekannten Anordnung (Bild 170) im geschlossenen Quarzröhrchen auf zwei Wurzeln eingestellt.

Beginn des Versuches 11.20 Uhr. Dauer 60 Min. Abstand 32 mm.

Ergebnis (15-μ-Schnitte):

Zugewendete Seite   20,   20,   17,   32,   25,   19,   26,   19,   27,   32,   28,   21,   23,   23,   22,   27,

Abgewendete Seite   19,   19,   15,   28,   34,   17,   27,   24,   29,   30,   26,   22,   18,   24,   24,   28,

     20,   28,   22,   21,   22,   23,   28,   23,   28,   23,   23,   22,   28,   19,   27,   17,

     22,   25,   26,   22,   21,   24,   24,   22,   25,   29,   26,   26,   25,   21,   27,   18,

     19,   27,   26,   30,   26,   31,   23,   24,   24,   34,   33,   31.

     27,   19,   30,   29,   22,   34,   25,   28,   32,   35,   33,   31.

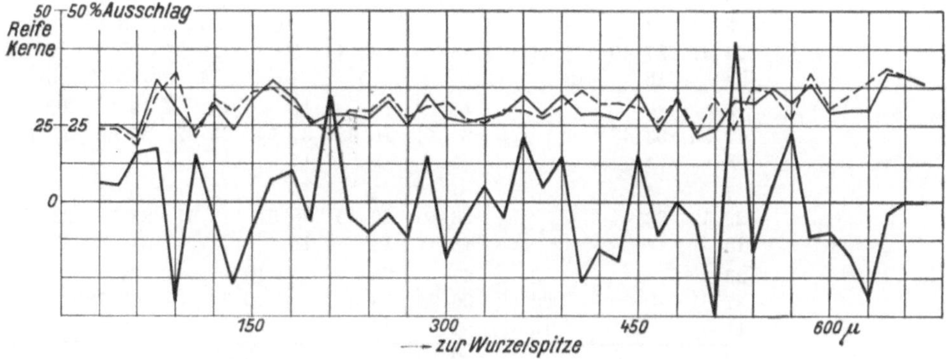

Bild 192. Ausschlagsdiagramm zum Versuch 209.

Resultat: Kein Ausschlag. Schwefelkohlenstoff vergiftet die Strahlungsreaktion.

Versuch 227.
(24. X. 1927.)

Abbildung des Zwiebelsohlenbreispaltes auf Zwiebelwurzel.

In den Versuchen zur Wellenlängenbestimmung (Versuch 189 und 205) mit dem großen Quarzspektrographen wurden immer sehr schwache Ausschläge erhalten. Zur Klärung der Frage, ob der Grund hierfür in ungenügender Lichtstärke des Spektrographen oder in anderen Umständen, wie z. B. unzureichende Beleuchtung des Breispaltes im nahezu geschlossenen Spektrographengehäuse zu suchen ist, wurde die in Bild 193 dargestellte Anordnung aufgebaut, die für monochromatisches Licht nahezu dieselbe Lichtstärke ergeben muß wie der Spektrograph. Der Breispalt wurde mittels der beiden Linsen des Quarzspektrographen von je 100 mm $\varnothing$, F = 200 mm auf die Indikatorwurzeln abgebildet.

Zwei abgetrennte Zwiebelwurzeln. Die Wurzeln etwa 30 mm lang. Versuchsdauer 60 Min.

Die Apparatur stand offen, auf einer optischen Bank aufgebaut, im mäßig hellen Tageslicht.

Das Ergebnis wurde nach drei Kernstadien ausgewertet. Es wurden gezählt: I. Zellen, die sich im Zyklus befinden (reife Kerne und Mitosen); II. Zellen mit weniger weit vorgeschrittenem Streckungs-

                                          Versuchsprotokolle.

wachstum (entsprechend 4a), auf S. 54); III. Zellen mit vorgeschrittenem Streckungswachstum (entsprechend 4b) auf S. 54).

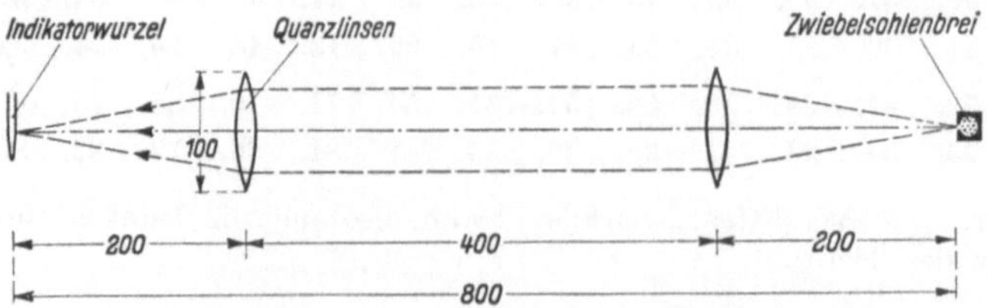

Bild 193. Versuchsanordnung zu Versuch 227.

Ergebnis (15-μ-Schnitte):

	C1	C2	C3	C4	C5	C6	C7	C8	C9	C10	C11
Zugewendete Seite I.	2		6	2	3	2		4		2	6
II.	16 37	—	19 36	15 26	20 35	26 40	—	26 35	—	19 35	36 47
III.	19		11	9	12	12		5		14	5
Abgewendete Seite I.	2		4	2	3	2		4		4	4
II.	18 35	—	20 41	17 27	23 35	19 41	—	20 34	—	20 40	18 36
III.	15		17	8	10	10		10		16	14
	3	6	2	3	7		5	4		3	4
	18 34	24 38	21 33	27 40	18 35	—	28 45	25 36		30 40	21 32
	13	8	10	10	10		12	7		7	7
	4	6	3	3	7		5	4		3	4
	20 34	27 45	23 39	20 27	24 48	—	25 44	23 41		25 35	25 40
	10	12	13	7	18		14	14		8	12
	5	3	8	2		3	2	5		12	8
	22 36	22 31	32 55	22 31	—	42 52	35 44	34 48		23 45	19 37
	9	6	15	7		7	7	9		10	10
	3	4	8	4	1	4	7	8	5		
	24 41	27 49	21 41	27 43	—	38 44	30 49	23 34	37	27 47	
	14	18	12	12	5	15	4	12 57	15		
	5	6			14	13	12	18		19	36
	17 30	33 43	—	—	24 44	16 38	30 54	23 52		25 60	37 76
	8	4			6	9	12	11		16	3
	7	4			4	7	3	7		5	3
	22 42	23 41	—	—	28 50	26 49	30 51	18 57		23 59	23 59
	13	14			18	16	18	32		31	33
	23			19	27	25		10			22
	27 61	—	—	28 62	36 71	18 55	—	40 59	—		47 78
	11			15	8	12		9			9
	6			5	9	5		5			14
	33 66	—	—	29 55	29 54	29 48	—	30 59	—		42 73
	27			11	16	14		24			17
			10	10	18	18	9			18	10
	—	—	41 65	45 76	24 59	28 60	28 54	—		26 69	48 65
			14	21	17	14	17			25	7
			8	4	8	13	19			20	12
	—	—	45 68	53 67	42 74	34 65	26 68	—		35 93	55 76
			15	10	24	18	23			38	9
		17	23	23	31	25	24	46		37	30
	—	32 58	37 73	50 83	29 76	46 89	32 65	26 81		33 78	46 88
		9	13	10	16	18	9	9		8	12
		17	22	20	33	20	23	40		28	20
	—	35 65	38 71	46 73	40 83	40 77	27 68	24 78		36 78	44 80
		13	11	7	10	17	18	14		14	16
	37		37	39	53	34	51				
	32 92	—	39 84	37 90	46 105	41 90	40 97				
	23		8	14	6	15	6				
	33		47	41	52	33	39				
	43 97	—	35 93	39 102	42 106	48 91	44 92				
	21		11	22	12	10	9				

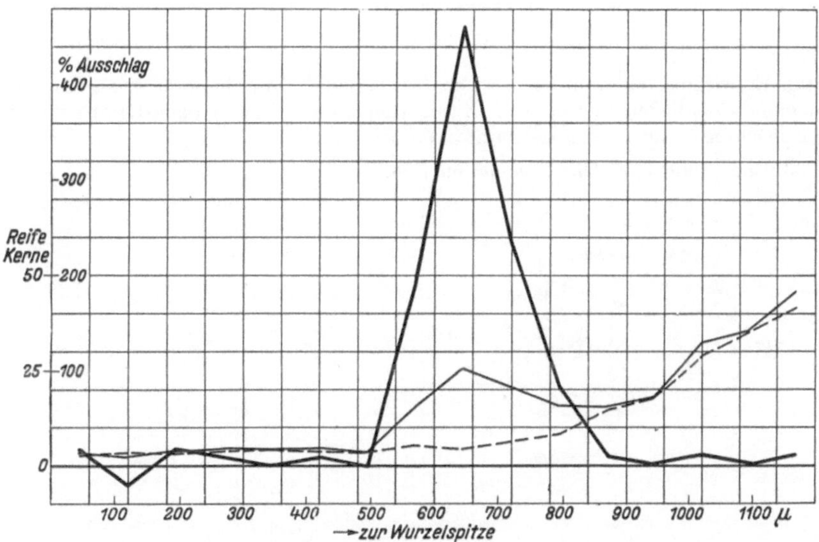

Bild 194. Ausschlagsdiagramm zum Versuch 227, nach den üblichen Kriterien gezählt, wegen den starken Schwankungen der kleinen Kernzahlen nach der Ausgleichsmethode dargestellt.

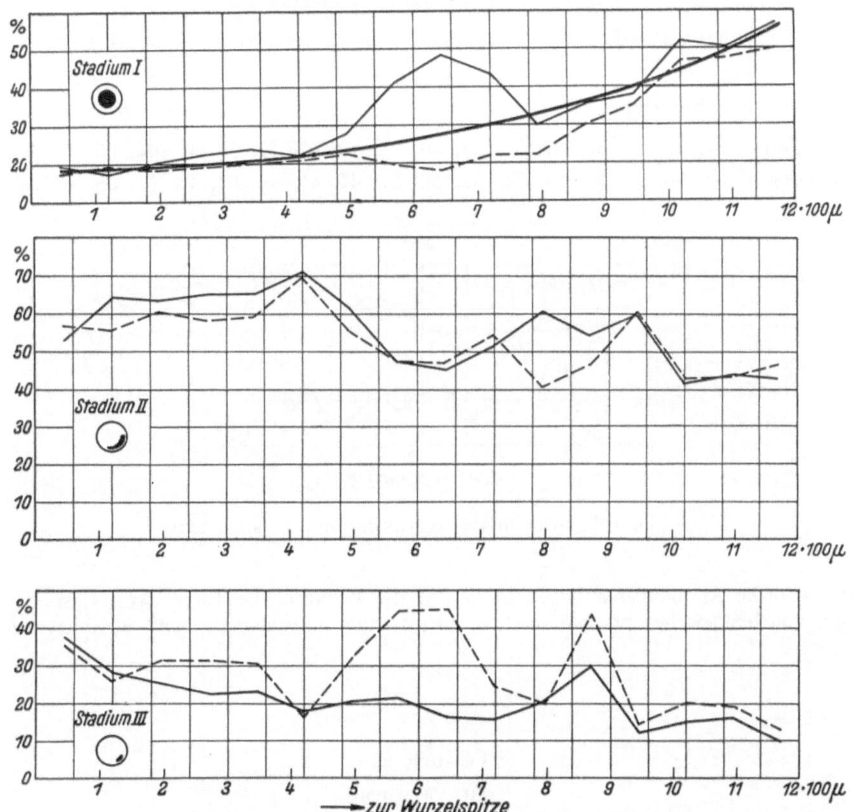

Bild 195. Darstellung der relativen (prozentualen) Anteile der Kernstadien I, II und III in Versuch 227. Die Darstellung unterscheidet sich insofern von den Verteilungskurven im Abschnitt IV, als hier nicht die Ordnungszahl als Abszisse gewählt ist. Für Stadium I ist der interpolierte normale Verlauf mit eingezeichnet.

Resultat: Der Ausschlag ist stark, weit stärker als in den Versuchen 189 und 205. Der Grund für die Schwäche jener Ausschläge ist also nicht in der mangelhaften geometrischen Lichtstärke des Spektrographen zu suchen.

Versuch 229.

(31. X. 1927.)

Gleichzeitige Einwirkung von „mitogenetischen" Strahlen des Zwiebelsohlenbreies und antagonisti-schen Strahlen einer künstlichen Lichtquelle. Zwiebelsohlenbrei und die Bach-Lampe von 1,2 m Ent-fernung wirken gleichzeitig auf zwei abgetrennte Wurzeln ein.

Beginn 2.50 Uhr, Ende 3.50 Uhr. Dauer 60 Min.

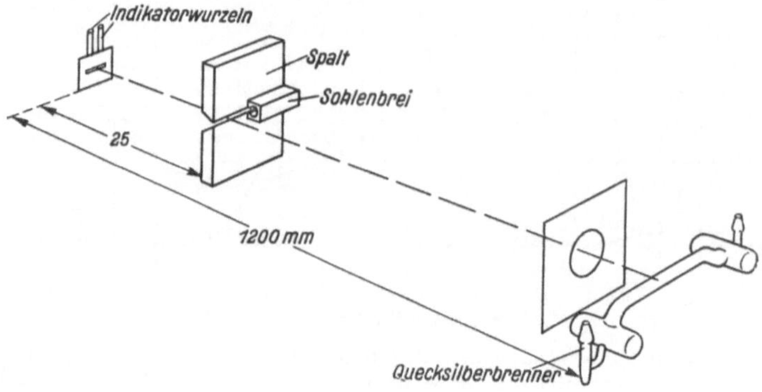

Bild 196. Anordnung zum Versuch 229.

(Der Deutlichkeit halber sind die Maße verzerrt gezeichnet.)

Ergebnis (15-μ-Schnitte):

Zugewendete Seite   26, 32, 36, 33, 37, 30, 29, 30, 32, 40, 47, 42, 45, 45, 43, 55, 37, 50, 52.

Abgewendete Seite   32, 36, 28, 32, 28, 31, 32, 28, 31, 42, 45, 46, 51, 42, 50, 58, 46, 53, 46.

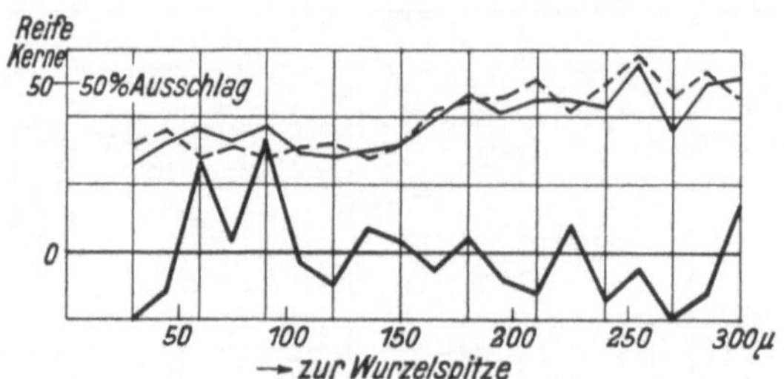

Bild 197. Ausschlagsdiagramm zum Versuch 229.

Resultat: Die Antagonisten heben nicht nur die Wirkung der Linie 334 mμ, sondern auch die Wirkung der von biologischen Strahlenquellen ausgehenden „mitogenetischen" Strahlen auf.

Versuch 244.

(20. VI. 1928.)

Untersuchung der Nachwirkung des Zwiebelsohlenbreies bei wechselnder Belichtung und Licht-entzug im „Phosphoroskop" Als Indikator dienen abgetrennte Zwiebelwurzeln.

Zeichnung und Beschreibung des „Phosphoroskops" siehe auf Seite 30.

Tourenzahl des Phosphoroskops 72 Min.

Dauer des Versuches 60 Min. 11.20—12.20 Uhr. Danach unmittelbar in Fixier.

Ergebnis (15-μ-Schnitte):

Zugewendete Seite   112, 118, 109, 114, 127, 115, 119, 112, 141, —, 134, 119, 144, 130.

Abgewendete Seite   117, 116, 115, 115, 117, 123, 121, 122, 137, —, 129, 122, 141, 133.

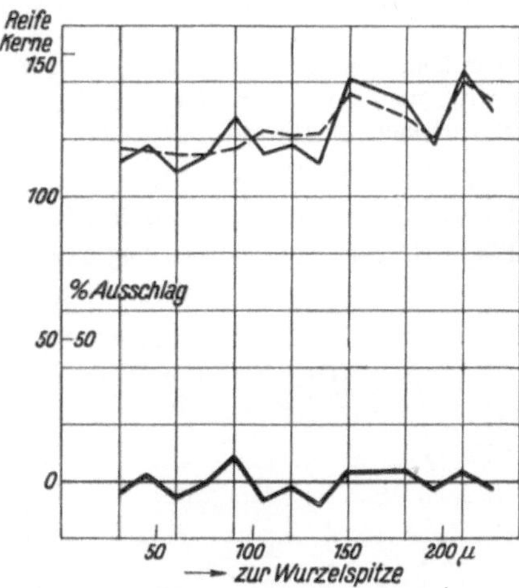

Bild 198. Ausschlagsdiagramm zum Versuch 244.

Resultat: Kein Ausschlag.

Versuch 248.

(17. III. 1928.)

Versuch zur Klärung der chemischen Natur des Vorganges, der die „mitogenetischen" Strahlen emittiert.

Versuch mit Sauerstoffentziehung. Zwiebelsohlenbrei wird unter der Einwirkung von gelbem Phosphor auf zwei Zwiebelwurzeln eingestellt.

Versuchsanordnung in Bild 199.

Sohlenbrei zerkleinert 11.10 Uhr. Unter Wasser mit Phosphor versetzt 11.15 Uhr. Beginn der Induktion 11.40 Uhr. Ende 12.25 Uhr. Dauer 45 Min.

Ergebnis (15-μ-Schnitte):

Zugewendete Seite   69, 77, —, 115, —, 120, 143, 145, —, 144, —, 153, 154, 147, 163.

Abgewendete Seite   64, 71, —, 117, —, 110, 130, 141, —, 118, —, 146, 172, 145, 160.

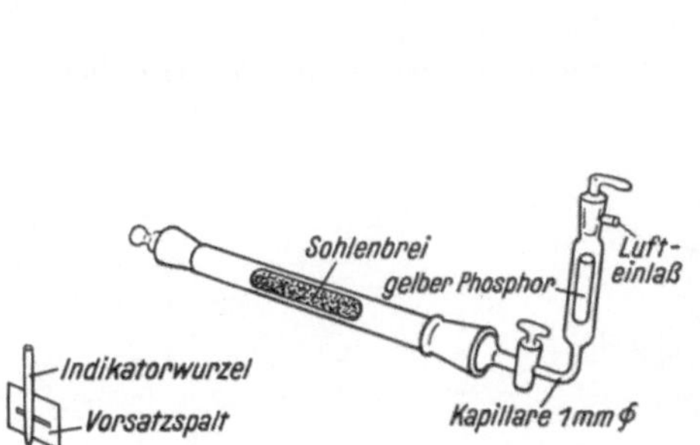

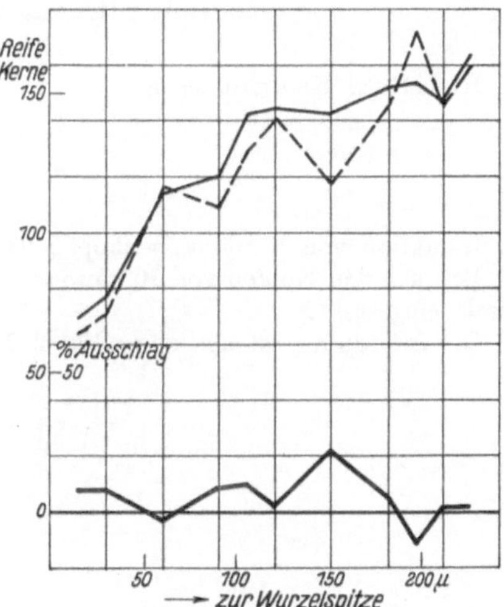

Bild 199. Versuchsanordnung zum Versuch 248.   Bild 200. Ausschlagsdiagramm zum Versuch 248.

Resultat: Kein Ausschlag. Gelbes Phosphor hemmt den Emissionsvorgang vollkommen.

Versuch 249.

(17. III. 1928.)

Beeinflussung des strahlenemittierenden Vorganges durch H_2O_2. Zwiebelsohlenbrei strahlt im Dunkeln nicht. Es wird versucht die Strahlung durch Steigerung der Oxydation durch H_2O_2 im Dunkeln auch hervorzurufen.

Zwiebelsohlenbrei wird im Dunkeln zerkleinert und bis zur Einstellung 15 Min. im Dunkeln aufbewahrt. Nach der Einstellung wird im Dunkeln tropfenweise H_2O_2 30% hinzugefügt.

Dauer des Versuches 40 Min., danach 15 Min. in Wasser gelegt und erst dann fixiert.

Ergebnis (15-μ-Schnitte):

Zugewendete Seite   163, 188, 183, 188, 230, 210, —, —, 235, 216, 236, 216, —, 230, —, 226.

Abgewendete Seite   172, 234, 179, 197, 231, 220, —, —, 209, 213, 231, 213, —, 240, —, 225.

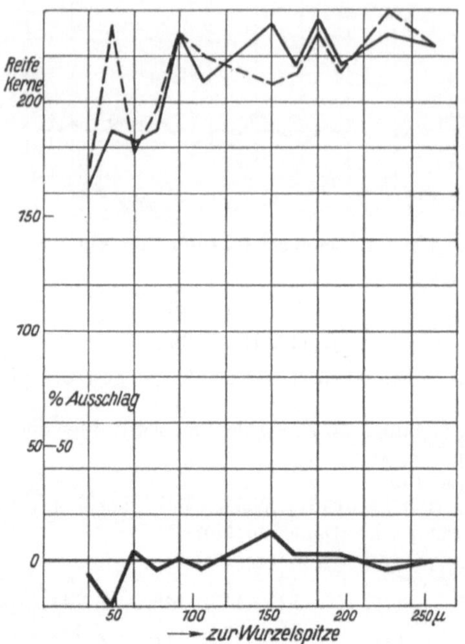

Bild 201. Ausschlagsdiagramm zu Versuch 249.

Resultat: Kein Ausschlag.

Versuch 256.

(18. IV. 1928.)

Induktion von Kaulquappenköpfen (Rana fusca) auf Zwiebelwurzel.

Brei aus den Köpfen von 10 mm langen, 2 Wochen alten Kaulquappen werden auf zwei Schwesterwurzeln eingestellt.

Die Anordnung ist aus dem Bild 202 zu ersehen.

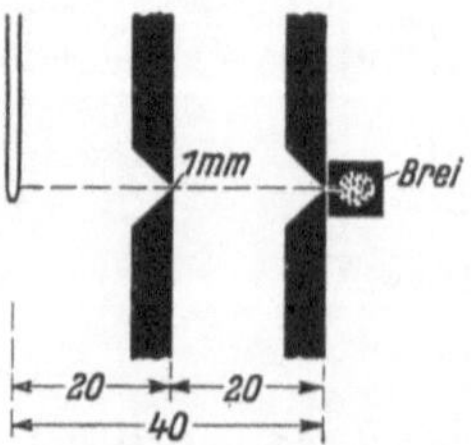

Bild 202. Anordnung zum Versuch 256.

Beginn des Versuches 12.25 Uhr, Ende 1.10 Uhr; Dauer 45 Min., danach 15 Min. in Wasser.

Die eine Wurzel wurde in Längsschnitte zerlegt. Die Auszählungsergebnisse zweier Medianschnitte enthält die nachfolgende Tabelle. Über die Einzelheiten der Einteilung der Medianschnitte in Felder nach den Ordnungszahlen und über die Unterscheidungsmerkmale der Stadien s. S. 73 (Bild 47), ferner S. 54. Einzelne Schnitte wurden auch photographiert (s. Tafel I und II). Die Auswertung des Versuches s. auf S. 76. Mittelmäßiger Ausschlag.

Schnitt 1.

Ordnungszahl	Stadium / Seite	1 / α_1	2 / α_2	3 / α_3	4 a	4 b (β)	Summe
45—55	Zugew.	16	76	13	11	4	120
	Abgew.	14	69	13	9	5	110
	Prozent	13	65	11,3	10,7		100
55—68 (Ausschlag)	Zugew.	12	76	9	14	14	125
	Prozent	9,6	60,8	7,2	22,4		100
	Abgew.	2	54	5	25	13	99
	Prozent	2	54,5	5	38,5		100
68—78	Zugew.	6	34	2	25	28	95
	Abgew.	0	35	3	24	21	83
	Prozent	3,4	38,7	2,8	55		100
78—88	Zugew.	2	4	0	26	32	64
	Abgew.	0	13	0	26	33	72
	Prozent	1,5	12,5	0	86		100

Schnitt 2.

Ordnungszahl	Stadium / Seite	1 / α_1	2 / α_2	3 / α_3	4 a	4 b (β)	Summe
45—55	Zugew.	10	56	9	14	7	96
	Abgew.	16	48	8	13	10	95
	Prozent	13,6	54,5	8,9	24,6		100
55—70 (Ausschlag)	Zugew.	14	47	7	26	18	112
	Prozent	12,5	42	6,2	39,3		100
	Abgew.	8	33	5	27	20	93
	Prozent	8,6	35,5	5,4	49,5		100
70—80	Zugew.	8	24	3	22	20	77
	Abgew.	8	22	2	26	20	78
	Prozent	10,4	28,7	3,2	56,8		100
80—90	Zugew.	0	3	0	25	21	49
	Abgew.	0	6	0	32	20	58
	Prozent	0	8,4	0	91,6		100

Mittelwerte.

Ordnungszahl		α_1	α_2	α_3	β
45—55		10	60	13	17
55—70	Zugew.	11	51,4	6,6	31
	Abgew.	5,3	45	5,2	44
70—80		7	34	3	56
80—90		0,8	10,5	0	88,7

Versuch 261.
(8. V. 1928.)

Induktion von Zwiebelsohlenbrei aus frischen Zwiebeln auf zwei abgetrennte Zwiebelwurzeln. Die Anordnung ist dieselbe wie in Versuch 256.

Beginn 11.35 Uhr, Ende 12.20 Uhr; Dauer 45 Min., danach 15 Min. in Wasser.

Schnitt 1.

Ordnungszahl	Stadium / Seite	1 / α_1	2 / α_2	3 / α_3	4 a	4 b (β)	Summe
55—65	Zugew.	18	62	18	21	5	124
	Abgew.	12	52	19	20	6	109
	Prozent	12,8	49,2	15,8	22,2		100
65—75 (Ausschlag)	Zugew.	10	39	4	30	17	100
	Prozent	10	39	4	47		100
	Abgew.	4	18	3	41	19	85
	Prozent	4,7	21	3,5	70,5		100
75—85	Zugew.	2	11	2	35	22	72
	Abgew.	0	9	1	26	31	67
	Prozent	1,5	14,2	2	82		100
85—92	Zugew.	0	5	0	26	21	47
	Abgew.	0	5	0	23	22	48
	Prozent	0	8	0	92		100

Schnitt 2.

Ordnungszahl	Stadium / Seite	1 / α_1	2 / α_2	3 / α_3	4 a	4 b (β)	Summe
55—65	Zugew.	30	53	19	10	9	121
	Abgew.	28	45	25	8	9	115
	Prozent	24,5	41,5	18,6	15,4		100
65—75 (Ausschlag)	Zugew.	12	42	17	11	15	97
	Prozent	12,4	43,3	17,5	26,8		100
	Abgew.	10	27	10	23	18	88
	Prozent	11,9	30,7	11,4	46,5		100
75—85	Zugew.	4	16	6	29	27	84
	Abgew.	2	15	4	30	28	79
	Prozent	4	19	6	71		100
85—92	Zugew.	0	5	1	27	26	59
	Abgew.	0	7	1	29	28	65
	Prozent	0	9,7	1,6	89		100

Die weitere Behandlung der einen Indikatorwurzel erfolgte ebenso wie in Versuch 256. Die Auswertung s. auf S. 76. Starker Ausschlag.

Mittelwerte.

Ordnungszahl		α_1	α_2	α_3	β
55—65		18,6	45,3	17,2	18,3
65—75	Zugew.	11,2	41,1	10,7	37
	Abgew.	8,2	25,8	7,5	58,5
75—85		3,2	16,6	4	76,5
85—92		0	9	0,8	91

Versuch 257.
(18. IV. 1928.)

Prüfung der etwaigen Induktionswirkung des Tageslichtes und der sich daraus etwa ergebenden Fehlermöglichkeit.

Zwei Zwiebelwurzeln werden hinter dem Vorsatzspalt mit gewöhnlichem Tageslicht, bei der üblichen Versuchsanordnung von einer Seite belichtet.

Dauer 45 Min.

Ergebnis (15-μ-Schnitte):

Zugewendete Seite 70, 82, 80, 72, 99, —, 92, 96, —, 68, —, 96, 82, 93, 108.

Abgewendete Seite 68, 93, 92, 76, 97, —, 99, 98, —, 76, —, 90, 93, 91, 114.

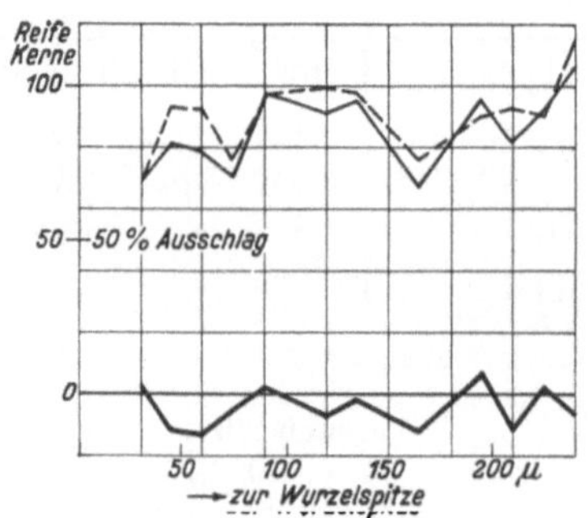

Bild 203. Ausschlagsdiagramm zum Versuch 257.

Resultat: Kein Ausschlag.

Versuch 260.
(11. IV. 1928.)

Vier gleichlange Schwesterwurzeln werden auf verschiedene Zeiten in 5 proz. Schwefelkohlenstofflösung getan. Mehrere unbeeinflußte Wurzeln werden zur Kontrolle gleichzeitig fixiert. Von diesen wird eine geschnitten und ausgezählt.

Die Auszählung erfolgt in einem Medianschnitt. Es werden jeweils die Zellen zwischen zwei Ordnungszahlen, z. B. 40 und 60, gezählt und nach ihren Stadien geordnet. Einige Stellen sind mehrfach gezählt worden.

Bei der Auszählung werden folgende vier Stadien unterschieden:

1. Neugeborene Zellen.   3. Mitosen.
2. Reife Kerne.   4. Zellen in Rückbildung (Ruhezellen).

Die Definition dieser Zellbilder s. auf S. 54. Die aus diesem Versuch gezogenen Folgerungen s. S. 63. Einige Schnitte, die in einem Vorversuch (Nr. 255) erhalten wurden, sind auf Tafel II (Bild 3 und 4) photographiert.

a) Unbeeinflußte Wurzel. (Kontrollversuch.)

Stadium	1		2		3		4		Zusammen
Ordnungszahl	Zahl	Prozent	Zahl	Prozent	Zahl	Prozent	Zahl	Prozent	Zahl
20—30	25	16,2	14	9	103	67	12	7,8	154
30—50	23	17,2	24	17,9	72	53,8	15	11,2	134
40—60	27	15,2	38	21,5	98	55,4	14	7,9	177
40—60	24	14,5	31	18,6	101	60,1	10	6	166
60—80	18	14,9	26	21,5	68	56,3	9	7,5	121
70—90	33	15,2	44	20,4	126	58,2	13	6	216
Insgesamt	150	15,5	177	18,3	568	58,6	73	7,6	968

Unbeeinflußte Wurzel.

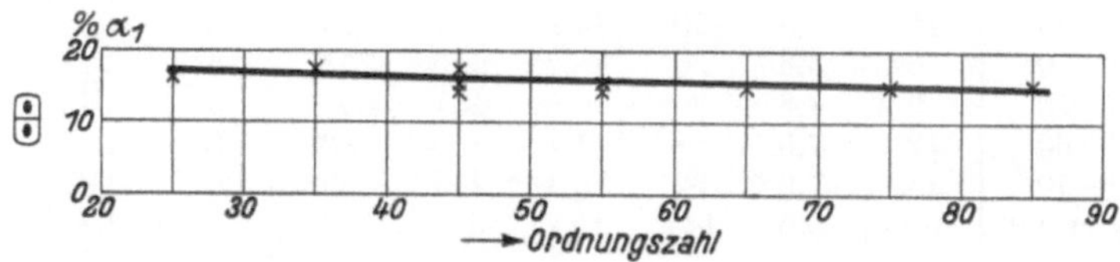

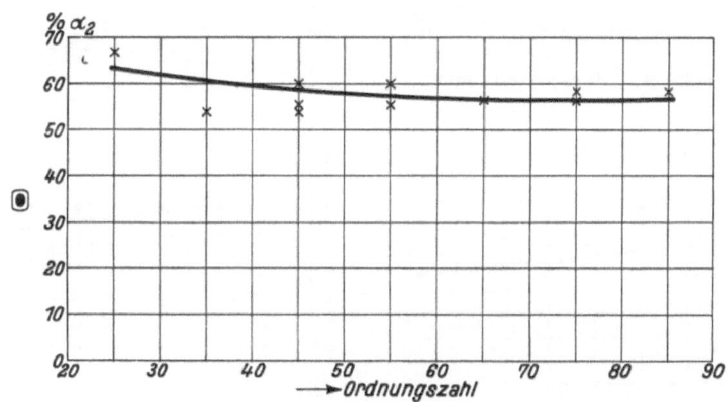

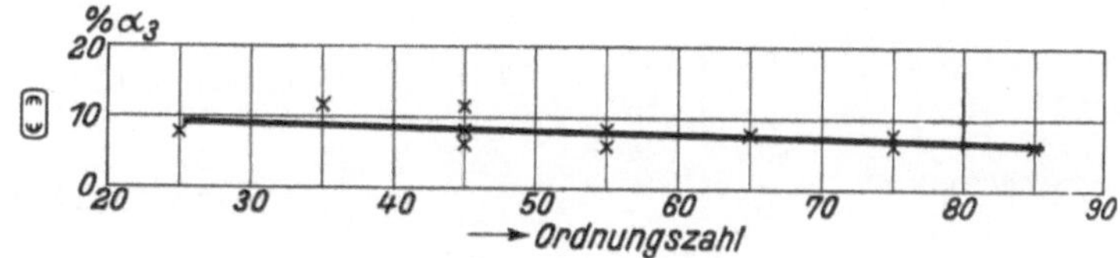

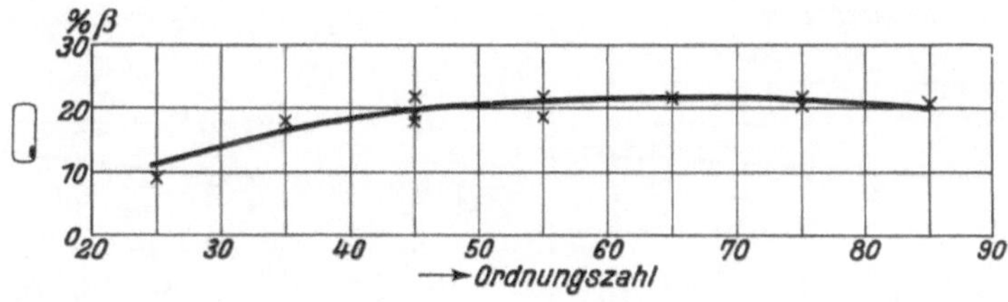

Bild 204. Verteilungskurven für Versuch 260 a. Dargestellt sind die prozentualen Anteile der vier Zellstadien α_1, α_2, α_3, β in Abhängigkeit der Zellenzahl von der Wurzelspitze aus gezählt.

b) 20 Min. in Schwefelkohlenstoff.

Stadium	1		2		3		4		Zusammen
Ordnungssahl	Zahl	Prozent	Zahl	Prozent	Zahl	Prozent	Zahl	Prozent	Zahl
20—40	12	6,5	28	15	132	72	12	6,5	184
30—50	16	11,1	22	15,3	98	68	8	5,6	144
30—50	18	9,6	28	15	133	70,8	9	4,8	188
40—60	14	6,45	24	11	169	78	10	4,6	217
50—70	14	8,9	36	22,9	100	63,8	7	4,5	157
50—70	13	10	24	18,5	85	65,5	8	6,2	130
Insgesamt	87	8,5	162	15,9	717	70,4	54	5,3	1020

c) 45 Min. in Schwefelkohlenstoff.

	1		2		3		4		Zusammen
25—50	12	4,6	32	12,2	213	81	6	2,3	263
30—50	12	5,9	30	14,8	151	75	9	4,5	202
30—50	6	3,6	30	18,2	125	75,2	5	3	166
30—50	9	4,8	20	10,6	151	80,2	8	4,25	188
40—60	12	7,6	18	11,4	130	82	8	5,1	168
50—70	13	7,9	32	19,4	114	69	6	3,65	165
Insgesamt	64	5,6	144	12,7	884	77	42	3,7	1134

Wurzel 20 Minuten in Schwefelkohlenstoff.   Wurzel 45 Minuten in Schwefelkohlenstoff.

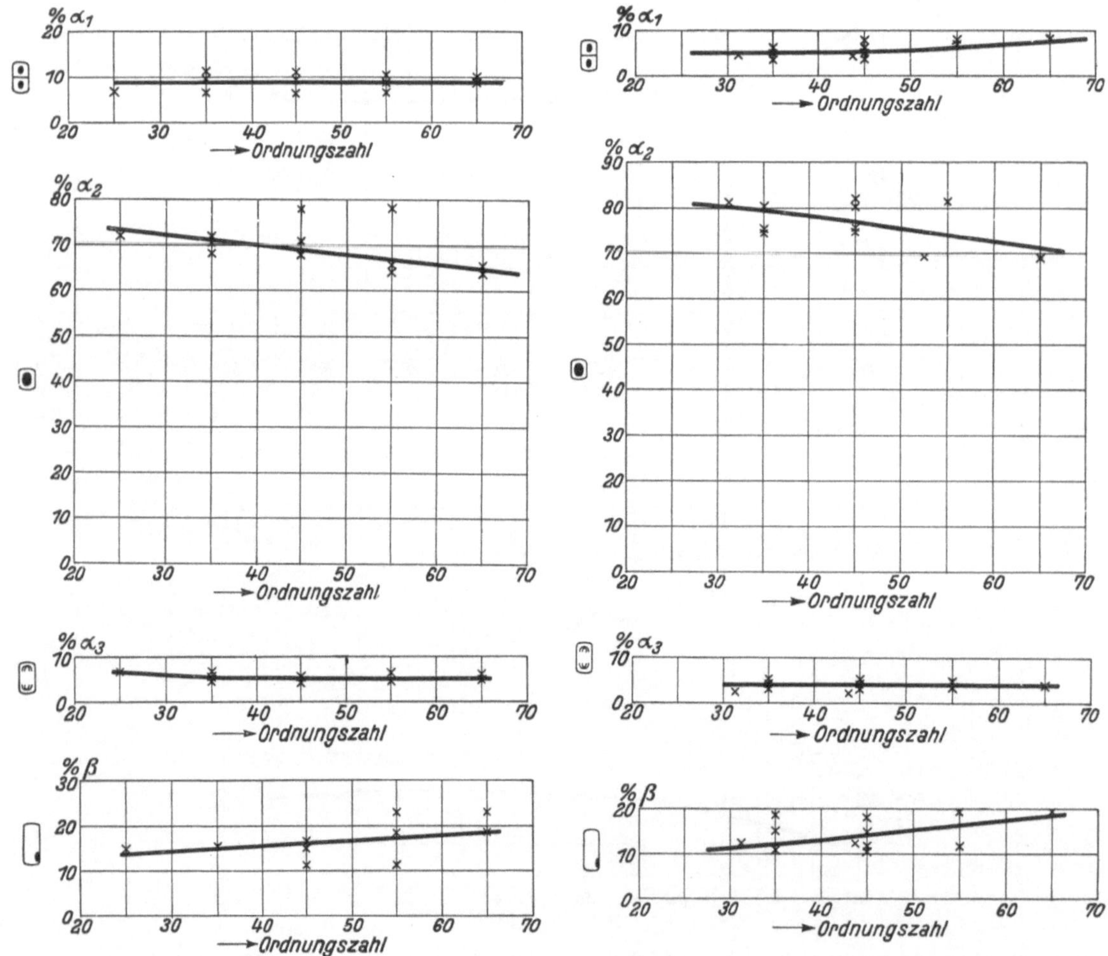

Bild 205. Verteilungskurven für Versuch 260 b.   Bild 206. Verteilungskurven für Versuch 260 c.

d) 60 Min. in Schwefelkohlenstoff.

Stadium	1		2		3		4		Zusammen
Ordnungszahl	Zahl	Prozent	Zahl	Prozent	Zahl	Prozent	Zahl	Prozent	Zahl
20—40	5	2,8	18	10,2	150	84,8	4	2,25	177
20—40	10	4,9	26	12,8	160	78,5	7	3,45	203
30—50	9	4,8	12	6,4	165	87	3	1,6	189
40—60	8	5,25	18	11,8	120	79	6	4	152
40—60	6	3,95	10	6,6	133	87,5	3	2	152
50—70	10	5,8	8	4,65	151	88	3	1,75	172
Insgesamt	48	4,6	92	8,8	879	84	26	2,5	1045

e) 110 Min. in Schwefelkohlenstoff.

Ordnungszahl	Zahl	Prozent	Zahl	Prozent	Zahl	Prozent	Zahl	Prozent	Zahl
20—40	5	2,65	20	10,6	158	83,7	6	3,2	189
20—40	3	1,4	12	5,6	193	89	6	2,8	214
25—45	3	2	8	5,2	137	88,9	6	3,9	154
30—50	5	3,1	8	4,9	148	90,2	3	1,8	164
40—60	3	2,4	6	4,7	114	89,7	4	3,5	127
50—70	1	0,9	4	3,5	104	93	3	2,7	112
Insgesamt	20	2,1	58	6,05	856	89	28	2,9	962

Wurzel 60 Minuten in Schwefelkohlenstoff.   Wurzel 110 Minuten in Schwefelkohlenstoff.

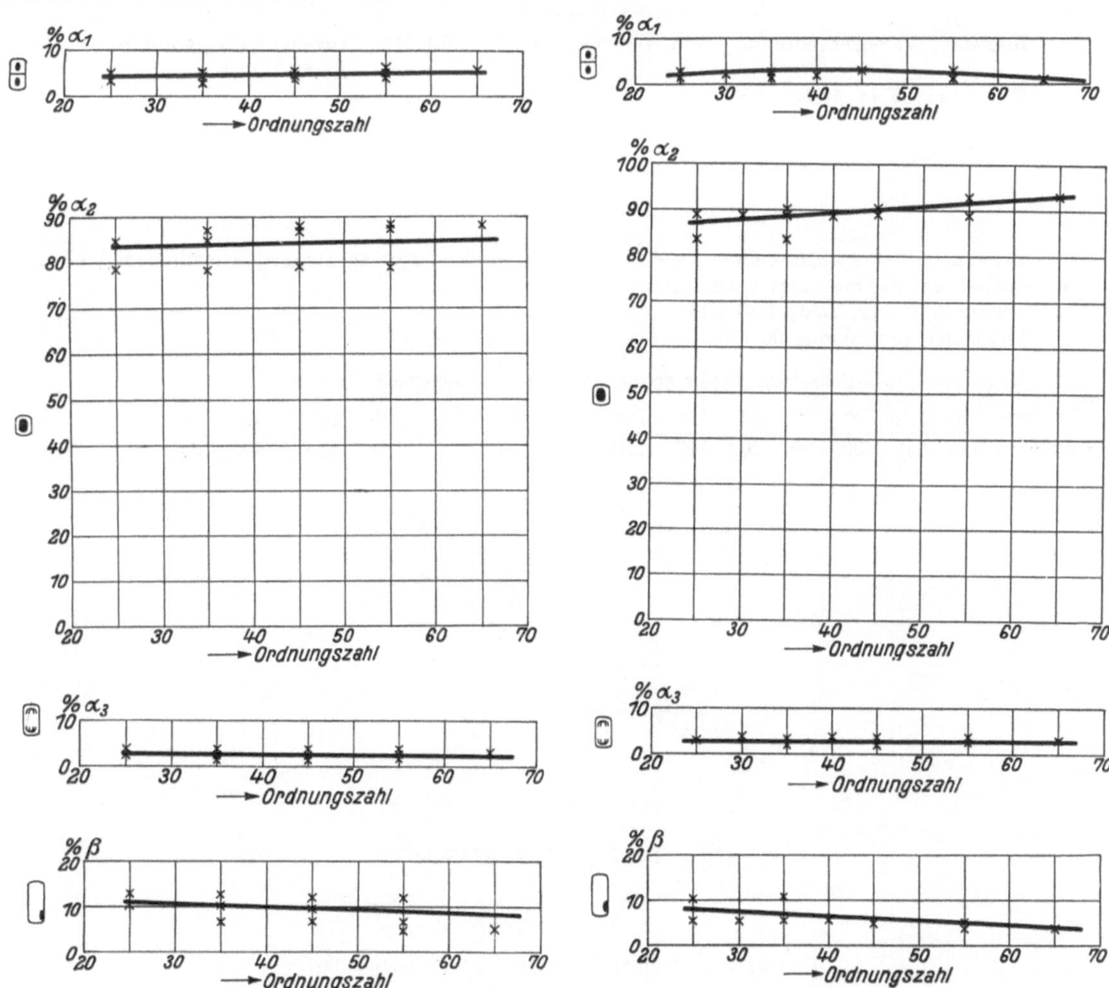

Bild 207. Verteilungskurven für Versuch 260 d.   Bild 208. Verteilungskurven für Versuch 260 e.

Versuch 264.
(23. VI. 1928.)

Bestrahlung einer abgetrennten Zwiebelwurzel mit dem Wellenlängenbereich von 220—225 mμ.
Strahlenquelle: eine Eisenbogenlampe im großen Quarzspektrographen.
Dauer der Bestrahlung 15 Min. Danach 45 Min. in Wasser gelegt, dann fixiert.

Ergebnis (15-μ-Schnitte):

Zugewendete Seite	49,	54,	76,	75,	66,	61,	61,	62,	59,	64,	55,	68,	70,	84.
Abgewendete Seite	46,	55,	78,	79,	68,	65,	59,	60,	60,	66,	54,	67,	71,	80.

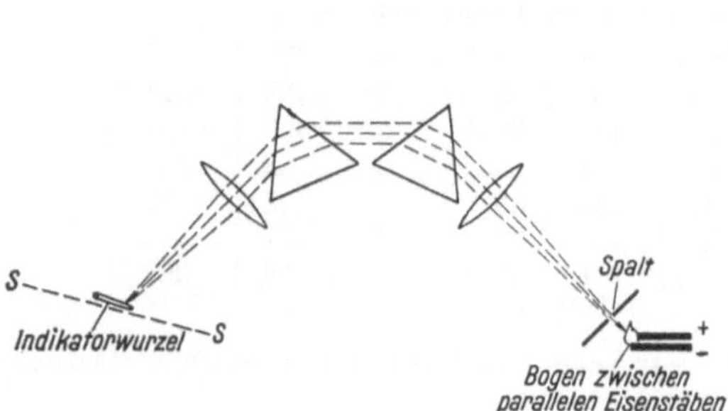

Bild 209. Versuchsanordnung zum Versuch 264.

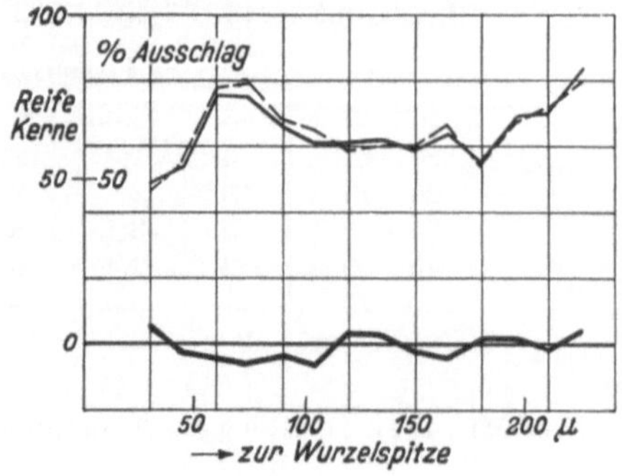

Bild 210. Ausschlagsdiagramm zum
Versuch 264.

Resultat: Kein Ausschlag.

Versuch 267.
(29. VI. 1928.)

Bestrahlung einer abgetrennten Zwiebelwurzel im großen Quarzspektrographen mit dem Wellenlängengebiet um 220 mμ eines Eisenbogens.
Beginn 3.30 Uhr, Ende 4.30 Uhr.
Dauer der Bestrahlung 60 Min.

Ergebnis (15-μ-Schnitte): Beide Seiten ganz gleich. Beispiel:

Zugewendete Seite	92,	97,	92,	110,	108,	120,	113,	—,	130,	141,	139,	160.
Abgewendete Seite	99,	99,	90,	117,	110,	116,	117,	—,	131,	146,	150,	154.

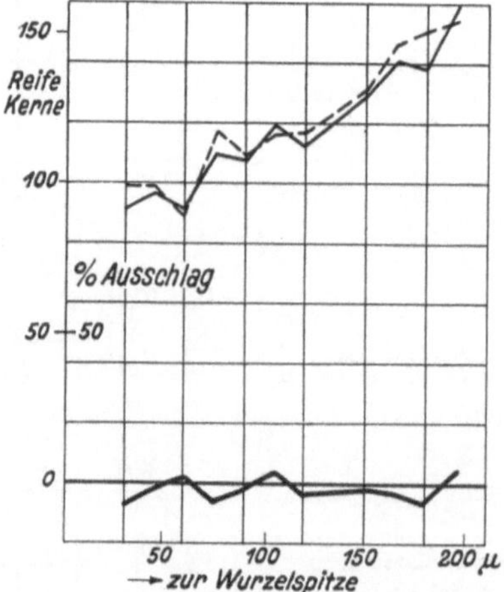

Bild 211. Ausschlagsdiagramm zum Versuch 267.

Resultat: Kein Ausschlag.

Versuch 268.
(3. VII. 1928.)

Als Vertreter der gutartig wachsenden Geschwülste wird Myom auf seine Induktionsfähigkeit untersucht. (Der Versuch ist Ersatz für mehrere früher ausgeführte Versuche, deren Protokolle verlorengegangen sind.) Der Tumor wird 25 Min. nach der Exstirpation zu Brei zerkleinert und ohne Flüssigkeitszusatz in dem großen Apparat auf Zwiebelwurzel mit Vorsatzspalt eingestellt.

Beginn 11.40 Uhr, Ende 12.40 Uhr.

Dauer des Versuches 60 Min.

Ergebnis (15-μ-Schnitte):

Zugewendete Seite 77, 74, 76, 70, 66, 65, 78, 77, 91, 85, 78, 88, 76, 82, 73.

Abgewendete Seite 76, 75, 75, 74, 61, 68, 76, 81, 94, 79, 81, 87, 85, 84, 70.

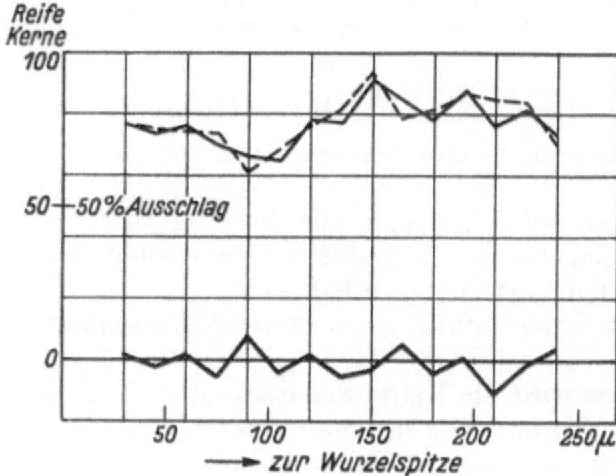

Bild 212. Ausschlagsdiagramm zum Versuch 268.

Resultat: Kein Ausschlag.

Protokolle über Larvenbestrahlung.

Axolotlversuche (18. I. 1927).

Im Versuche wurden Eier verwendet, die am 14. I. befruchtet worden sind, mithin 4 Tage alt waren. Die Entwicklung erfolgte bis zum Beginn des Versuches gleichmäßig. Als Strahlenquelle diente eine Aronssche Amalgamlampe (100 Volt, 3 Amp.). Diese Strahlenquelle wurde im großen Quarzspektrographen verwendet. Anordnung nach Bild 54. Schaleninhalt: 20 Eier.

	Schale 1,	Kontrolleier,			
	„ 2,	Linie 345 mμ,	Bestrahlungsdauer	1 Min.,	12.23—12.24 Uhr,
	„ 3,	„ 345 „	„	5 „	12.25—12.30 „
	„ 4,	„ 345 „	„	30 „	12.30— 1.00 „
	„ 5,	„ 345 „	„	60 „	1.00— 2.00 „
	„ 6,	„ 334 „	„	1 „	2.16— 2.17 „
	„ 7,	„ 334 „	„	5 „	2.18— 2.23 „
	„ 8,	„ 334 „	„	30 „	2.25— 2.55 „
	„ 9,	„ 334 „	„	60 „	2.57— 3.57 „
	„ 10,	„ 313 „	„	1 „	4.05— 4.06 „
	„ 11,	„ 313 „	„	5 „	4.07— 4.12 „
	„ 12,	„ 313 „	„	30 „	4.15— 4.45 „
	„ 13,	„ 313 „	„	60 „	4.46— 5.46 „
	„ 14,	„ 280 „	„	1 „	5.56— 5.57 „
	„ 15,	„ 280 „	„	5 „	5.58— 6.03 „
	„ 16,	„ 280 „	„	30 „	6.12— 6.42 „
19. I.	„ 17,	„ 280 „	„	60 „	1.30— 2.30 „
	„ 18,	„ 334—345	„	120 „	2.45— 4.45 „
	„ 19,	„ 334—345 täglich 2mal 5 Min. Bestrahlung.			

Befund am 19. I.: Schale 4 und 5 deutliche Entwicklungsbeschleunigung. Schale 8 und 9 Entwicklungsbeschleunigung geringeren Grades. Schale 12 und 13 deutliches Zurückbleiben in der Entwicklung, etwa im Stadium des Bestrahlungstages.

Befund am 20. I.: 4, 5 weitere, deutliche Entwicklungsbeschleunigung, 8, 9 ebenfalls, etwas schwächer, 12, 13 zurückbleibend in der Entwicklung, 18 sehr starke Entwicklungshemmung, 2, 3, 6, 7, 10, 11, 14, 15, 16, 17 ohne deutliche Wirkung.

Befund am 21. I.: 4, 5 sehr deutliche Entwicklungsbeschleunigung; 8, 9 Entwicklungsbeschleunigung; 11, 12, 13 deutliche Entwicklungshemmung; 18 sehr starke Entwicklungshemmung. 2, 3, 6, 7, 14, 15, 16, 17 ohne deutliche Wirkung.

Befund am 25. I.: 2, 3 wie Kontrolle; 4, 5 deutliche Entwicklungsbeschleunigung, Tiere sind auch größer; 6, 7 wie Kontrolle; 8 Entwicklungs- und Wachstumsbeschleunigung; 9 wie Kontrolle; 10, 11, 12 deutliche Entwicklungs- und Wachstumshemmung, besonders stark 12 und 13, 14, 15, 16, 17 wie Kontrolle; 18 sehr starke Entwicklungs- und Wachstumshemmung; 19 wie Kontrolle.

Befund am 26. I.: wurde in Schale 5 die erste Bewegung bei mehreren Tieren beobachtet.

Ergebnis: Linie 345 und 334 mμ üben bei einer Bestrahlung bis zu einer Stunde entwicklungs- und wachstumsbeschleunigende Wirkung aus. Bei noch längerer Bestrahlungsdauer wird die Wirkung zu einer starken Entwicklungs- und Wachstumshemmung. Linie 313 mμ übt bei jeder Bestrahlungsdauer über 5 Min. Entwicklungs- und Wachstumshemmung aus. Linie 280 mμ ist bei jeder Bestrahlungsdauer ohne Wirkung.

Bestrahlung mit dem Gesamtlicht der Quarzlampe.

26. I. 1927. Etwa 10 Tage alte Axolotllarven, kurz vor dem Ausschlüpfen aus der Eihülle, mit der Quarzlampe bestrahlt.

Etwa die Hälfte der Tiere wird bestrahlt, die zweite Hälfte als Kontrolle verwendet.

Nach 5—10 Min. sieht man bei den bestrahlten Tieren wilde Bewegungen, während die Kontrolltiere in der Eihülle sich vollkommen ruhig verhalten.

Die Bewegungen werden immer stürmischer. Zwei Tiere schlüpfen aus. Die frei schwimmenden Tiere sind bald tot.

Nach einer halben Stunde wird die Hälfte der bestrahlten Tiere in Schatten gebracht, wo die Bewegungen nach kurzer Zeit aufhören. Von den weiterbestrahlten Tieren sind im ganzen 9 von 14 ausgeschlüpft, die bei Beendigung des Versuches (Gesamtdauer 60 Min.) alle tot sind.

27. I.: Die Halbstundentiere sind alle ausgeschlüpft, schwimmen in der Schale frei herum, während die Kontrolltiere alle unbeweglich in der Eihülle liegen. Die Stundentiere sind ausnahmslos tot (auch die nichtausgeschlüpften), etwas gequollen und von schmutziggrauer Farbe.

Bestrahlung mit der Aureol-Lampe.

Versuchstiere sind etwa 10 Tage alte Axolotllarven. Abstand 32 cm. Uviolglocke. Dauer 60 Min. Nach 5 Min. vereinzelte Bewegungen. Später keine Bewegungen mehr.

27. I.: Keines der Tiere ist ausgeschlüpft, sind alle völlig gesund und entwickeln sich weiter.

Kaulquappenversuch.

5. IV. 1927. Rana arvalis-Larven im Blastulastadium werden im großen Quarzspektrographen mit monochromatischem Licht bestrahlt. Strahlenquelle eine Quecksilberlampe. Zur gleichen Zeit werden Eier aus demselben Laich mit der Aureol-Lampe bestrahlt.

        A Kontrolle,
        B Linie 313 mμ 30 Min.
        C   ,,   313 ,, 60 ,,
        D   ,,   313 ,, 180 ,,
        E Aureol-Lampe Abstand 30 cm. Dauer 60 Min.

6. IV.: In Schale E deutliche Steigerung der Entwicklung. Besonders stark bei den oberflächlich liegenden Tieren.

7. IV.: In Schale E außerordentlich starke Entwicklungssteigerung. Einige Tiere bewegen sich bereits. B und C normale Entwicklung. D keine Weiterentwicklung.

11. IV.: Dasselbe Bild.

Ergebnis: Die Aureol-Lampe in Uviolhülle verursacht nach 1stündiger Bestrahlung bei jungen Froscheiern starke Entwicklungsbeschleunigung. Linie 313 mμ zeigt keine Wirkung, bei sehr langer Bestrahlung Entwicklungshemmung.

Bestrahlungsversuche mit einem Laich von Bufo vulgaris.

6. IV. 1927. Die Befruchtung der Eier erfolgte am 4. April. Die Tiere sind im Blastulastadium. Die Eier sind ganz gleichmäßig entwickelt. Die Bestrahlung erfolgte im großen Quarzspektrographen. Bestrahlungsquelle eine Aronssche Amalgamlampe. 100 Volt, 3 Amp.

G Kontrolle,	L Linie 334 mμ, 30 Min.,
H Linie 365 mμ, 30 Min.,	M täglich halbstündige Bestrahlung mit der Aureol-Lampe,
I Aureol-Lampe, Abstand 25 cm, 60 Min.,	N Linie 334 mμ, 60 Min.,
K Linie 365 mμ, 60 Min.,	O ,, 334 ,, 120 ,,

7. IV. 1927. Vier Schalen mit Eiern desselben Laiches, die also um einen Tag älter sind, werden im Quarzspektrographen der Linie 313 mμ der Amalgamlampe ausgesetzt.

Q Linie 313 mμ,   30 Min.,
R „   313 „   60 „
S „   313 „   täglich halbstündige Bestrahlung,
T „   313 „   120 Min.
U „   334 „   täglich halbstündige Bestrahlung.

Befund am 8. IV.: H wie die Kontrolle, I Entwicklungsbeschleunigung, K starke Entwicklungsbeschleunigung, L noch stärkere, M geringe Entwicklungsbeschleunigung, N und O wie die Kontrolle, O zeigt schmutzige Verfärbung.

Befund am 11. IV.:

G 3 Tiere ausgeschlüpft,	L 18 Tiere ausgeschlüpft,	
H kein Tier „	M 5 „ „	
I 6 Tiere „	N 2 „ „	bestrahlt am 6. IV.
K 15 „ „	O kein Tier „	
Q 15 „ „	T 13 Tiere „	
R 13 „ „	U kein Tier „	bestrahlt am 7. IV.
S 6 „ „		

Ergebnis: Entwicklungsförderung durch Wellenlänge 365 mμ erst nach 1stündiger Bestrahlung. Wellenlänge 334 mμ bei halbstündiger Bestrahlung die stärkste Entwicklungsförderung, durch 1stündige Bestrahlung wird die Entwicklung bereits gehemmt, nach 2stündiger Bestrahlung mit 334 mμ hört sie völlig auf. Entwicklungsbeschleunigung durch 313 mμ, die aber bei längerer Bestrahlung zurückgeht.

Bestrahlungsversuch mit Bufolarven.

12. IV. 1927. Versuchstiere sind 8 Tage alte Bufo-vulgaris-Larven. Sie werden in der bekannten Versuchsanordnung mit der Wellenlänge 313 mμ bestrahlt.

A Kontrolltiere;
B Linie 313 mμ, Dauer der Bestrahlung 120 Min.

19. IV.: Tiere in Schale B deutlich im Wachstum zurückgeblieben.
22. IV.: In Schale B sind die Tiere kleiner und heller.
25. IV.: Kein Unterschied in der Größe oder Farbe der Tiere in beiden Schalen.

Parthenogenese mit Licht.

31. V. 1927. Reife Tritoneier werden dem Bauche des Muttertieres aseptisch entnommen und mit der bekannten Versuchsanordnung im großen Quarzspektrographen der Einwirkung monochromatischen Lichtes verschiedener Wellenlänge ausgesetzt.

1 Linie 334 mμ, Dauer 2 Min.,   6.30—6.32 Uhr,
2 Kontrolleier,
3 Linie 334 mμ, Dauer 5 Min.,   6.45—6.50 Uhr,
4 „   334 „   „ 10 „   6.50—7.00 „

Schale 4 eine Stunde nach der Bestrahlung deutliche Koagulation der Eihülle und Schrumpfung der Eier.

10 Uhr abends in Schale 3 bei einem Ei die erste Querteilung einwandfrei beobachtet.

1. VI.: Bei 2 Eiern (unter 25) ist die Parthenogenese gelungen (Schale 3). Beide sind im Achtzellenstadium. Ein Ei wird gezeichnet (Tafel III). In Schale 4 bei allen Eiern milchige Trübung der Eihüllen, starke Schrumpfung der Eier.

2. VI.: In allen Schalen, mit Ausnahme der Schale 3, sind alle Eier tot, stark geschrumpft. In Schale 3 haben sich die beiden befruchteten Eier weiter entwickelt (etwa 32-Zellenstadium).

3. VI.: Keine Weiterentwicklung der befruchteten Eier.

Zweiter Befruchtungsversuch.

1. VI. 1927. Versuchsanordnung wie im vorhergehenden Versuch. Reife Tritoneier.

Schale 5, Linie 334 mμ, Dauer 5 Min.
 „   6, Kontrolle,
 „   7, Linie 313 mμ, Dauer 5 Min.
 „   8, Gesamtlicht der Quarzlampe, Dauer 5 Min.
 „   9, Aureol-Lampe, Dauer 5 Min.

In Schale 5 zwei Stunden nach der Bestrahlung bei einem Ei die erste Teilung beobachtet.
2. VI.: In Schale 5 das befruchtete Ei weiterentwickelt. Alle anderen Eier tot, zerfallen.

Ergebnis: Es gelang in drei Fällen durch Bestrahlung mit der Wellenlänge 334 mµ Tritoneier künstlich zu befruchten. Durch andere Wellenlängen und durch das Gesamtlicht der Quarz- und der Aureol-Lampe konnte keine Parthenogenese erzielt werden.

Zusammenfassung.

1. Es wird eine kurze Darstellung der Arbeiten von A. Gurwitsch und seiner Mitarbeiter über „mitogenetische Strahlen" gegeben, soweit diese auf vorliegende Untersuchungen Bezug haben.

2. Die Existenz der Fernwirkung bestimmter biologischer Objekte auf die Wachstumszone der Zwiebelwurzel (Induktionswirkung) wird bestätigt.

3. Es wird bestätigt, daß die Induktionswirkung durch eine Strahlung hervorgerufen wird.

4. Wachsende Zwiebelwurzeln, die Köpfe junger Kaulquappen und Zwiebelsohlenbrei erweisen sich als Strahler. Dagegen kann bei verschiedenen ausgewachsenen Geweben in keinem Falle eine Strahlung nachgewiesen werden.

5. Bei bösartigen Tumoren (Carcinom und Sarkom) wird eine Strahlung nachgewiesen. Gutartige Tumoren (Myome) üben keine Induktionswirkung aus.

6. Die Strahlung wird auf ihre physikalischen Eigenschaften hin untersucht. Es zeigt sich, daß sie in bezug auf Spiegelung, Brechung, Beugung und Absorption die gleichen Eigenschaften aufweist wie ultraviolette Strahlen von ungefähr 340 mµ Wellenlänge.

7. Es wird eine Wirkung der Strahlung auf die photographische Platte nachgewiesen. Diese Versuche bedürfen noch einer weiteren Nachprüfung.

8. Zwiebelsohlenbrei strahlt im Dunkeln nicht, im Gegensatz zu Zwiebelwurzeln, Kaulquappen und bösartigen Tumoren. Sichtbares Licht ist zur Erregung der Strahlenmission ausreichend.

9. Sonnenlicht und Kohlebogenlicht übt keine Induktionswirkung aus. Dagegen wird eine Wirkung erhalten mit dem isolierten Spektralbezirk des Sonnenlichtes um 340 mµ.

10. Spektral zerlegtes (monochromatisches) Licht künstlicher Lichtquellen wird auf seine Induktionswirkung hin untersucht. Die Induktionsfähigkeit kommt in hohem Maße nur dem Spektralbezirk in der Nähe von 340 mµ zu, in geringerem Maße auch dem Bereich um 280 mµ. Dazwischen, ungefähr in den Grenzen 290 und 320 mµ, liegt eine Zone der Unwirksamkeit in bezug auf Induktionswirkung.

11. Der Spektralbezirk um 340 mµ übt bei starker und fortgesetzter Bestrahlung eine starke Zerstörungswirkung auf die Zellen der Wachstumszone der Zwiebelwurzel aus. Auch diese Wirkung ist eine spezifische Eigentümlichkeit des genannten Spektralbezirkes.

12. Wird den wirksamen Spektralgebieten Licht des Wellenlängenbereiches zwischen 290 und 320 mµ zugemischt, so verschwindet die Induktionsfähigkeit und auch die zellzerstörende Wirkung (Strahlenantagonismus).

13. Ein Zusatz des genannten Wellenlängenbereiches hebt auch die Induktionswirkung der von biologischen Objekten ausgehenden Strahlen auf.

14. Um den Induktionseffekt deuten zu können, wird eine quantitative Darstellung des normalen Zellteilungszyklus in der Wachstumszone der Zwiebelwurzel entwickelt.

15. Die normale mittlere Dauer des Zellteilungszyklus wird aus Versuchen über Atmungsvergiftung von Zwiebelwurzeln näherungsweise ermittelt.

16. Es wird eine Analyse des Induktionseffektes gegeben, mit dem Ziel, die statistischen Abweichungen des Zellteilungszyklus in der durch Induktion beeinflußten Wurzel, verglichen mit dem normalen Verlauf, zu erfassen. Das Hauptergebnis dieser Analyse ist, daß die Strahlenwirkung vornehmlich an den Zellen angreift, die sich an der Grenze zwischen Teilungswachstum und Streckungswachstum befinden.

17. Es werden mögliche Deutungen der antagonistischen Strahlenwirkung gegeben.

18. Durch Bestrahlung mit monochromatischem ultravioletten Licht werden bei Amphibieneiern und Larven Entwicklungsbeschleunigungen und Hemmungen erzielt. Die Wirkungen der einzelnen Wellenlängen sind verschieden, je nach Art und auch Alter der Tiere.

19. In einigen Fällen gelingt eine Parthenogenese bei Amphibieneiern durch Licht der Wellenlänge 334 mμ.

20. Es werden Auszüge aus den Protokollen von 125 Versuchen an Zwiebelwurzeln und von mehreren Versuchen an Amphibieneiern und Larven mitgeteilt.

Literatur.

A. Gurwitsch: Die Natur des spezifischen Erregers der Zellteilung. Arch. f. mikroskop. Anat. u. Entwicklungsmech. Bd. 100, H. 1/2.

Derselbe: Vorbemerkungen zur Arbeit Dr. W. Rawins. Ebenda. Bd. 101, H. 1/3.

Derselbe: Physikalisches über mitogenetische Strahlen. Ebenda. Bd. 103, H. 3/4.

Derselbe: Das Problem der Zellteilung physiologisch betrachtet. Bd. 11 der Monographien aus dem Gesamtgebiete der Physiologie der Pflanzen und Tiere. Berlin: Julius Springer.

A. u. L. Gurwitsch: Weitere Untersuchungen über mitogenetische Strahlen. Arch. f. mikroskop. Anat. u. Entwicklungsmech. Bd. 104, H. 1/2.

Dieselben: Über den Ursprung der mitogenetischen Strahlen. Roux' Archiv. Bd. 105, H. 2.

Dieselben: Über die präsumierte Wellenlänge mitogenetischer Strahlen. Roux' Arch. Bd. 105, H. 2.

Dieselben: Die Produktion mitogener Stoffe im erwachsenen Organismus. Ebenda. Bd. 107, H. 4.

A. u. N. Gurwitsch: Fortgesetzte Untersuchungen über mitogenetische Strahlen und Induktion. Arch. f. mikroskop. Anat. u. Entwicklungsmech. Bd. 103, H. 1/2.

L. u. F. Gurwitsch: Untersuchungen über mitogenetische Strahlen. Arch. f. mikroskop. Anat. u. Entwicklungsmech. Bd. 103, H. 3/4.

Frank u. A. Gurwitsch: Zur Frage der Identität mitogenetischer und ultravioletter Strahlen. Roux' Arch. Bd. 109, H. 3.

Frank u. Salkind: Die Quellen der mitogenetischen Strahlen im Pflanzenkeimling. Roux' Arch. Bd. 108, H. 4.

W. Rawin: Weitere Beiträge der mitotischen Ausstrahlung und Induktion. Arch. f. mikroskop. Anat. u. Entwicklungsmech. Bd. 101, H. 1/3.

P. G. Rusinoff: Weitere Untersuchungen über mitogenetische Strahlen und Induktion. Arch. f. mikroskop. Anat. u. Entwicklungsmech. Bd. 104, H. 1/2.

Salkind: Weitere Untersuchungen über mitogenetische Strahlen und Induktion. Arch. f. mikroskop. Anat. u. Entwicklungsmech. Bd. 104, H. 1/2.

A. R. Sorin: Zur Analyse der mitogenetischen Induktion des Blutes. Roux' Arch. Bd. 108, H. 4.

M. A. Baron: Über mitogenetische Strahlen bei Protisten. Roux' Arch. Bd. 108, H. 4.

J. e. M. Magrou: Rayons mitogénetiques et genèse des tumeurs. Compt. rend. Bd. 184 v. 14. IV. 1927.

H. v. Gutenberg: Zur Theorie der mitogenetischen Strahlen. Biol. Zentralbl. Bd. 48, H. 1.

B. Roßmann: Untersuchungen über die Theorie der mitogenetischen Strahlen. Roux' Arch. Bd. 113, H. 2.

A. Gurwitsch: Einige Bemerkungen zur vorangehenden Arbeit von Herrn B. Roßmann. Ebenda.

H. v. Gutenberg: Schlußwort zur Arbeit von B. Roßmann. Ebenda.

N. Wagner: Über mitogenetische Strahlen. Biol. Zentralbl. Bd. 47, H. 11.

W. W. Siebert: Zur Frage der Entstehung wachstumsfördernder Substanzen im tätigen Muskel. Klin. Wochenschr., Jg. 7, H. 7. 1928.

Derselbe: Beitrag zur Wachstumsfrage. Klin. Wochenschr., Jg. 7, H. 16. 1928.

T. Reiter u. D. Gábor: Ultraviolette Strahlen und Zellteilung. Vortrag gehalten September 1927. Strahlentherapie Bd. 28, S. 125.

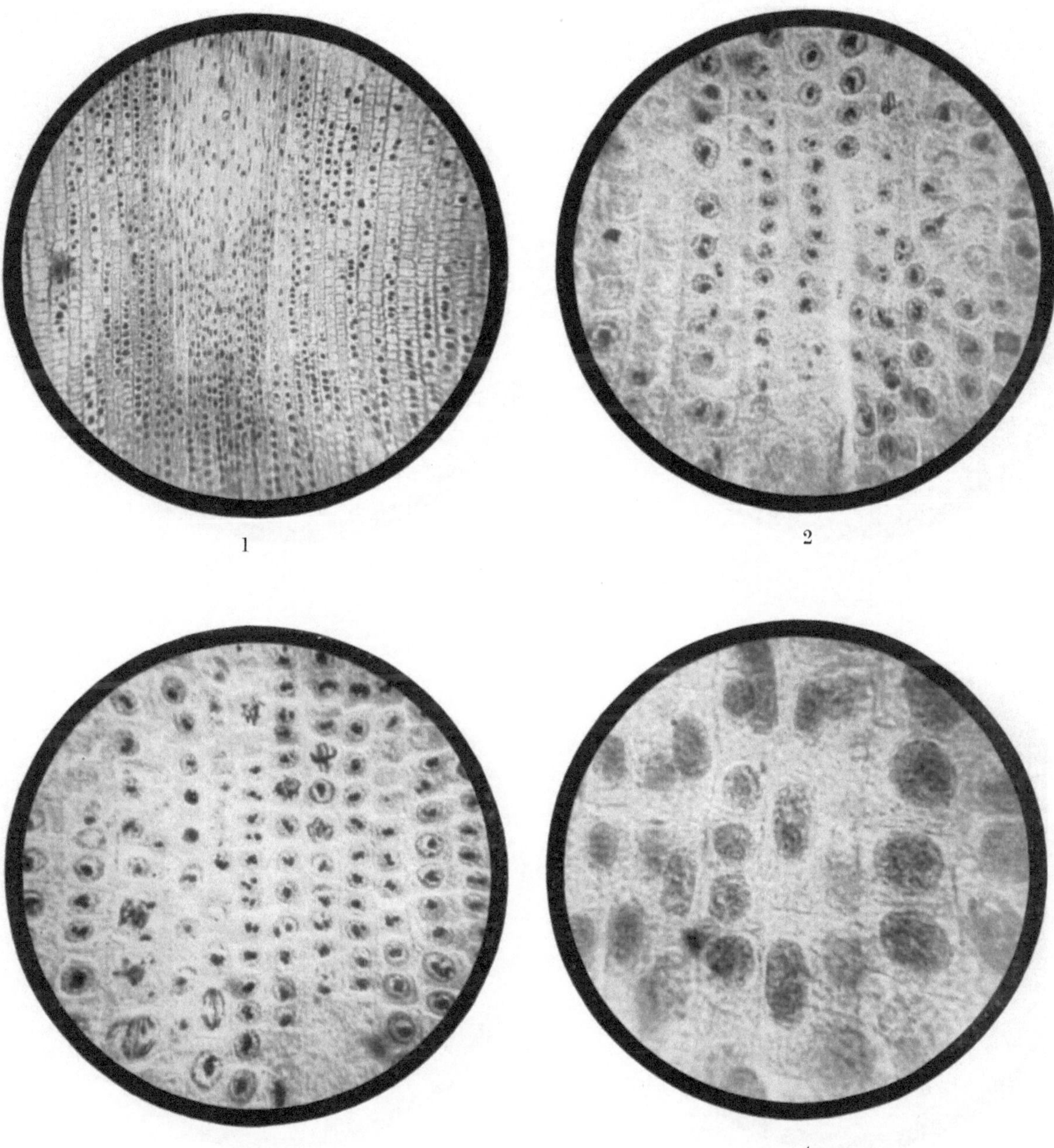

Längsschnitte durch unbeeinflußte Wurzeln von Allium Cepa.

1. Proximaler Teil der Wachstumszone. Rechts und links am Rand das Dermatogen, in der Mitte das Gefäßbündel, dazwischen das Periblem. Vergrößerung ca. 50 fach. Kernfärbung.

3. Längsschnitt durch das Periblem im distalen Teil der Wachstumszone. Ordnungszahl ca. 25—40. Vergrößerung ca. 200 fach. Kernfärbung.

2. Längsschnitt durch das Periblem, an der gleichen Stelle wie im Photogramm 1. Ordnungszahl ca. 65—80. Vergrößerung ca. 200 fach. Kernfärbung.

4. Längsschnitt durch das Periblem im proximalen Teil. Hämalaunfärbung. (In unseren Induktionsversuchen stets benutzte Färbemethode.) Vergrößerung ca. 500 fach. (Ölimmersion 1/12.)

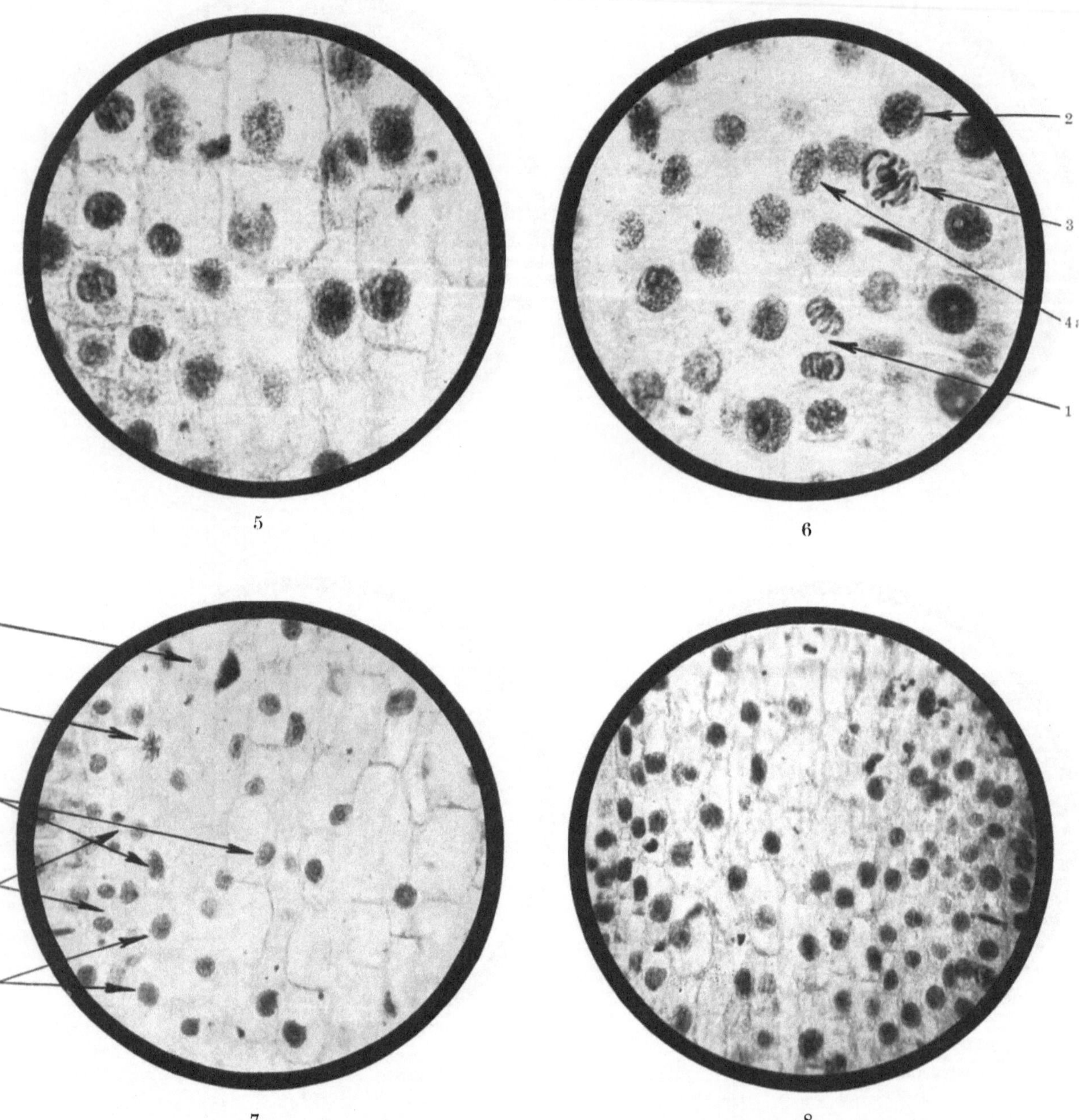

Längsschnitte durch induzierte Wurzeln von Allium Cepa.
(Versuch 256. Strahlenquelle: Kaulquappenbrei.)

5. Abgewendete Hälfte des Periblems an der inserierten Stelle. Vergrößerung ca. 400fach. Hämsnfärbung. Das Dermatogen liegt links.

7. Ein zweiter Schnitt durch die abgewendete Hälfte. größerung ca. 200fach. Hämalaunfärbung.

6. Längsschnitt durch die induzierte, der im Photogramm 5 dargestellten, genau gegenüberliegenden Stelle. Die gleiche Vergrößerung und Färbung. Die Zellsäule rechts ist das Dermatogen. Beispiele der typischen Kernbilder sind angemerkt (s. Seite 56.)

8. Die gleiche Stelle wie im Photogramm 6 (zugewendete Hälfte), mit ca. 200facher Vergrößerung.

Aufnahmen von H. Lányi.

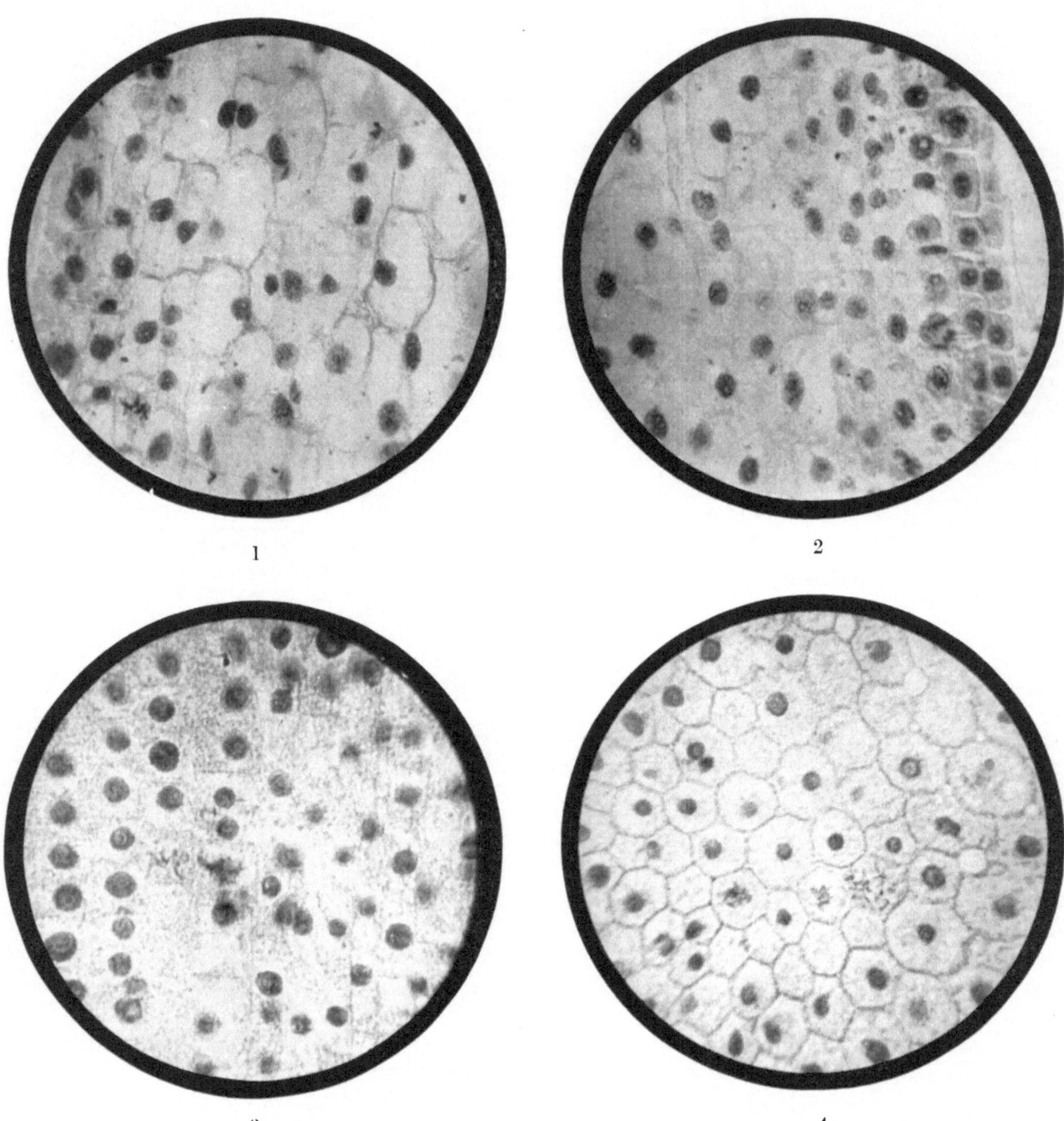

1

2

3

4

Längsschnitte durch eine induzierte Wurzel von Allium Cepa. (Versuch 256.)

1. Induzierte Stelle, abgewendete Hälfte. Hämalaunfärbung.

2. Die gleiche Stelle, zugewendete Hälfte.

Schnitte durch in Schwefelkohlenstoff erstickte Wurzeln von Allium Cepa. (Versuch 255.)

3. Längsschnitt durch das Periblem. Hämalaunfärbung.

4. Querschnitt durch das Periblem einer glefalls erstickten Schwesterwurzel.

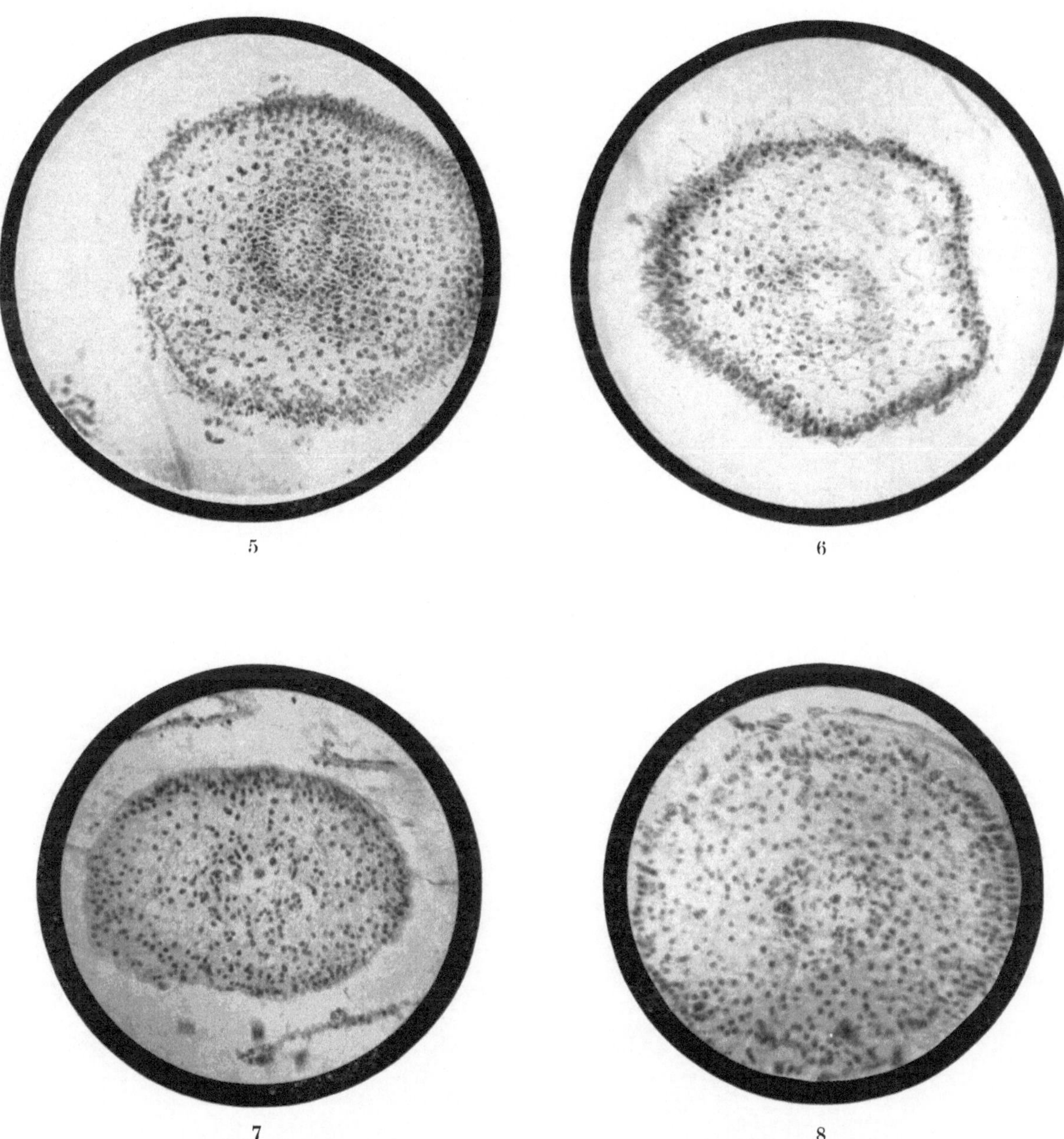

5   6

7   8

Querschnittsbilder von Ausschlägen in induzierten Wurzeln.

5. Versuch 9. Induktion durch Kaulquappenbrei. chnitt durch den Beginn der Ausschlagszone.

6. Versuch 9. Schnitt durch das Ausschlagsmaximum.

7. Versuch 115. Induktion durch die Wellenlänge 80 mμ der Quecksilberbogenlampe.

8. Versuch 105. Induktion durch die Wellenlänge 334 mμ der Quecksilberbogenlampe.

Die zugewendete Hälfte befindet sich in den Photogrammen stets rechts, die abgewendete Hälfte links.

Aufnahmen von H. Lányi.

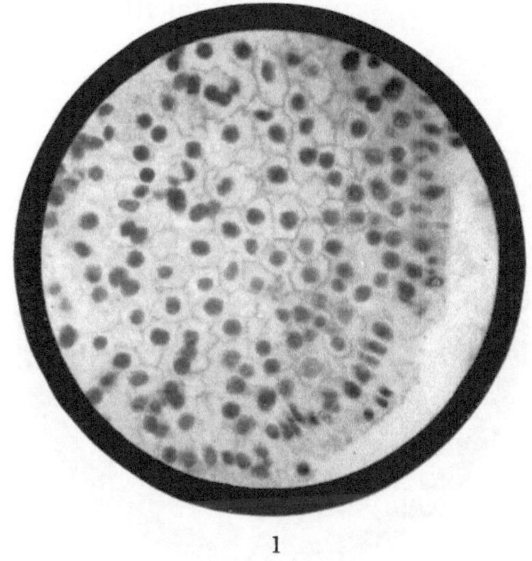

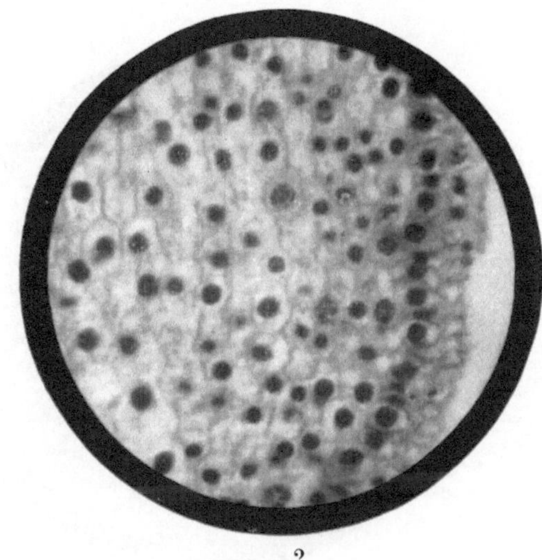

1

2

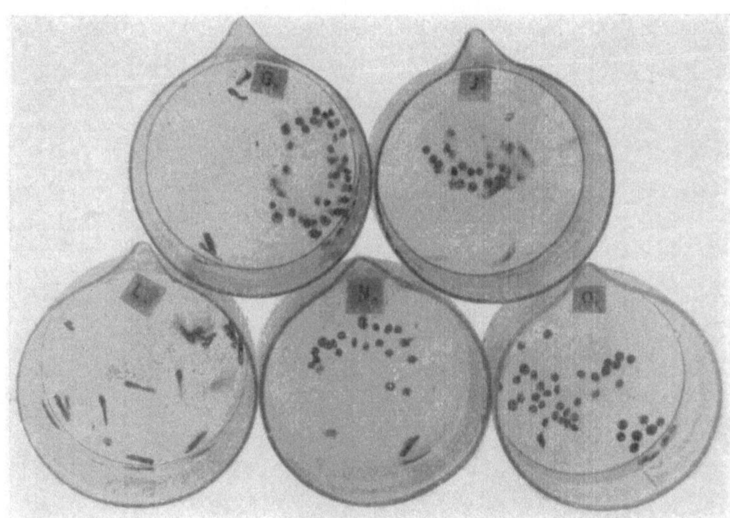

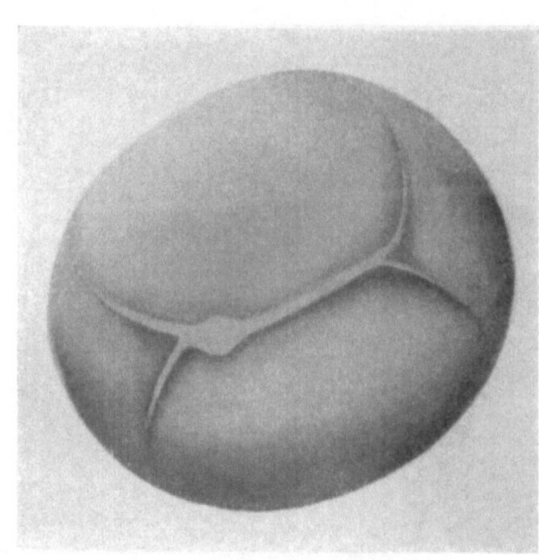

3

4

Querschnitte durch induzierte Wurzeln von Allium Cepa.

1. Zugewendete Hälfte eines induzierten Querschnittes in Versuch 115. (Induktion durch die Wellenlänge 280 mμ der Quecksilberbogenlampe.)

2. Zugewendete Hälfte eines induzierten Querschnittes in Versuch 105. (Induktion durch die Wellenlänge 334 mμ der Quecksilberbogenlampe. Dauer der Einwirkung 15 Minuten.)

Versuche an Amphibieneiern.

3. Schalen mit befruchteten Eiern von Bufo vulgaris, mit der ultravioletten Strahlung verschiedener Lichtquellen beeinflußt.

4. Zeichnung eines Tritoneies, künstlich befruchtet durch Bestrahlung mit der Wellenlänge 334 mμ (Achtzellenstadium).

Schale	Lichtquelle	Bestrahlungsdauer
G	Kontrolle	—
J	Aureollampe	60 Minuten
L	334 mμ	30 ,,
N	334 mμ	60 ,,
O	334 mμ	120 ,,

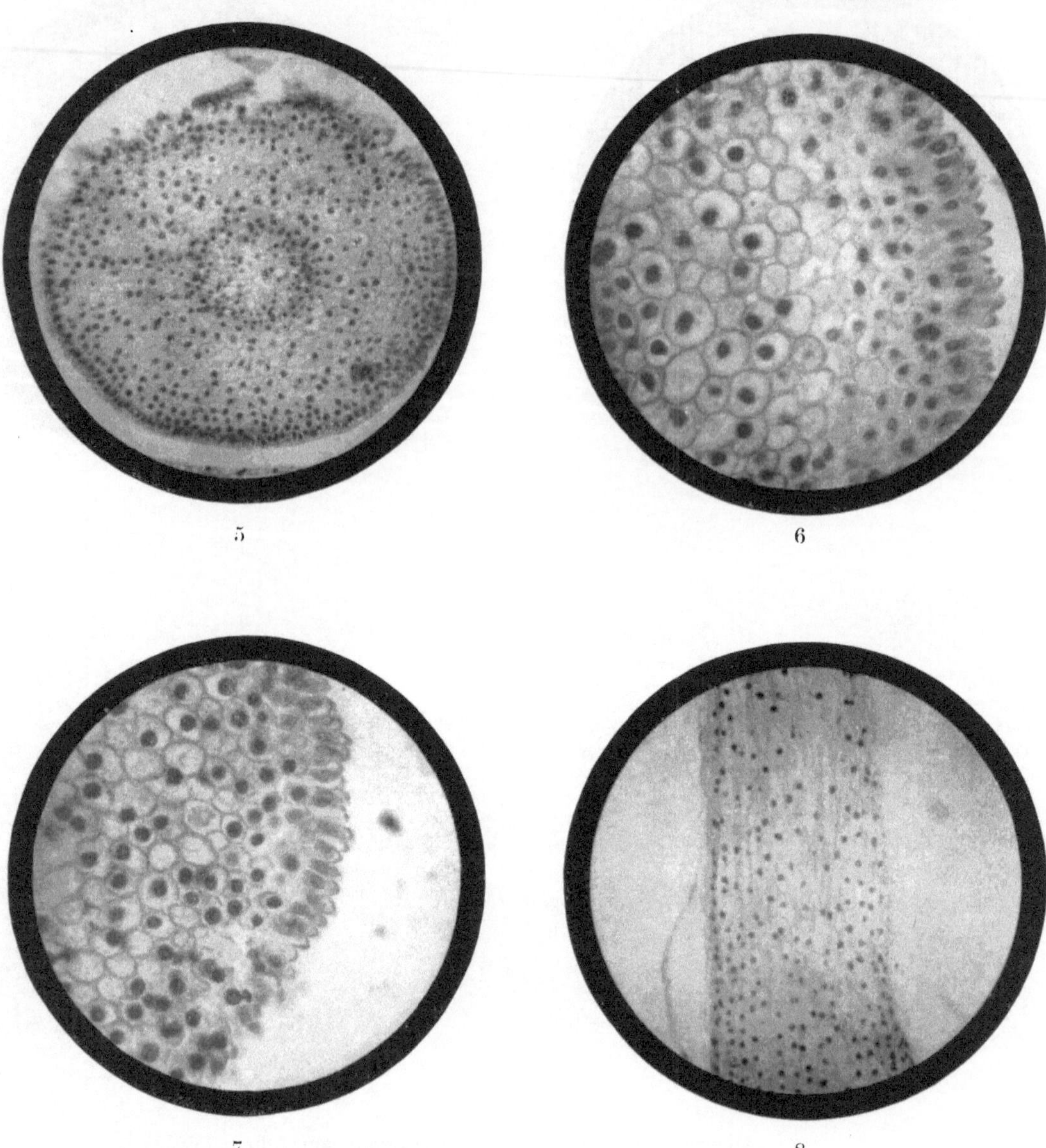

Zerstörungswirkungen ultravioletten Lichtes an Wurzeln von Allium Cepa.

Zerstörungswirkungen der Wellenlänge 334 mμ an Wurzeln von Allium Cepa.

5. Aufnahme eines geschädigten Querschnittes mit geringer Vergrößerung. Versuch 106. Einwirkungsdauer eine Stunde.

6. Die Mitte der zerstörten Randzone des gleichen Querschnittes bei stärkerer Vergrößerung. Auffällig ist die scharfe Trennlinie zwischen zerstörter und unbeschädigter Zone.

7. Der Rand der zerstörten Zone des gleichen Schnittes.

8. Längsschnitt durch eine längere Zeit mit der Linie 334 mμ bestrahlte Wurzel. (Krümmungsversuch.) Rechts sind die Zellzerstörungen zu sehen.

Die Reizbewegungen der Pflanzen. Von Dr. Ernst G. Pringsheim, Privatdozent an der Universität Halle a. S. Mit 96 Abbildungen. VIII, 326 Seiten. 1912. RM 12.—

Fluorescenz und Phosphorescenz im Lichte der neueren Atomtheorie. Von Professor Dr. Peter Pringsheim, Berlin. Dritte Auflage. Mit 87 Abbildungen. VII, 357 Seiten. 1928. RM 24.—; gebunden RM 25.20

Bildet Band VI der Sammlung „Struktur der Materie in Einzeldarstellungen".

Der Umfang der dritten Auflage dieser Monographie ist trotz allen Strebens nach Knappheit nicht unbeträchtlich gewachsen; die meisten Kapitel, insbesondere die über Fluorescenz der Gase und über Kristallphosphore, konnten nicht nur durch Ergänzungen vervollständigt, sondern mußten ganz neu bearbeitet werden. Dabei ist überall nach größter Vollständigkeit in der Beschreibung der experimentellen Ergebnisse gestrebt, doch war es nicht zu vermeiden, auch die theoretischen Deutungen stärker zu betonen, was um so wünschenswerter schien, als das Buch jetzt in die Sammlung „Struktur der Materie" eingereiht worden ist. Sehr stark wurde auch die Zahl der Abbildungen vermehrt, wodurch an vielen Stellen das Verständnis erleichtert wird.

Das Leuchten der Organismen. Eine Übersicht über die neuere Literatur. Von Dr. phil. nat. et med. Andre Pratje, Oberassistent am Anatomischen Institut der Universität Halle a. S. (Sonderdruck aus „Ergebnisse der Physiologie", herausgegeben von L. Asher und K. Spiro, Band XXI, 1. Abteilung.) Mit 17 Abbildungen im Text. 109 Seiten. 1923. RM 3.—

(Verlag von J. F. Bergmann, München)

Die Wasserstoffionenkonzentration. Ihre Bedeutung für die Biologie und die Methoden ihrer Messung. Von Dr. Leonor Michaelis, a. o. Professor an der Universität Berlin. Zweite, völlig umgearbeitete Auflage. Unveränderter Neudruck mit einem die neuere Forschung berücksichtigenden Anhang. Mit 32 Textabbildungen. XII, 271 Seiten. 1922. Unveränderter Neudruck mit einem die neuere Forschung berücksichtigenden Anhang. 1927. Gebunden RM 16.50

Bildet Band I der „Monographien aus dem Gesamtgebiet der Physiologie der Pflanzen und der Tiere".

Aus den Besprechungen:

Die Darstellung ist dank einem ganz außergewöhnlich glänzenden didaktischen Geschick des Autors so kurz und sachlich, daß, wie der Referent sich im Laboratoriumsunterricht überzeugen konnte, auch der Durchschnittsmediziner das Werk verstehen und assimilieren kann. Darüber hinaus bietet aber das Buch auch dem selbständig Arbeitenden außerordentlich viel, da es von dem unstreitig besten Kenner der Materie geschrieben, nicht nur ein Lehrbuch, sondern zugleich eine wissenschaftliche Monographie darstellt, so sind z. B. die Kapitel über die Lehre von Bjerrum, über Phasengrenz- und Membranpotentiale (Donnaneffekt) und über Adsorption ganz besonders wertvoll.
Berichte über die gesamte Physiologie.

Die Bestimmung der Wasserstoffionenkonzentration von Flüssigkeiten. Ein Lehrbuch der Theorie und Praxis der Wasserstoffzahlmessungen in elementarer Darstellung für Chemiker, Biologen und Mediziner. Von Dr. med. Ernst Mislowitzer, Privatdozent für Physiologische und Pathologische Chemie an der Universität Berlin. Mit 184 Abbildungen. X, 378 Seiten. 1928. RM 24.—; gebunden RM 25.50

Grundbegriffe der Kolloidchemie und ihrer Anwendung in Biologie und Medizin. Einführende Vorlesungen. Von Dr. Hans Handovsky, a. o. Professor an der Universität Göttingen. Zweite, durchgesehene Auflage. Mit 6 Abbildungen. V, 64 Seiten. 1927. RM 2.70